水利工程
与水工建筑施工

黄世涛　王俊霞　司新悦 ◎著

中国出版集团
中译出版社

图书在版编目（CIP）数据

水利工程与水工建筑施工／黄世涛，王俊霞，司新
悦著．-- 北京：中译出版社，2024.1
ISBN 978-7-5001-7723-4

Ⅰ．①水… Ⅱ．①黄… ②王… ③司… Ⅲ．①水利工
程-工程施工②水工建筑物-工程施工 Ⅳ．①TV5
②TV6

中国国家版本馆 CIP 数据核字（2024）第 034100 号

水利工程与水工建筑施工
SHUILI GONGCHENG YU SHUIGONG JIANZHU SHIGONG

著　　者：黄世涛　王俊霞　司新悦
策划编辑：于　宇
责任编辑：于　宇
文字编辑：田玉肖
营销编辑：马　萱　钟筏童
出版发行：中译出版社
地　　址：北京市西城区新街口外大街 28 号 102 号楼 4 层
电　　话：（010）68002494（编辑部）
邮　　编：100088
电子邮箱：book@ctph.com.cn
网　　址：http://www.ctph.com.cn

印　　刷：北京四海锦诚印刷技术有限公司
经　　销：新华书店
规　　格：787 mm × 1092 mm　1/16
印　　张：20.75
字　　数：411 千字
版　　次：2024 年 1 月第 1 版
印　　次：2024 年 1 月第 1 次印刷

ISBN 978-7-5001-7723-4　　定价：68.00 元

前　言

　　水是人类生产和生活必不可少的宝贵资源，但其自然存在的状态并不完全符合人类的需要。只有修建水利工程，才能控制水流，防止洪涝灾害，并进行水量的调节和分配，才能满足人民生活和生产对水资源的需要。因此水利建设关乎国计民生，是重要的基础建设。目前，我国水利工程建设正处在高潮，水利工程在具体施工过程中的技术措施、操作方式、维修应用等，都是水利工程管理的重要组成部分。为了确保水利工程建成投入使用后能够实现预期效果和验证原设计的正确性，必须对施工全过程实行有效的管理。

　　水工建筑的施工技术是整个工程项目建设的基础，水利工程的建筑质量是关系到国计民生发展的重要工程，因此，在施工过程中需要引起高度的重视，尤其是工程结构及工程稳定性和耐久性方面的问题。所以，对水利工程和水工建筑的施工技术进行研究是十分必要的。

　　本书是水利工程方向的书籍，主要研究水利工程与水工建筑施工。书中从水利工程施工组织及设计介绍入手，针对施工导流技术与水土保持的规划及生态工程进行了分析研究；另外对水利工程治理及现代水利工程治理的技术做了一定的介绍；还对水利水电工程招投标管理、水利工程安全管理做了研究；最后阐述了水利工程建筑材料、混凝土坝工程施工技术、土石坝工程施工及渠系建筑物的内容。本书力求重视知识结构的系统性和先进性，可为水利工程工作者提供参考。

　　笔者在写作的过程中参考了大量规范和相关图书，在此向有关作者表示感谢！由于作者水平有限，书中难免存在疏漏之处，恳切地希望读者对本书存在的问题提出批评和意见，使之更加完善。

作　者
2023 年 12 月

目　录

第一章　水利工程施工组织及设计

近年来，我国的水利行业建设迅速，水利工程与人们的生产生活密切相关，而水利工程就是为了消除水患和开发利用水资源而修建的工程，一般情况下有防洪工程、农田水利工程、水力发电工程、环境水利工程等，水利工程对周围的环境影响很大，不仅有利于农业生产，还能有效抵抗洪水灾害，对区域经济的发展有重要的推动作用。水利工程施工不是一项单一的工程，而是一项复合工程，因此，要运用科学有效的方法对施工进行管理，从而把控施工的工程质量，使水利工程能发挥出其应有的作用。

第一节　水利工程施工组织

一、施工组织设计

（一）施工组织设计的作用

施工组织设计实际是水利工程设计文件的重要组成部分，是优化工程设计、编制工程总概算、编制投标文件、编制施工成本及国家控制工程投资的重要依据，是组织工程建设、选择施工队伍、进行施工管理的指导性文件。做好施工组织设计，对正确选定坝址、坝型及工程设计优化，合理组织工程施工，保证工程质量，缩短建设工期，降低工程造价，提高工程的投资效益等都有十分重要的作用。

由于水利工程建设规模大、设计专业多、范围广，面临洪水的威胁和受到某些不利的地址、地形条件的影响，施工条件往往较困难。因此，水利工程施工组织设计工作就显得更为重要。特别是现在国家投资制度的改革，市场化运作，项目法人制、招标投标制、项目监理制代替过去的计划经济方式，对施工组织设计的质量、水平、效益的要求也越来越高。在设计阶段，施工组织设计往往影响投资、效益，决定着方案的优劣；招投标阶段，在编制投标文件时，施工组织设计是确定施工方案、施工方法的根据，是确定标底和标价的技术依据，其质量好坏直接关系到能否在投标竞争中取胜，承揽到工程；施工阶段，施工组织设计是施工实施的依据，是控制投资、质量、进度，以及安全施工和文明施工的保证，也是施工企业控制成本、增加效益的保证。

（二）工程建设项目划分

水利工程建设项目是指按照经济发展和生产需要提出，经上级主管部门批准，具有一定的规模，按总体进行设计施工，由一个或若干个互相联系的单项工程组成，经济上统一核算，行政上统一管理，建成后能产生社会经济效益的建设单位。

水利建设项目通常可逐级划分为若干个单项工程、单位工程、分部和分项工程。单项工程由几个单位工程组成，具有独立的设计文件，具有同一性质或用途，建成后可独立发挥作用和产生效益，如拦河坝工程、引水工程、水力发电工程等。

单位工程是单项工程的组成部分，可以有独立的设计，可以进行独立的施工，但建成后不能独立发挥作用的工程部分。单项工程可划分为若干个单位工程，如大坝的基础开挖、坝体混凝土浇筑施工等。

分部工程是单位工程的组成部分。对于水利工程，一般将人力、物力消耗定额相近的结构部位归为同一分项工程。如溢流坝的混凝土可分为坝身、闸墩、胸墙、工作桥、护坦等分项工程。

（三）施工组织设计的分类

施工组织设计是一个总的概念，根据工程项目的编制阶段、编制对象或范围的不同，施工组织设计在编制的深度和广度上也有所不同。

1. 按工程项目编制的阶段分类

根据工程项目建设设计阶段和作用的不同，可以将施工组织设计分为设计阶段施工组织设计、招标投标阶段施工组织设计、施工阶段施工组织设计。

（1）设计阶段施工组织设计

这里所说的设计阶段主要是指设计阶段中的初步设计。在做初步设计时，采用的设计方案，必然联系到施工方法和施工组织，不同的施工组织，所涉及的施工方案是不一样的，所需的投资也就不一样。

设计阶段的施工组织设计是整个项目的全面施工安排和组织，涉及范围是整个项目，内容要重点突出，施工方法拟定要经济可行。

这一阶段的施工组织设计，是初步设计的重要组成部分，也是编制总概算的依据之一，由设计部门编写。

（2）施工投标阶段的施工组织设计

水利工程施工投标文件一般由技术标和商务标组成，其中的技术标的就是施工组织设计部分。

这一阶段的施工组织设计是投标者以招标文件为主要依据，是投标文件的重要组成部分，也是投标报价的基础，以在投标竞争中取胜为主要目的。施工招投标阶段的施工组织设计主要由施工企业技术部门负责编写。

（3）施工阶段的施工组织设计

施工企业通过竞争，取得对工程项目的施工建设权，从而承担了对工程项目的建设的责任，这个建设责任，主要是在规定的时间内，按照双方合同规定的质量、进度、投资、安全等要求完成建设任务。这一阶段的施工组织设计，以分部工程为编制对象，以指导施工，控制质量、控制进度、控制投资，从而顺利完成施工任务为主要目的。

施工阶段的施工组织设计，是对前一阶段施工组织设计的补充和细化，主要由施工企业项目经理部技术人员负责编写，以项目经理为批准人，并监督执行。

2. 按工程项目编制的对象分类

按工程项目编制的对象分类，可分为施工组织总设计、单位工程施工组织设计及分部（分项）工程施工组织设计。

（1）施工组织总设计

施工组织总设计是以整个建设项目为对象编制的，用以指导整个工程项目施工全过程的各项施工活动的全局性、控制性文件。它是对整个建设项目施工的全面规划，涉及范围较广，内容比较概括。

施工组织总设计用于确定建设总工期、各单位工程项目开展的顺序及工期、主要工程的施工方案、各种物资的供需设计、全工地临时工程及准备工作的总体布置、施工现场的布置等工作，同时，也是施工单位编制年度施工计划和单位工程项目施工组织设计的依据。

（2）单位工程施工组织设计

单位工程施工组织设计是以一个单位工程（一个建筑或构筑物）为编制对象，用以指导其施工全过程的各项施工活动的指导性文件，是施工单位年度施工设计和施工组织总设计的具体化，也是施工单位编制作业计划和制订季、月、旬施工计划的依据。单位工程施工组织设计一般在施工图设计完成后，根据工程规模、技术复杂程度的不同，其编制内容的深度和广度亦有所不同。对于简单单位工程，施工组织设计一般只编制施工方案并附以施工进度和施工平面图，即"一案、一图、一表"。在拟建工程开工之前，由工程项目的技术负责人负责编制。

（3）分部（分项）工程施工组织设计

分部（分项）工程施工组织设计也叫分部（分项）工程施工作业设计。它是以分部（分项）工程为编制对象，用以具体实施其分部（分项）工程施工全过程的各项施工活动的技术、经济和组织的实施性文件。一般在单位工程施工组织设计确定了施工方案后，由施工队（组）技术人员负责编制，其内容具体、详细，可操作性强，是直接指导分部（分项）工程施工的依据。

施工组织总设计、单位工程施工组织设计和分部（分项）工程施工组织设计，是同一工程项目不同广度、深度和作用的三个层次。

（四）施工组织设计编制原则、依据和要求

1. 施工组织设计编制原则

（1）执行国家有关方针政策，严格执行国家基本建设程序和有关技术标准、规程规范，并符合国内招标、投标规定和国际招标、投标惯例。

（2）结合国情积极开发和推广新材料、新技术、新工艺和新设备，凡经实践证明技术经济效益显著的科研成果，应尽量采用。

（3）统筹安排，综合平衡，妥善协调各分部分项工程，达到均衡施工。

（4）结合实际，因地制宜。

2. 施工组织设计编制依据

（1）可行性研究报告及审批意见、设计任务书、上级单位对本工程建设的要求或批文。

（2）工程所在地区有关基本建设的法规或条例、地方政府对本工程建设的要求。

（3）国民经济各有关部门（交通、林业、环保等）对本工程建设期间的有关要求及协议。

（4）当前水利工程建设的施工装备、管理水平和技术特点。

（5）工程所在地区和河流的地形、地质、水文、气象特点及当地建材情况等自然条件、施工电源、水源及水质、交通、环保、旅游、防洪、灌溉排水、航运、过木、供水等现状和近期发展规划。

（6）当地城镇现有状况，如加工能力、生活生产物资和劳动力供应条件，居民生活卫生习惯等。

（7）施工导流及通航过木等水工模型试验、各种材料试验、混凝土配合比试验、重要结构模型试验、岩土物理力学试验等成果。

（8）工程有关工艺试验或生产性试验成果。

（9）勘测、设计各专业有关成果。

3. 施工组织设计的质量要求

（1）采用资料、计算公式和各种指标选定依据可靠，正确合理。

（2）采用的技术措施先进，方案符合施工现场实际。

（3）选定的方案有良好的经济效益。

（4）文字通顺流畅，简明扼要，逻辑性强，分析论证充分。

（5）附图、附表完整清晰，准确无误。

（五）施工组织设计的编制方法

1. 进行施工组织设计前的资料准备。

2. 进行施工导流、截流设计。

3. 分析研究并确定主体工程施工方案。

4. 施工交通运输设计。

5. 施工工厂设施设计。

6. 进行施工总体布置。

7. 编制施工进度计划。

（六）施工组织设计的工作步骤

1. 根据枢纽布置方案，分析研究坝址施工条件，进行导流设计和施工总进度的安排，编制出控制性进度表。

2. 提出控制性进度之后，各专业根据该进度提供的指标进行设计，并为下一道工序提供相关资料。单项工程进度是施工总进度的组成部分，与施工总进度之间是局部与整体的关系，其进度安排不能脱离施工总进度的指导，同时它又能检验编制施工总进度是否合理可行，从而为调整、完善施工总进度提供依据。

3. 施工总进度优化后，计算提出分年度的劳动力需要量、最高人数和总劳动力量，计算主要建筑材料总量及分年度供应量、主要施工机械设备需要总量及分年度供应数量。

4. 进行施工方案设计和比选。施工方案是指选择施工方法、施工机械、工艺流程、划分施工段。在编制施工组织设计时，需要经过比较才能确定最终的施工方案。

5. 进行施工布置。是指对施工现场进行分区设置，确定生产、生活设施、交通线路的布置。

6. 提出技术供应计划。指人员、材料、机械等施工资料的供应计划。

7. 编制文字说明。文字说明是对上述各阶段的成果进行说明。

（七）施工组织设计的编制内容

1. 施工条件分析

施工条件分析的主要目的是判断它们对工程施工的作用和可能造成的影响，以充分利用有利条件，避免或减小不利因素的影响。

施工条件主要包括自然条件与工程条件两个方面。

（1）自然条件

①洪水枯水季节的时段、各种频率下的流量及洪峰流量、水位与流量关系、洪水特征、冬季冰凌情况（北方河流）、施工区支沟各种频率洪水、泥石流及上下游水利工程对本工程施工的影响。

②枢纽工程区的地形、地质、水文地质条件等资料。

③枢纽工程区的气温、水文、降水、风力及风速、冰情和雾等资料。

（2）工程条件

①枢纽建筑物的组成、结构类型、主要尺寸和工程量。

②泄流能力曲线、水库特征水位及主要水能指标、水库蓄水分析计算、库区淹没及移民安置条件等规划设计资料。

③工程所在地点的对外交通运输条件、上下游可利用的场地面积及分布情况。

④工程的施工特点及与其他有关部门的施工协调。

⑤施工期间的供水、环保及大江大河上的通航、过木、鱼群洄游等特殊要求。

⑥主要天然建筑材料及工程施工中所用大宗材料的来源和供应条件。

⑦当地水源、电源、通信的基础条件。

⑧国家、地区或部门对本工程施工准备、工期等的要求。

⑨承包市场的情况，有关社会经济调查和其他资料等。

2. 施工导流

施工导流的目的是妥善解决施工全过程中的挡水、泄水、蓄水问题，通过对各期导流特点和相互关系进行系统分析、全面规划、周密安排，以选择技术上可行、经济上合理的导流方案，保证主体工程的正常安全施工，并使工程尽早发挥效益。

（1）导流标准

导流建筑物的级别、各期施工导流的洪水频率及流量、坝体拦洪度汛的洪水频率及流量。

（2）导流方式

①导流方式和选定方案的各期导流工程布置及防洪度汛、下游供水措施、大江大河上的通航、过木和鱼群洄游措施、北方河流上的排冰措施。

②水利计算的主要成果；必要时对一些导流方案进行模型试验的成果资料。

（3）导流建筑物设计

①导流挡水、泄水建筑物布置类的方案比较及选定方案的建筑物布置、结构类型及尺

寸、工程量、稳定分析等主要成果。

②导流建筑物与永久工程结合的可能性，以及结合方式和具体措施。

（4）导流工程施工

①导流建筑物（如隧洞、明渠、涵管等）的开挖、衬砌等施工程序、施工方法、施工布置、施工进度。

②选定围堰的用料来源、施工程序、施工方法、施工进度及围堰的拆除方案。

③基坑的排水方式、抽水量及所需设备。

（5）截流

①截流时段和截流设计流量。

②选定截流方案的施工布置、备料计划、施工程序、施工方法措施，以及必要时进行截流试验的成果资料。

（6）施工期间的通航和过木

①在大江大河上，有关部门对施工期（包括蓄水期）通航、过木等的要求。

②施工期间过闸（坝）通航船只、木筏的数量、吨位、尺寸及年运量、设计运量等。

③分析可通航的天数和运输能力。

④分析可能碍航、断航的时段及其影响，并研究解决措施。

⑤经方案比较，提出施工期各导流阶段通航、过木的措施、设施、结构布置和工程量。

⑥论证施工期通航与蓄水期永久通航的过闸（坝）设施相结合的可能性及相互间的衔接关系。

3. 料场的选择、规划与开采

（1）料场选择

分析块石料、反滤料与垫层料、混凝土骨料、土料等各种用料的料场分布、质量、储量、开采加工条件及运输条件、剥采比、开挖弃渣利用率及其主要技术参数，通过试验成果及技术经济比较选定料场。

（2）料场规划

根据建筑物各部位、不同高程的用料数量及技术要求，各料场的分布高程、储量及质量、开采加工及运输条件、受洪水和冰冻等影响的情况、拦洪蓄水和环境保护、占地及迁建赔偿，以及施工机械化程度、施工强度、施工方法、施工进度等条件，对选定料场进行综合平衡和开采规划。

（3）料场开采

对用料的开采方式、加工工艺、废料处理与环境保护，开采、运输设备选择，储存系统布置等进行设计。

4. 主体工程施工

主体工程施工包括建筑工程和金属结构及机电设备安装工程两大部分。

通过分析研究，确定完整可行的施工方法，使主体工程设计方案能够在经济、合理、满足总进度要求的条件下如期建成，并保证工程质量和施工安全。同时提出对水工枢纽布置和建筑物类型等的修改意见，并为编制工程概算奠定基础。

（1）闸、坝等挡水建筑物施工

包括土石方开挖及基础处理的施工程序、方法、布置及进度；各分区混凝土的浇筑程序、方法、布置、进度及所需的准备工作；碾压混凝土坝上游防渗面板的施工方案、分缝分块及通仓碾压的施工措施；混凝土温控措施的设计；土石坝的备料、运输、上坝卸料、填筑碾压等的施工程序、工艺方法、机械设备、布置、进度及拦洪度汛、蓄水的计划措施；土石坝各施工期的物料开采、加工、运输、填筑的平衡及施工强度和进度安排，开挖弃渣的利用计划；施工质量控制的要求及冬雨季施工的措施意见。

（2）输（排）水、泄（引）水建筑物施工

输水、排水及泄洪、引水等建筑物的开挖、基础处理、浆砌石或混凝土衬砌的施工程序、方法、布置及进度；预防坍塌、滑坡的安全保护措施。

（3）河道工程施工

土石方开挖及岸坡防护的施工程序、工艺方法、机械设备、布置及进度；开挖料的利用、堆渣地点及运输方案。

（4）渠系建筑物施工

渠道、渡槽等渠系建筑物的施工，可参照上述相关主体工程施工的相关内容。

5. 施工工厂设施

（1）砂石加工系统

砂石料加工系统的布置、生产能力与主要设备、工艺布置设计及要求；除尘、降噪、废水排放等的方案措施。

（2）混凝土生产系统

混凝土总用量、不同强度等级及不同品种混凝土的需用量；混凝土拌和系统的布置、工艺、生产能力及主要设备；建厂计划安排和分期投产措施。

（3）混凝土制冷、制热系统

制冷、加冰、供热系统的容量、技术和进度要求。

（4）压缩空气、供水、供电和通信系统

①集中或分散供气方式、压气站位置及规模。

②工地施工生产用水、生活用水、消防用水的水质、水压要求，施工用水量及水源选择。

③各施工阶段用电最高负荷及当地电力供应情况，自备电源容量的选择。

④通信系统的组成、规模及布置。

（5）机械修配厂、加工厂

①施工期间所投入的主要施工机械、主要材料的加工及运输设备、金属结构等的种类与数量。

②修配加工能力。

③机械修配厂、汽车修配厂、综合加工厂（包括钢筋、木材和混凝土预制构件加工制作）及其他施工工厂设施（包括制氧厂、钢管制作加工厂、车辆保养场等）的厂址、布置和生产规模。

④选定场地和生产建筑面积。

⑤建厂土建安装工程量。

⑥修配加工所需的主要设备。

6. 施工总布置

（1）施工总布置的规划原则。

（2）选定方案的分区布置，包括施工工厂、生活设施、交通运输等，提出施工总布置图和房屋分区布置一览表。

（3）场地平整土石方量，土石方平衡利用规划及弃渣处理。

（4）施工永久占地和临时占地面积，分区分期施工的征地计划。

7. 施工总进度

（1）设计依据

①施工总进度安排的原则和依据，以及国家或建设单位对本工程投入运行期限的要求。

②主体工程、施工导流与截流、对外交通、场内交通及其他施工临建工程、施工工厂设施等建筑安装任务和控制进度因素。

（2）施工分期

工程筹建期、工程准备期、主体工程施工期、工程完建期四个阶段的控制性关键项目、进度安排、工程量及工期。

（3）工程准备期进度

阐述工程准备期的内容与任务，拟定准备工程的控制性施工进度。

（4）施工总进度

①主体工程施工进度计划协调、施工强度均衡、投入运行（蓄水、通水、第一台机组

发电等）日期及总工期。

②分阶段工程形象面貌的要求，提前发电的措施。

③导截流工程、基坑抽排水、拦洪度汛、下闸蓄水及主体工程控制进度的影响因素及条件。

④通过附表说明主体工程及主要临建工程量、逐年（月）计划完成主要工程量、逐年最高月强度、逐年（月）劳动力需用量、施工最高峰人数、平均高峰人数及总工日数。

⑤施工总进度图表（横道图、网络图等）。

8. 主要技术供应

（1）主要建筑材料

对主体工程和临建工程，按分项列出所需钢材、木材、水泥、油料、火工材料等主要建筑材料的需用量和分年度（月）供应期限及数量。

（2）主要施工机械设备

对施工所需主要机械和设备，按名称、规格型号、数量列出汇总表，并提出分年度（月）供应期限及数量。

9. 附图

在以上设计内容的基础上，还应结合工程实际情况提出如下附图。

（1）施工场内外交通图。

（2）施工转运站规划布置图。

（3）施工征地规划范围图。

（4）施工导流方案图。

（5）施工导流分期布置图。

（6）导流建筑物结构布置图。

（7）导流建筑物施工方法示意图。

（8）施工期通航布置图。

（9）主要建筑物土石方开挖施工程序及基础处理示意图。

（10）主要建筑物土石方填筑施工程序、施工方法及施工布置示意图。

（11）主要建筑物混凝土施工程序、施工方法及施工布置示意图。

（12）地下工程开挖、衬砌施工程序、施工方法及施工布置示意图。

（13）机电设备、金属结构安装施工示意图。

（14）当地建筑材料开采、加工及运输路线布置图。

（15）砂石料系统生产工艺布置图。

（16）混凝土拌和系统及制冷系统布置图。

（17）施工总布置图。

（18）施工总进度表及施工关键路线图。

二、施工组织的原则

建设项目一旦批准立项，如何组织施工和进行施工前准备工作就成为保证工程按计划实施的重要工作。施工组织的原则如下。

（一）执行国家关于基本建设的各项制度，坚持基本建设程序

我国关于基本建设的制度包括：对基本建设项目必须实行严格的审批制度，包括施工许可制度、从业资格管理制度、招标投标制度、总承包制度、发承包合同制度、工程监理制度、建筑安全生产管理制度、工程质量责任制度、竣工验收制度等。这些制度为建立和完善建筑市场的运行机制、加强建筑活动的实施与管理，提供了重要的法律依据，必须认真贯彻执行。

（二）严格遵守国家和合同规定的工程竣工及交付使用期限

对总工期较长的大型建设项目，应根据生产或使用的需要，安排分期分批建设、投产或交付使用，以期早日发挥建设投资的经济效益。在确定分期分批施工的项目时，必须注意每期交工的项目可以独立地发挥效用，即主要项目和有关的辅助项目应同时完工，可以立即交付使用。

（三）合理安排施工程序和顺序

水利工程建筑产品的固定性，使得水利工程建筑施工各阶段工作始终在同一场地上进行。前一段的工作如未完成，后一段就不能进行，即使交叉地进行，也必须严格遵守一定的程序和顺序。施工程序和顺序反映客观规律的要求，其安排应符合施工工艺，满足技术要求，掌握施工程序和顺序，有利于组织立体交叉、流水作业，有利于为后续工程创造良好的条件，有利于充分利用空间、争取时间。

（四）尽量采用国内外先进施工技术，科学地确定施工方案

先进的施工技术是提高劳动生产率、改善工程质量、加快施工进度、降低工程成本的主要途径。在选择施工方案时，要积极采用新材料、新设备、新工艺和新技术，努力为新结构的推行创造条件，要注意结合工程特点和现场条件，施工技术的先进适用性和经济合理性相结合，还要符合施工验收规范、操作规程的要求和遵守有关防火、安保及环卫等规

定，确保工程质量和施工安全。

（五）采用流水施工方法和网络计划安排进度计划

在编制施工进度计划时，应从实际出发，采用流水施工方法组织均衡施工，以达到合理使用资源、充分利用空间、争取时间的目的。

网络计划是现代计划管理的有效方法，采用网络计划编制施工进度计划，可使计划逻辑严密、层次清晰、关键问题明确，同时，便于对计划方案进行优化、控制和调整，并有利于计算机在计划管理中的应用。

（六）贯彻工厂预制和现场相结合的方针，提高建筑工业化程度

建筑技术进步的重要标志之一是建筑工业化，在制订施工方案时必须根据地区条件和构建性质，通过技术经济比较，恰当地选择预制方案或现场浇筑方案。确定预制方案时，应贯彻工厂预制与现场预制相结合的方针，努力提高建筑工业化程度，但不能盲目追求装配化程度的提高。

（七）充分发挥机械效能，提高机械化程度

机械化施工可加快工程进度，减轻劳动强度，提高劳动生产率。为此，在选择施工机械时，应充分发挥机械的效能，并使主导工程的大型机械如土方机械、吊装机械能连续作业，以减少机械台班费用，同时，还应使大型机械与中小型机械结合起来，机械化与半机械化结合起来，扩大机械化施工范围，实现施工综合机械化，以提高机械化施工程度。

（八）加强季节性施工措施，确保全年连续施工

为了确保全年连续施工，减少季节性施工的技术措施费用，在组织施工时，应充分了解当地气象条件和水文地质条件。尽量避免把土方工程、地下工程、水下工程安排在雨期和洪水期施工；尽量避免把混凝土现浇结构安排在冬期施工；高空作业、结构吊装则应避免在风季施工。对那些必须在冬雨期施工的项目，则应采用相应的技术措施，不仅要确保全年连续施工、均衡施工，更要确保工程质量和施工安全。

（九）合理地部署施工现场，尽可能地减少临时工程

在编制施工组织设计施工时，应精心地进行施工总平面图的规划，合理地部署施工现场，节约施工用地；尽量利用永久工程、原有建筑物及已有设施，以减少各种临时设施；尽量利用当地资源，合理安排运输、装卸与储存作业，减少物资运输量，避免二次搬运。

三、施工进度计划

施工进度计划是施工组织设计的主要组成部分，它是根据工程项目建设工期的要求，对其中的各个施工环节在时间上所做的统一计划安排。根据施工的质量和时间等要求均衡人力、技术、设备、资金、时间、空间等施工资源，来规定各项目施工的开工时间、完成时间、施工顺序等，以确保施工安全顺利按时完工。

（一）施工进度计划的类型

施工进度计划可划分为以下三大类型。

1. 施工总进度计划

施工总进度计划是对一个水利工程枢纽（建设项目）编制的，要求定出整个工程中各个单项工程的施工顺序及起止时间，以及准备工作、扫尾工作的施工期限。

2. 单项（或单位）工程进度计划

单项（或单位）工程进度计划是针对枢纽中的单项工程（或单位工程）进行编制的。应根据总进度中规定的工期，确定该单项工程（或单位工程）中各分部工程及准备工作的顺序及起止日期，为此要进一步从施工技术、施工措施等方面论证该进度的合理性、组织平行流水作业的可行性。

3. 施工作业计划

在实际施工时，施工单位应再根据各单位工程进度计划编制出具体的施工作业计划，即具体安排各工种、各工序间的顺序和起止日期。

（二）施工总进度计划的编制步骤

1. 收集资料

编制施工进度计划一般要具备以下资料。

（1）上级主管部门对工程建设开工、竣工投产的指示和要求，有关工程建设的合同协议。

（2）工程勘测和技术经济调查的资料，如水文、气象、地形、地质和当地的建筑材料等，以及工程所在地区和库区的工矿企业、矿产资源、水库淹没和移民安置等资料。

（3）工程规划设计和概预算方面的资料，包括工程规划设计的文件和图纸，主管部门关于投资和定额的要求等资料。

（4）国民经济各部门对施工期间防洪、灌溉、航运、放木、供水等方面的要求。

（5）施工组织设计其他部分对施工进度的限制和要求，如交通运输能力、技术供应条件、分期施工强度限制等。

（6）施工单位施工能力方面的资料等。

2. 列出工程项目

项目列项的通常做法是先根据建设项目的特点划分成若干个工程项目，然后按施工先后顺序和相互关联密切程度，依次将主要工程项目一一列出，并填入工程项目一览表中。

施工总进度计划主要是起控制总工期的作用，要注意防止漏项。

3. 计算工程量

工程量的计算应根据设计图纸、所选定的施工方法和《水利水电工程工程量计算规定》，按工程性质考虑工程分期和施工顺序等因素，分别按土石、石方、水上、水下、开挖、回填、混凝土等进行计算。

计算工程量时，应注意以下三个问题

（1）工程量的计量单位要与概算定额一致。施工总进度计划中，为了便于计算劳动量和材料、构配件及施工机具的需要量，工程量的计量单位必须与概算定额的单位一致。

（2）要依据实际采用的施工方法计算工程量。如土方工程施工中是否放坡和留工作面，及其坡度大小和工作面的尺寸，是采用柱坑单独开挖，还是条形开挖或整片开挖，都直接影响工程量的大小。因此，必须依据实际采用的施工方法计算工程量，以便与施工的实际情况相符合，使施工进度计划真正起到指导施工的作用。

（3）要依据施工组织的要求计算工程量。有时为了满足分期、分段组织施工的需要，要计算不同高程（如对拦河坝）、不同桩号（如对渠道）的工程量，并做出累积曲线。

4. 初拟施工进度

对堤坝式水利水电枢纽工程的施工总进度计划来说，其关键项目一般均位于河床，故常以导流程序为主要线索，先将施工导流、围堰进占、截流、基坑排水、基坑开挖、基础处理、施工度汛、坝体拦洪、下闸蓄水、机组安装和引水发电等关键控制性进度安排好，再将相应的准备工作、结束工作和配套辅助工程的进度进行合理安排，便可构成总的轮廓进度。然后分配和安排不受水文条件控制的其他工程项目，则形成整个枢纽工程施工总进度计划草案。

5. 优化、调整和修改

初拟施工进度以后，要配合施工组织设计其他部分的分析，对一些控制环节、关键项目的施工强度、资源需用量、投资过程等重大问题，进行分析计算、优化论证，以对初拟的进度计划做必要的修改和调整，使之更加完善合理。

经过优化调整修改之后的施工进度计划，可以作为设计成果，整理以后提交审核。

（三）施工进度计划的成果表达

施工进度计划的成果，可根据情况采用横道图、网络图、工程进度曲线和形象进度图等一些形式进行反映表达。

1. 横道图

施工进度横道图是应用范围最广、应用时间最长的进度计划表现形式，图表上标有工程中主要项目的工程量、施工时段、施工工期。

施工进度计划横道图的最大优点是直观、简单、方便，适应性强，且易于被人们所掌握和贯彻；缺点是难以表达各分项工程之间的逻辑关系，不能表示反映进度安排的工期、投资或资源等参数的相互制约关系，进度的调整做修改工作复杂，优化困难。

不论工程项目和施工内容多么错综复杂，总可以用横道图逐一表示出来，因此，尽管进度计划的技术和形式已不断改进，但横道图进度计划目前仍作为一种常见的进度计划表示形式而被继续沿用。

2. 网络图

施工进度网络图是 20 世纪 50 年代开始在横道图进度计划基础上发展起来的，它是系统工程在编制施工进度中的应用。

工作是指计划任务按需要粗细程度划分而成的一个子项目或子任务。根据计划编制的粗细不同，工作既可以是一个单项工程，也可以是一个分项工程乃至一个工序。

（1）相关概念

在实际生活中，工作一般有两类：一类是既需要消耗时间又需要消耗资源的工作（如开挖、混凝土浇筑等）；另一类是仅需要消耗时间而不需要消耗资源的工作（如混凝土养护、抹灰干燥等技术间歇）。

在双代号网络图中，除了上述两种工作外，还有一种既不需要消耗时间也不需要消耗资源的工作——称为"虚工作"（或称"虚拟项目"）。虚工作在实际生活中是不存在的，在双代号网络图中引入使用，主要是为了准确而清楚地表达各工作间的相互逻辑关系，虚工作一般采用虚箭线来表示，其持续时间为零。

节点是网络图中箭线端部的圆圈或其他形状的封闭图形。在双代号网络图中，它表示工作之间的逻辑关系；在单代号网络图中，它表示一项工作。

无论在双代号网络图中，还是在单代号网络图中，对一个节点来说，可能有很多箭线指向该节点，这些箭线就称为内向箭线（或称内向工作）；同样，也可能有很多箭线由同一节点发出，这些箭线就称为外向箭线（或称外向工作）。网络图中第一个节点叫起点节点（或称源节点），它意味着一个工程项目的开工，起点节点只有外向工作，没有内向工作；网络图中最后一个节点叫终点节点，它意味着一个工程项目的完工，终点节点只有内向工作，没有外向工作。

一个工程项目往往包括很多工作，工作间的逻辑关系比较复杂，可采用紧前工作与紧后工作把这种逻辑关系简单、准确地表达出来，以便网络图的绘制和时间参数的计算。

（2）绘图规则

①双代号网络图的绘图规则

绘制双代号网络图的最基本规则是明确地表达出工作的内容，准确地表达出工作间的逻辑关系，并且使所绘出的图易于识读和操作。具体绘制时应注意以下问题。

a. 一项工作应只有唯一的一条箭线和相应的一对节点编号，箭尾的节点编号应小于箭头的节点编号。

b. 双代号网络图中应只有一个起点节点、一个终点节点。

c. 在网络图中严禁出现循环回路。

d. 双代号网络图中，严禁出现没有箭头节点或没有箭尾节点的箭线。

e. 节点编号严禁重复。

f. 绘制网络图时，宜避免箭线交叉。

g. 对平行搭接进行的工作，在双代号网络图中，应分段表达。

h. 网络图应条理清楚，布局合理。

i. 分段绘制。对于一些大的建设项目，由于工序多，施工周期长，网络图可能很大，为使绘图方便，可将网络图划分成几个部分分别绘制。

②单代号网络图的绘图规则

同双代号网络图的绘制一样，绘制单代号网络图也必须遵循一定的绘图规则。当违背了这些规则时，就可能出现逻辑关系混乱、无法判别各工作之间的直接后继关系、无法进行网络图的时间参数计算。这些基本规则主要包括以下几点。

a. 有时需在网络图的开始和结束增加虚拟的起点节点和终点节点。这是为了保证单代号网络计划有一个起点和一个终点，这也是单代号网络图所特有的。

b. 网络图中不允许出现循环回路。

c. 网络图中不允许出现有重复编号的工作，一个编号只能代表一项工作。

d. 在网络图中除起点节点和终点节点外，不允许出现其他没有内向箭线的工作节点和没有外向箭线的工作节点。

e. 为了计算方便，网络图的编号应是后继节点编号大于前导节点编号。

（3）施工进度的调整

施工进度计划的优化调整，应在时间参数计算的基础上进行，其目的在于使工期、资源（人力、物资、器材、设备等）和资金取得一定程度的协调和平衡。

①资源冲突的调整

所谓资源冲突是指在计划时段内，某些资源的需用量过大，超出了可能供应的限度。为了解决这类矛盾，可以增加资源的供应量，但往往要花费额外的开支；也可以调整导致资源冲突的某些项目的施工时间，使冲突缓解，但这可能会引起总工期的延长。如何取舍，要权衡得失而定。

②工期压缩的调整

当网络计划的计算总工期与限定的总工期不符时，或计划执行过程中实际进度与计划进度不一致时，需要进行工期调整。

工期调整分压缩调整和延长调整。工程实践中经常要处理的是工期压缩问题。

当网络计划的计算总工期小于限定的总工期或计划执行超前时，说明提前完成施工项目，有利于工程经济效益的实现。这时，只要不打乱施工秩序，不造成资源供应方面的困难，一般可不必考虑调整问题。

当网络计划的计算总工期大于限定的总工期或计划执行拖延时，为了挽回延期的影响，须进行工期压缩调整或施工方案调整。

3. 工程进度曲线

以时间为横轴，以单位时间完成的数量或完成数量的累计为纵轴建立坐标系，将有关的数据点绘于坐标系内，顺次完成一条光滑的曲线，就是工程施工进度曲线。工程进度曲线上任意点的切线斜率表示相应时间的施工速度。

（1）在固定的施工机械、劳动力投入的条件下，若对施工进行适当的管理控制，无任何偶发的时间损失，能以正常的速度进行施工，则工程每天完成的数量保持一定，施工进度曲线呈直线形状。

（2）在一般情况下的施工中，施工初期由于临时设施的布置、工作的安排等原因，施工后期又由于清理、扫尾等原因，其施工进度的速度一般都较中期要慢，即每天完成的数量通常自初期至中期呈递增变化趋势，由中期至末期呈递减变化趋势，施工进度曲线近似S形，其拐点对应的时间表示每天完成数量的高峰期。

4. 工程形象进度图

工程形象进度图是把工程进度计划以建筑物的形象、升程来表达的一种方法。这种方法直接将工程项目的进度目标和控制工期标注在工程形象图的相应部位，直观明了，特别适合在施工阶段使用。使用此法修改调整进度计划也极为方便，只须修改相应项目的日期、升程，而形象图并不改变。

第二节　水利工程组织总设计

一、施工组织总设计概述

施工组织总设计是水利工程设计文件的重要组成部分，是编制工程投资估算、总概算和招标投标文件的主要依据，是工程建设和施工管理的指导性文件。

二、施工方案

研究主体工程施工是为了正确选择水工枢纽布置和建筑物类型，保证工程质量与施工安全，论证施工总进度的合理性和可行性，并为编制工程概算提供需求的资料。

（一）施工方案选择原则

1. 施工期短、辅助工程量及施工附加量小，施工成本低。
2. 先后作业之间、土建工程与机电安装之间、各道工序之间协调均衡，干扰较小。
3. 技术先进、可靠。
4. 施工强度和施工设备、材料、劳动力等资源需求均衡。

（二）施工设备选择及劳动力组合原则

1. 适应工地条件，符合设计和施工要求；保证工程质量；生产能力满足施工强度要求。
2. 设备性能机动、灵活、高效，能耗低，运行安全可靠。
3. 通过市场调查，应按各单项工程工作面、施工强度、施工方法进行设备配套选择，使各类设备均能充分发挥效率。
4. 通用性强，能在先后施工的工程项目中重复使用。
5. 设备购置及运行费用较低，易于获得零配件，便于维修、保养、管理、调度。
6. 在设备选择配套的基础上，应按工作面、工作班制、施工方法以混合工种，结合国内平均先进水平进行劳动力优化组合设计。

（三）主体工程施工

水利工程施工涉及的工种很多，其中主体工程施工包括土石方明挖、地基处理、混凝土施工、碾压式土石坝施工、地下工程施工等。下面介绍其中两项工程量较大、工期较长的主体工程施工。

1. 混凝土施工

（1）混凝土施工方案的选择原则包括一下几项。

①混凝土生产、运输、浇筑、温控防裂等各施工环节衔接合理。

②施工机械化程度符合工程实际，保证工程质量，加快工程进度和节约工程投资。

③施工工艺先进，设备配套合理，综合生产效率高。

④能连续生产混凝土，运输过程的中转环节少、运距短，温控措施简易、可靠。

⑤初、中、后期浇筑强度协调平衡。

⑥混凝土施工与机电安装之间干扰少。

（2）混凝土浇筑程序、各期浇筑部位和高程应与供料线路、起吊设备布置和机电安装进度相协调，并符合相邻块高差及温控防裂等有关规定。各期工程形象进度应能适应截流、拦洪度汛、封孔蓄水等要求。

（3）混凝土浇筑设备的选择原则主要有以下八项。

①起吊设备能控制整个平面和高程上的浇筑部位。

②主要设备型号单一，性能良好，生产率高，配套设备能发挥主要设备的生产能力。

③在固定的工作范围内能连续工作，设备利用率高。

④浇筑间歇能承担模板、金属构件及仓面小型设备吊运等辅助工作。

⑤不压浇筑块，或不因压块而延长浇筑工期。

⑥生产能力在保证工程质量前提下能满足高峰时段浇筑强度要求。

⑦混凝土宜直接起吊入仓，若用带式输送机或自卸汽车入仓卸料时，应有保证混凝土质量的可靠措施。

⑧当混凝土运距较远，可用混凝土搅拌运输车，防止混凝土出现离析或初凝，保证混凝土质量。

（4）模板选择原则包括以下五项。

①模板类型应适合结构物外形轮廓，有利于机械化操作和提高周转次数。

②有条件部位宜优先用混凝土或钢筋混凝土模板，并尽量多用钢模，少用木模。

③结构类型应力求标准化、系列化，便于制作、安装、拆卸和提升，条件适合时应优先选用滑模和悬臂式钢模。

（5）坝体分缝应结合水工要求确定。最大浇筑仓面尺寸在分析混凝土性能、浇筑设备能力、温控防裂措施和工期要求等因素后确定。

（6）坝体接缝灌浆应考虑以下四项内容。

①接缝灌浆应待灌浆区及以上冷却层混凝土达到坝体稳定温度或设计规定值后进行，在采取有效措施情况下，混凝土龄期不宜短于4个月。

②同一坝缝内灌浆分区高度 10~15m。

③应根据双曲拱坝施工期应力确定封拱灌浆高程和浇筑层顶面间的允许高差。

④对空腹坝封顶灌浆，或受气温年变化影响较大的坝体接缝灌浆，宜采用较坝体稳定温度更低的超冷温度。

（7）用平浇法浇筑混凝土时，设备生产能力应能确保混凝土初凝前将仓面覆盖完毕；当仓面面积过大，设备生产能力不能满足时，可用台阶法浇筑。

（8）大体积混凝土施工必须进行温控防裂设计，采用有效的温控防裂措施以满足温控要求。有条件时宜用系统分析方法确定各种措施的最优组合。

（9）在多雨地区雨季施工时，应掌握分析当地历年降雨资料，包括降雨强度、频度和一次降雨延续时间，并分析雨日停工对施工进度的影响和采取防雨措施的可能性与经济性。

（10）低温季节混凝土施工必要性应根据总进度及技术经济比较论证后确定。在低温季节进行混凝土施工时，应做好保温防冻措施。

2. 碾压式土石坝施工

（1）认真分析工程所在地区气象台（站）的长期观测资料。统计降水、气温、蒸发等各种气象要素不同量级出现的天数，确定对各种坝料施工影响程度。

（2）料场规划原则主要有以下七项。

①料物物理力学性质符合坝体用料要求，质地较均一。

②贮量相对集中，料层厚，总贮量能满足坝体填筑需用量。

③有一定的备用料区，保留部分近料场作为坝体合龙和抢筑拦洪高程用。

④按坝体不同部位合理使用各种不同的料场，减少坝料加工。

⑤料场剥离层薄，便于开采，获得率较高。

⑥采集工作面开阔、料物运距较短，附近有足够的废料堆场。

⑦不占或少占耕地、林场。

（3）料场供应原则主要有以下五项。

①必须满足坝体各部位施工强度要求。

②充分利用开挖渣料，做到就近取料，高料高用，低料低用，避免上下游料物交叉使用。

③垫层料、过渡层和反滤料一般宜用天然砂石料，工程附近缺乏天然砂石料或使用天然砂石料不经济时，方可采用人工料。

④减少料物堆存、倒运，必须堆存时，堆料场宜靠近坝区上坝道路，并应有防洪、排水、防料物污染、防分离和散失的措施。

⑤力求使料物及弃渣的总运输量最小。做好料场平整，防止水土流失。

（4）土料开采和加工处理应注意以下五点。

①根据土层厚度、土料物理力学特性、施工特性和天然含水量等条件研究确定主次料场，分区开采。

②开采加工能力应能满足坝体填筑强度要求。

③若料场天然含水量偏高或偏低，应通过技术经济比较选择具体措施进行调整，增减土料含水量宜在料场进行。

④若土料物理力学特性不能满足设计和施工要求，应研究使用人工砾质土的可能性。

⑤统筹规划施工场地、出料线路和表土堆存场，必要时应做还耕规划。

（5）坝料上坝运输方式应根据运输量、开采、运输设备型号、运距和运费、地形条件及临建工程量等资料，通过技术经济比较后选定。并考虑以下原则。

①满足填筑强度要求。

②在运输过程中不得掺混、污染和降低土料物理力学性能。

③各种坝料尽量采用相同的上坝方式和通用设备。

④临时设施简易，准备工程量小。

⑤运输的中转环节少。

⑥运输费用较低。

（6）施工上坝道路布置原则主要有以下几项。

①各路段标准原则满足坝料运输强度要求，在认真分析各路段运输总量、使用期限、运输车型和当地气象条件等因素后确定。

②能兼顾地形条件，各期上坝道路能衔接使用，运输不致中断。

③能兼顾其他施工运输，两岸交通和施工期过坝运输，尽可能与永久公路结合。

④在限制坡长条件下，道路最大纵坡不大于15%。

（7）上料用自卸汽车运输上坝时，用进占法卸料，铺土厚度根据土料性质和压实设备性能通过现场试验或工程类比法确定，压实设备可根据土料性质、细颗粒含量和含水量等因素选择。

（8）土料施工尽可能安排在少雨季节，若在雨季或多雨地区施工，应选用适合的土料和施工方法，并采取可靠的防雨措施。

（9）寒冷地区当日平均气温低于0℃时，黏性土按低温季节施工；当日平均气温低于−10℃时，一般不宜填筑土料，否则应进行技术经济论证。

（10）面板堆石坝的面板垫层为级配良好的半透水细料，要求压实密度较高。垫层下游排水必须通畅。

（11）混凝土面板堆石坝上游坝坡用振动平碾，在坝面顺坡分级压实，分级长度一般为 10~20m；也可用夯板随坝面升高逐层夯实。压实平整后的边坡用沥青乳胶或喷混凝土固定。

（12）混凝土面板垂直缝间距应以有利于滑模操作、适应混凝土供料能力，便于组织仓面作业为准，一般用高度不大的面板，坝一般不设水平缝。高面板坝由于坝体施工期度汛或初期蓄水发电需要，混凝土面板可设置水平缝分期度汛。

（13）混凝土面板浇筑宜用滑模自下而上分条进行，滑模滑行速度通过实验选定。

（14）沥青混凝土面板堆石坝的沥青混合料宜用汽车配保温吊罐运输，坝面上设喂料车、摊铺机、振动碾和牵引卷扬台车等专用设备。面板宜一期铺筑，当坝坡长大于 120m 或因度汛需要，也可分两期铺筑，但两期间的水平缝应加热处理。纵向铺筑宽度一般为 3~4m。

（15）沥青混凝土心墙的铺筑层厚宜通过碾压试验确定，一般可采用 20~30cm。铺筑与两侧过渡层填筑尽量平起平压，两者离差不大于 3m。

（16）寒冷地区沥青混凝土施工不宜裸露越冬，越冬前已浇筑的沥青混凝土应采取保护措施。

（17）坝面作业规划应注意以下四点。

①土质防渗体应与其上下游反滤料及坝壳部分平起填筑。

②垫层料与部分坝壳料均宜平起填筑，当反滤料或垫层料施工滞后于堆后棱体时，应预留施工场地。

③混凝土面板及沥青混凝土面板宜安排在少雨季节施工，坝面上应有足够施工场地。

④各种坝料铺料方法及设备宜尽量一致，并重视接合部位填筑措施，力求减少施工辅助设施。

（18）碾压式土石坝施工机械选型配套原则主要包括以下四点。

①提高施工机械化水平。

②各种坝料坝面作业的机械化水平应协调一致。

③各种设备数量按施工高峰时段的平均强度计算，适当留有余地。

④振动碾的碾型和碾重根据料场性质、分层厚度、压实要求等条件确定。

三、水利工程施工总进度计划

编制施工总进度时，应根据国民经济发展需要，采取积极有效措施满足主管部门或业主对施工总工期提出的要求。如果确认要求工期过短或过长、施工难以实现或代价过大，应以合理工期报批。

（一）工程建设施工阶段

1. 工程筹建期

工程筹建期是指工程正式开工前由业主单位负责为承包单位进场开工创造条件所需的时间。筹建工作有对外交通、施工用电、通信、征地、移民，以及招标、评标、签约等。

2. 工程准备期

工程准备期是指准备工程开工起至河床基坑开挖（河床式）或主体工程开工（引水式）前的工期。所做的必要准备工程一般包括场地平整、场内交通、导流工程、临时建房和施工工厂等。

3. 主体工程施工

主体工程施工是指一般从河床基坑开挖或从引水道或厂房开工起，至第一台机组发电或工程开始受益为止的期限。

4. 工程完建期

工程完建期是指自水电站第一台机组投入运行或工程开始受益起，至工程竣工止的工期。

工程施工总工期为后三项工期之和。并非所有工程的四个建设阶段均能截然分开，某些工程的相邻两个阶段工作也可交错进行。

（二）主体工程施工进度编制

1. 坝基开挖与地基处理工程施工进度

（1）坝基岸坡开挖一般与导流工程平行施工，并在河流截流前基本完成。平原地区的水利工程和河床式水电站如施工条件特殊，也可两岸坝基与河床坝基交叉进行开挖，但以不延长总工期为原则。

（2）基坑排水一般安排在围堰水下部分防渗设施基本完成之后、河床地基开挖前进行。对土石围堰与软质地基的基坑，应控制排水下降速度。

（3）不良地质地基处理宜安排在建筑物覆盖前完成。固结灌浆时间可与混凝土浇筑交叉作业，经过论证，也可在混凝土浇筑前进行。帷幕灌浆可在坝基面或廊道内进行，不占直线工期，并应在蓄水前完成。

（4）两岸岸坡有地质缺陷的坝基，应根据地基处理方案安排施工工期，当处理部位在坝基范围以外或地下时，可考虑与坝体浇筑（填筑）同时进行，在水库蓄水前按设计要求处理完毕。

（5）采用过水围堰导流方案时，应分析围堰过水期限及过水前后给工期带来的影响，在多泥沙河流上应考虑围堰过水后清淤所需工期。

（6）地基处理工程进度应根据地质条件、处理方案、工程量、施工程序、施工水平、设备生产能力和总进度要求等因素研究确定。对处理复杂、技术要求高、对总工期起控制作用的深覆盖层的地基处理应做深入分析，合理安排工期。

（7）根据基坑开挖面积、岩土等级、开挖方法及按工作面分配的施工设备性能、数量等分析计算坝基开挖强度及相应的工期。

2. 混凝土工程施工进度

（1）在安排混凝土工程施工进度时应分析有效工作天数，大型工程经论证后若须加快浇筑进度，可分别在冬、夏季或雨季采取确保施工质量的措施后施工。一般情况下，混凝土浇筑的月工作日数可按 25 天计。对控制直线工期工程的工作日数，宜将气象因素影响的停工天数从设计日历天数中扣除。

（2）混凝土的平均升高速度与坝型、浇筑块数量、浇筑块高、浇筑设备能力及温控要求等因素有关，一般通过浇筑排块确定。

大型工程宜尽可能应用计算机模拟技术，分析坝体浇筑强度、升高速度和浇筑工期。

（3）混凝土坝施工期历年度汛高程与工程面貌按施工导流要求确定，如施工进度难以满足导流要求，则可及时调整，确保工程度汛安全。

（4）混凝土的接缝灌浆进度（包括厂坝间接缝灌浆）应满足施工期度汛与水库蓄水安全要求，并结合温控措施与二期冷却进度要求确定。

（5）混凝土坝浇筑期的月不均衡系数如下。

① 大型工程宜小于 2。

② 中型工程宜小于 2.3。

3. 碾压式土石坝施工进度

（1）碾压式土石坝施工进度应根据导流与安全度汛要求安排，研究坝体的拦洪方案，论证上坝强度，确保大坝按期达到设计拦洪高程。

（2）坝体填筑强度拟定原则有以下六点。

① 满足总工期及各高峰期的工程形象要求，且各强度较为均衡。

② 月高峰填筑量与填筑总量比例协调，一般可取 1：20~1：40。

③ 坝面填筑强度应与料场出料能力、运输能力协调。

④ 水文、气象条件对土石坝各种坝料的施工进度有不同程度的影响，必须分析相应的有效施工工日，一般应按照有关规范要求结合本地区水文、气象条件参考附近已建工程综合分析确定。

⑤ 土石坝上升速度主要受塑性心墙（或斜墙）的上升速度控制，而心墙或斜墙的上升

速度又和土料性能、有效工作日、工作面、运输与碾压设备性能及压实参数有关，一般宜通过现场试验确定。

⑥碾压式土石坝填筑期的月不均衡系数宜小于2.0。

4. 地下工程施工进度

地下工程施工进度受工程地质和水文地质影响较大，各单项工程施工程序互相制约，安排时应统筹兼顾开挖、支护、浇筑、灌浆、金属结构、机电安装等各个工序。

（1）地下工程一般可全年施工，具体安排施工进度时，应根据各工程项目规模、地质条件、施工方法及设备配套情况，用关键线路法确定施工程序和各洞室、各工序间的相互衔接和最优工期。

（2）地下工程月进度指标根据地质条件、施工方法、设备性能及工作面情况分析确定。

5. 金属结构及机电安装进度

（1）施工总进度中应考虑预埋件、闸门、启闭设备、引水钢管、水轮发电机组及电气设备的安装工期，妥善协调安装工程与土建工程施工的交叉衔接，并适当留有余地。

（2）对控制安装进度的土建工程（如斜井开挖、支墩浇筑、厂房吊车梁及厂房顶板、副厂房、开关站基础等）交付安装的条件与时间均应在施工进度文件中逐项研究确定。

6. 施工劳动力及主要资源供应

单位工程施工进度计划编制确定以后，根据施工图纸、工程量计算资料、施工方案、施工进度计划等有关技术资料，着手编制劳动力需要量计划，各种主要材料、构件和半成品需要量计划及各种施工机械的需要量计划。它们不仅是为了明确各种技术工人和各种技术物资的需要量，而且还是做好劳动力与物资的供应、平衡、调度、落实的依据，也是施工单位编制月、季生产作业计划的主要依据之一。它们是保证施工进度计划顺利执行的关键。

（1）劳动力需要量计划

劳动力需要量计划主要是作为安排劳动力的平衡、调配和衡量劳动力耗用指标、安排生活福利设施的依据，其编制方法是将施工进度计划表内所列各施工过程每天（或旬、月）所需工人人数按工种汇总而得。

（2）主要材料需要量计划

主要材料需要量计划是备料、供料和确定仓库、堆场面积及组织运输的依据，其编制方法是将施工进度计划表中各施工过程的工程量，按材料名称、规格、数量、使用时间计算汇总而得。

对于某分部分项工程是由多种材料组成时，应按各种材料分类计算，如混凝土工程应换算成水泥、砂、石、外加剂和水的数量列入表格。

（3）构件和半成品需要量计划

建筑结构构件、配件和其他加工半成品的需要量计划主要用于落实加工订货单位，并按照所需规格、数量、时间，组织加工、运输和确定仓库或堆场，可根据施工图和施工进度计划编制。

（4）施工机械需要量计划

施工机械需要量计划主要用于确定施工机械的类型、数量、进场时间，可据此落实施工机械来源，组织进场。其编制方法为将单位工程施工进度计划表中的每一个施工过程每天所需的机械类型、数量和施工日期进行汇总，即得施工机械需要量计划。

四、施工总体布置

施工总体布置是在施工期间对施工场区进行的空间组织规划。它是根据施工场区的地形地貌、枢纽布置和各项临时设施布置的要求，研究施工场地的分期、分区、分标布置方案，对施工期间所需的交通运输、施工工厂设施、仓库、房屋、动力供应、给排水管线等在平面上进行总体规划、布置，以做到尽量减小施工相互干扰，并使各项临时设施最有效地为主体工程施工服务，为施工安全、工程质量、施工进度提供保证。

（一）设计原则

1. 各项临时设施在平面上的布置应紧凑、合理，尽量减少施工用地，且不占或少占农田。

2. 合理布置施工场区内各项临时设施的位置，在确保场内运输方便、畅通的前提下，尽量缩短运距、减少运量，避免或减少二次搬运，以节约运输成本、提高运输效率。

3. 尽量减少一切临时设施的修建量，节约临时设施费用。为此，要充分利用原有的建筑物、运输道路、给排水系统、电力动力系统等设施为施工服务。

4. 各种生产、生活福利设施均要考虑便于工人的生产、生活。

5. 要满足安全生产、防火、环保、符合当地生产生活习惯等方面的要求。

（二）施工总体布置的方法

1. 场外运输线路的布置

（1）当场外运输主要采用公路运输方式时，场外公路的布置应结合场内仓库、加工厂的布置综合考虑。

（2）当场外运输主要采用铁路运输方式时，要考虑铁路的转弯半径和坡度的限制，确定铁路的起点和进场位置。对于拟建永久性铁路的大型工业企业工地，一般应提前修建铁路专用线，并宜从工地的一侧或两侧引入，以便更好地为施工服务而不影响工地内部的交通运输。

（3）当场外运输主要采用水路运输方式时，应充分利用原有码头的吞吐能力。如须增设码头，则卸货码头应不少于两个，码头宽度应大于2.5m。

2. 仓库的布置

仓库一般将某些原有建筑物和拟建的永久性房屋作为临时库房，选择在平坦开阔、交通方便的地方，采用铁路运输方式运至施工现场时，应沿铁路线布置转运仓库和中心仓库。仓库外要有一定的装卸场地，装卸时间较长的还要留出装卸货物时的停车位置，以防较长时间占用道路而影响通行。另外，仓库的布置还应考虑安全、方便等方面的要求。氧气、炸药等易燃易爆物资的仓库应布置在工地边缘、人员较少的地点；油料等易挥发、易燃物资的仓库应设置在拟建工程的下风方向。

3. 仓库物资储备量的计算

仓库物资储备量的确定原则是，既要确保工程施工连续、顺利进行，又要避免因物资大量积压而使仓库面积过大，积压资金，增加投资。

仓库物资储备量的大小通常是根据现场条件、供应条件和运输条件而定。

4. 加工厂的布置

总的布置要求是：使加工用的原材料和加工后的成品、半成品的总运输费用最小，并使加工厂有良好的生产条件，做到加工厂生产与工程施工互不干扰。

各类加工厂的具体布置要求如下。

（1）工地混凝土搅拌站

有集中布置、分散布置、集中与分散相结合布置三种方式。当运输条件较好时，以集中布置较好；当运输条件较差时，以分散布置在各使用地点并靠近井架或布置在塔吊工作范围内为宜；也可根据工地的具体情况，采用集中布置与分散布置相结合的方式。若利用城市的商品混凝土搅拌站，只要商品混凝土的供应能力和输送设备能够满足施工要求，可不设置工地搅拌站。

（2）工地混凝土预制构件厂

一般宜布置在工地边缘、铁路专用线转弯处的扇形地带或场外邻近工地处。

（3）钢筋加工厂

宜布置在接近混凝土预制构件厂或使用钢筋加工品数量较大的施工对象附近。

（4）木材加工厂

原木、锯材的堆场应靠近公路、铁路或水路等主要运输方式的沿线，锯木、成材、粗细木等加工车间和成品堆场应按生产工艺流程布置。

（5）金属结构加工厂、锻工和机修等车间

因为这些加工厂或车间之间在生产上联系比较密切，应尽可能布置在一起。

（6）产生有害气体和污染环境的加工厂

沥青熬制、石灰熟化、石棉加工等加工厂，除应尽量减少毒害和污染外，还应布置在施工现场的下风方向，以便减少对现场施工人员的伤害。

5. 场内运输道路的布置

在规划施工道路中，既要考虑车辆行驶安全、运输方便、连接畅通，又要尽量减少道路的修筑费用。根据仓库、加工厂和施工对象的相互位置，研究施工物资周转运输量的大小，确定主要道路和次要道路，然后进行场内运输道路的规划。连接仓库、加工厂等的主要道路一般应按双行、循环形道路布置。循环形道路的各段尽量设计成直线段，以便提高车速。次要道路可按单行支线布置，但在路端应设置回车场地。

6. 临时生活设施的布置

临时生活设施包括行政管理用房、居住生活用房和文化生活福利用房，具体包括工地办公室、传达室、汽车库、职工宿舍、开水房、招待所、医务室、浴室、小学、图书馆和邮亭等。

工地所需的临时生活设施，应尽量利用原有的准备拆除的或拟建的永久性房屋。工地行政管理用房设置在工地入口处或中心地区；现场办公室应靠近施工地点布置。居住和文化生活福利用房，一般宜建在生活基地或附近村寨内。

7. 供水管网的布置

（1）应尽量提前修建并充分利用拟建的永久性供水管网作为工地临时供水系统，节约修建费用。在保证供水要求的前提下，新建供水管线的长度越短越好，并应适当采用胶皮管、塑料管作为支管，使其具有可移动性，以便施工。

（2）供水管网的敷设要与场地平整规划协调一致，以防重复开挖；管网的布置要避开拟建工程和室外管沟的位置，以防二次拆迁改建。

（3）临时水塔或蓄水池应设置在地势较高处。

（4）供水管网应按防火要求布置室外消火栓。室外消火栓应靠近十字路口、工地出入口，并沿道路布置，距路边应不大于 2m，距建筑物的外墙应不小于 5m；为兼顾拟建工程防火而设置的室外消火栓，与拟建工程的距离也不应大于 25m；工地室外消火栓必须设有明显标志，消火栓周围 3m 范围内不准堆放建筑材料、停放机械设备和搭建临时房屋等；消火栓供水干管的直径不得小于 100mm。

8. 工地临时供电系统的布置

（1）变压器的选择与布置要求

当施工现场只须设置一台变压器时，供电线路可按枝状布置，变压器应设置在引入电源的安全区域内。

当工地较大，需要设置多台变压器时，应先用一台主降压变压器，将工地附近的110kV 或 35kV 的高压电网上的电压降至 10kV 或 6kV，然后通过若干个分变压器将电压降至 380/220V。主变压器与各分变压器之间采用环状连接布置；每个分变压器到该变压器负担的各用电点的线路可采用枝状布置，分变电器应设置在用电设备集中、用电量大的地方或该变压器所负担区域的中心地带，以尽量缩短供电线路的长度；低压变电器的有效供电半径一般为 400~500m。

（2）供电线路的布置要求

①工地上的 3kV、6kV 或 10kV 高压线路，可采用架空裸线，其电杆距离为 40~60m，也可用地下电缆。户外 380/220V 的低压线路，可采用架空裸线，与建筑物、脚手架等相近时必须采用绝缘架空线，其电杆距离为 25~40m。分支线和引入线必须从电杆处连接，不得从两杆之间的线路上直接连接。电杆一般采用钢筋混凝土电杆，低压线路也可采用木电杆。

②配电线路宜沿道路的一侧布置，高出地面的距离一般为 4~6m，要保持线路平直；离开建筑物的安全距离为 6m，跨越铁路或公路时的高度应不小于 7.5m；在任何情况下，各供电线路均不得妨碍交通运输和施工机械的进场、退场、装拆及吊装等；同时，要避开堆场、临时设施、开挖的沟槽或后期拟建工程的位置，以免二次拆迁。

③各用电点必须配备与用电设备功率相匹配的，由闸刀开关、熔断保险、漏电保护器和插座等组成的配电箱，其高度与安装位置应以操作方便、安全为准；每台用电机械或设备均应分设闸刀开关和熔断器，实行单机单闸，严禁一闸多机。

④设置在室外的配电箱应有防雨措施，严防漏电、短路及触电事故的发生。

（三）施工总布置图的绘制

1. 施工总布置图的内容构成

施工总布置图一般应包括以下内容。

（1）原有地形、地物。

（2）一切已建和拟建的地上及地下的永久性建筑物及其他设施。

（3）施工用的一切临时设施，主要包括：

①施工道路、铁路、港口或码头。

②料场位置及弃渣堆放点。

③混凝土拌和站、钢筋加工等各类加工厂、施工机械修配厂、汽车修配厂等。

④各种建筑材料、预制构件和加工品的堆存仓库或堆场、机械设备停放场。

⑤水源、电源、变压器、配电室、供电线路、给排水系统和动力设施。

⑥安全消防设施。

⑦行政管理及生活福利所用房屋和设施。

⑧测量放线用的永久性定位标志桩和水准点等。

2. 施工总布置图绘制的步骤与要求

（1）确定图幅的大小和绘图比例

图幅大小和绘图比例应根据工地大小及布置的内容多少来确定。图幅一般可选用 A1 图纸（841mm×594mm）或 A2 图纸（594mm×420mm），比例一般采用 1：1 000 或 1：2 000。

（2）绘制建筑总平面图中的有关内容

将现场测量的方格网、现场原有的并将保留的建筑物、构筑物和运输道路等其他设施按比例准确地绘制在图面上。

（3）绘制各种临时设施

根据施工平面布置要求和面积计算的结果，将所确定的施工道路、仓库堆场、加工厂、施工机械停放场、搅拌站等的位置、水电管网及动力设施等的布置，按比例准确地绘制在建筑总平面图上。

（4）绘制正式的施工总布置图

在完成各项布置后，再经过分析、比较、优化、调整修改，形成施工总布置图草图，然后再按规范规定的线型、线条、图例等对草图进行加工、修饰，标上指北针、图例等，并做必要的文字说明，则成为正式的施工总布置图。

施工总体布置方案应遵循因地制宜、因时制宜、有利生产、方便生活、易于管理、安全可靠、经济合理的原则，经全面系统的比较论证后选定。

（四）施工总体布置方案比较指标

1. 交通道路的主要技术指标包括工程质量、造价、运输费及运输设备需用量。

2. 各方案土石方平衡计算成果，场地平整的土石方工程量和形成时间。

3. 风、水、电系统管线的主要工程量、材料和设备等。

4. 生产、生活福利设施的建筑物面积和占地面积。

5. 有关施工征地移民的各项指标。

6. 施工工厂的土建、安装工程量。

7. 站场、码头和仓库装卸设备需要量。

8. 其他临建工程量。

（五）施工总体布置及场地选择

施工总体布置应该根据施工需要分阶段逐步形成，满足各阶段施工需要，做好前后衔接，尽量避免后阶段拆迁。初期场地平整范围按施工总体布置最终要求确定。施工总体布置应着重研究以下内容。

1. 施工临时设施项目的划分、组成、规模和布置。

2. 对外交通衔接方式、站场位置、主要交通干线及跨河设施的布置情况。

3. 可资利用场地的相对位置、高程、面积和占地赔偿。

4. 供生产、生活设施布置的场地。

5. 临建工程和永久设施的结合。

6. 前后期结合和重复利用场地的可能性。

若枢纽附近场地狭窄、施工布置困难，可采取适当利用或重复利用库区场地，布置前期施工临建工程，充分利用山坡进行小台阶式布置。提高临时房屋建筑层数和适当缩小间距。利用弃渣填平河滩或冲沟作为施工场地。

（六）施工分区规划

1. 施工总体布置分区

（1）主体工程施工区。

（2）施工工厂区。

（3）当地建材开采区。

（4）仓库、站、场、厂、码头等储运系统。

（5）机电、金属结构和大型施工机械设备安装场地。

（6）工程弃料堆放区。

（7）施工管理中心及各施工工区。

（8）生活福利区。

要求各分区间交通道路布置合理，运输方便可靠，能适应整个工程施工进度和工艺流程要求，尽量避免或减少反向运输和二次倒运。

2. 施工分区规划布置原则

（1）以混凝土建筑物为主的枢纽工程，施工区布置宜以砂、石料开采、加工、混凝土拌和浇筑系统为主；以当地材料坝为主的枢纽工程，施工区布置宜以土石料采挖、加工、堆料场和上坝运输线路为主。

（2）机电设备、金属结构安装场地宜靠近主要安装地点。

（3）施工管理中心设在主体工程、施工工厂和仓库区的适中地段；各施工区应靠近各施工对象。

（4）生活福利设施应考虑风向、日照、噪声、绿化、水源水质等因素，其生产生活设施应有明显界线。

（5）特种材料仓库（炸药、雷管库、油库等）应根据有关安全规程的要求布置。

（6）主要施工物资仓库、站场、转运站等储运系统一般布置在场内外交通衔接处。外来物资的转运站远离工区时，应在工区按独立系统设置仓库、道路、管理及生活福利设施。

第二章　施工导流技术

在水利工程施工中，导流施工技术的应用非常广泛。施工导流作为相对复杂的工序，应重点围绕施工现场予以综合分析，以便选择最为适宜合理的导流施工方法，以保障导流作用的发挥。

第一节　施工导流

一、施工导流概述

（一）施工导流概念

水工建筑物一般都在河床上施工，为避免河水对施工的不利影响，创造干地的施工条件，需要修建围堰围护基坑，并将原河道中各个时期的水流按预定方式加以控制，并将部分或者全部水流导向下游。这种工作就叫施工导流。

（二）施工导流的意义

施工导流是水利工程建设中必须妥善解决的重要问题。主要表现是：

1. 直接关系到工程的施工进度和完成期限。

2. 直接影响工程施工方法的选择。

3. 直接影响施工场地的布置。

4. 直接影响到工程的造价。

5. 与水工建筑物的形式和布置密切相关。

因此，合理的导流方式，可以加快施工进度，缩短工期，降低造价；考虑不周，不仅达不到目的，有可能造成很大的危害。例如，选择导流流量过小，汛期可能导致围堰失事，轻则使建筑物、基坑、施工场地受淹，影响施工正常进行，重则主体建筑物可能遭到破坏，威胁下游居民生命和财产安全；选择流量过大，必然增加导流建筑物的费用，提高工程造价，造成浪费。

（三）影响施工导流的因素

影响因素比较多，如水文、地质、地形特点；所在河流施工期间的灌溉、贡税、通航、过木等要求；水工建筑物的组成和布置；施工方法与施工布置；当地材料供应条件等。

（四）施工导流的设计任务

综合分析研究上述因素，在保证满足施工要求和用水要求的前提下，正确选择导流标准，合理确定导流方案，进行临时结构物设计，正确进行建筑物的基坑排水。

（五）施工导流的基本方法

1. 基本方法有两种

（1）全段围堰导流法：即用围堰拦断河床，全部水流通过事先修好的导流泄水建筑物流走。

（2）分段围堰导流法：即水流通过河床外的束窄河床下泄，后期通过坝体预留缺口、底孔或其他泄水建筑物下泄。

2. 施工导流的全段围堰法

（1）基本概念

首先利用围堰拦断河床，将河水逼向在河床以外临时修建的泄水建筑物，并流往下游。因此，该法也叫河床外导流法。

（2）基本做法

全段围堰法是在河床主体工程的上下游一定距离的地方分别各建一道拦河围堰，使河水经河床以外的临时或者永久性泄水道下泄，主体工程就可以在排干的基坑中施工，待主体工程建成或者接近建成时，再将临时泄水道封堵。该法一般应用在河床狭窄、流量较小的中小河道上。在大流量的河道上，只有地形、地质条件受限，明显采用分段围堰法不利时才采用此法导流。

（3）主要优点

施工现场的工作面比较大，主体工程在一次性围堰的围护下就可以建成。如果在枢纽工程中，能够利用永久泄水建筑物结合施工导流时，采用此法往往比较经济。

（4）导流方法

导流方法一般根据导流泄水建筑物的类型区分，如明渠导流、隧洞导流、涵管导流，还有的用渡槽导流等。

①明渠导流

a. 概念

河流拦断后，河道的水流从河岸上的人工渠道下泄的导流方式叫明渠导流。

b. 适宜条件

它多选在岸坡平缓、较宽广的滩地，或者岸坡上有溪沟可以利用的地方。当渠道轴线上是软土，特别是当河流弯曲，可以用渠道裁弯取直时，采用此法比较经济，更为有利。在山区建坝，有时由于地质条件不好，或者施工条件不足，开挖隧洞比较困难，往往也可以采用明渠导流。

c. 施工顺序

一般在坝头岸上挖渠，然后截断河流，使河水由明渠下泄，待主体工程建成以后，拦断导流明渠，使河水按预定的位置下泄。

d. 导流明渠的布置要求

第一，开挖容易，挖方量小：有条件时，充分利用山垭、洼地旧河槽，使渠线最短，开挖量最小。

第二，水流通畅，泄水能力强：渠道进出口水流与河道主流的夹角不大于 30 度为好，渠道的转弯半径要大于 5 倍渠道底部的宽度。

第三，泄水时应该安全：渠道的进出口与上下游围堰要保持一定的距离，一般上游为 30~50m，下游为 50~100m。导流明渠的水边到基坑内的水边最短距离，一般要大于 2.5~3.0H，H 为导流明渠水面与基坑水面的高差。

第四，运用方便：一般将明渠布置在一岸，避免两岸布置；否则泄水时，会产生水流干扰，也影响基坑与岸上的交通运输。

第五，导流明渠断面：一般为梯形断面，只有在岩石完整，渠道不深时，才采用矩形断面。渠道的断面面积应满足防冲和保证通过设计施工流量的要求。

②隧洞导流

a. 方案原则

在河谷狭窄的山区，岩石往往比较坚实，多采用隧洞导流。隧洞开挖与衬砌费用较大，施工困难，因此，要尽可能将导流隧洞与永久性隧洞结合考虑布置，当结合确有困难时，才考虑设置专用导流隧洞，在导流完毕后，应立即堵塞。

b. 布置说明

在水工建筑物中，对隧洞选线、工程布置、衬砌布置等都做了详细介绍，只不过，导流隧洞是临时性建筑物，运用时间不长，设计级别比较低，其考虑问题的思路和方法是相同的，有关内容知识可以互相补充。

c. 线路选择

影响因素很多，重点考虑地质和水力条件。

d. 地质条件

一般要避免隧洞穿过断层、破碎带，无法避免时，要尽量使隧洞轴线与断层和破碎带的交角大一些。为使隧洞结构稳定，洞顶岩石厚度至少要大于洞径的 2~3 倍。

e. 水力条件

为使水流顺畅，隧洞最好直线布置，必须转弯时，进口处要设直线段，并且直线段的长度应大于 10 倍的洞径或者洞宽，转弯半径应大于 5 倍的洞径或者洞宽，转角一般控制在 60 度，隧洞进口轴线与河道主流的夹角一般在 30 度以内。同时，进出口与上下游围堰之间要有适当的距离，一般大于 50m，以防进出口水流冲刷围堰堰体。隧洞进出口高程，从截流要求看，越低越好，但是，从洞身施工的出渣、排水、土石方开挖等方面考虑，则高一些为好。因此，对这些问题，应看具体条件，综合考虑解决。

f. 断面选择

隧洞的断面常用形式有圆形、马蹄形、城门洞形。从过水、受力、施工等方面来看各有特点，选择时可参考水工课介绍的有关方法进行。

g. 衬砌和糙率

由于导流洞的临时性，故其衬砌的要求比一般永久性隧洞低，但是，考虑方法是相同的。当岩石比较完整，节理裂隙不发育时，一般不衬砌；当岩石局部节理发育，但是，裂隙是闭合的，没有充填物和严重的相互切割现象，同时岩层走向与隧洞轴线的交角比较大时，也可以不衬砌，或者只进行顶部衬砌。如果岩石破碎，地下水又比较丰富的要考虑全断面衬砌。为了降低隧洞的糙率，开挖时最好采用光面爆破。

③涵管导流

在土石坝枢纽工程中，采用涵管进行导流施工的比较多。涵管一般布置在枯水位以上的河岸的岩基上。多在枯水期先修建导流涵管，然后再修建上下游围堰，河道的水经过涵管下泄。涵管过水能力低，一般只能担负小流量的施工导流。如果能与永久性涵管结合布置，往往是比较好的方案。涵管与坝体或者防渗体的接合部位，容易产生集中渗漏，一般要设截流环，并控制好土料的填筑质量。

3. 施工导流的分段围堰法

（1）基本概念

分段围堰法施工导流，就是利用围堰将河床分期分段围护起来，让河水从缩窄后的河床中下泄的导流方法。分期，就是从时间上将导流划分成若干个时间段；分段，就是用围堰将河床围成若干个地段。一般分为两期两段。

（2）适宜条件

一般适用于河道比较宽阔、流量比较大、工程施工时间比较长的工程，在通航的河道上，往往不允许出现河道断流，这时分段围堰法就是唯一的施工导流方法。

（3）围堰修筑顺序

一般情况下，总是先在第一期围堰的保护下修建泄水建筑物，或者建造期限比较长的复杂建筑物，例如水电站厂房等，并预留低孔、缺口，以备宣泄第二期的导流流量。第一期围堰一般先选在河床浅滩一岸进行施工，此时，对原河床主流部分的泄流影响不大，第一期的工程量也小。第二期的部分纵向围堰可以在第一期围堰的保护下修建。拆除第一期围堰后，修建第二期围堰进行截流，再进行第二期工程施工，河水从第一期安排好了的地方下泄。

二、围堰工程

（一）围堰概述

1. 主要作用

它是临时挡水建筑物，用来围护主体建筑物的基坑，保证在干地上顺利施工。

2. 基本要求

它完成导流任务后，若对永久性建筑物的运行有妨碍，还需要拆除。因此，围堰除满足水工建筑物稳定、不透水、抗冲刷的要求外，还需要工程量小，结构简单，施工方便，有利于拆除等。如果能将围堰作为永久性建筑物的一部分，对节约材料、降低造价、缩短工期无疑更为有利。

（二）基本类型及构造

按相对位置不同分为纵向围堰和横向围堰；按构造材料分为土围堰、土石围堰、草土围堰、混凝土围堰、板桩围堰、木笼围堰等多种形式。下面介绍八种常用类型。

1. 土围堰

土围堰与土坝布置内容、设计方法、基本要求、优缺点大体相同，但因其临时性，故在满足导流要求的情况下，力求简单，施工方便。

2. 土石围堰

这是一种石料做支撑体，黏土做防渗体，中间设反滤层的土石混合结构。抗冲能力比土围堰大，但是拆除比土围堰困难。

3. 草土围堰

这是一种草土混合结构。该法是将麦秸、稻草、芦苇、柳枝等柴草绑成捆，修围堰时，铺一层草捆，铺一层土料，如此筑起围堰。该法就地取材，施工简单，速度快，造价低，拆除方便，具有一定的抗渗、抗冲能力，容重小，特别适宜软土地基。但是不宜用于拦挡高水头，一般限于水深不超过 6m，流速不超过 3～4m/s，使用期不超过 2 年的情况。该法过去在灌溉工程中应用，目前在防汛工程中比较常用。

4. 混凝土围堰

混凝土围堰常用于在岩基土修建的水利枢纽工程，这种围堰的特点是挡水水头高，底宽小，抗冲能力大，堰顶可溢流，尤其是在分段围堰法导流施工中，用混凝土浇筑的纵向围堰可以两面挡水，而且可与永久建筑物相结合作为坝体或闸室体的一部分。混凝土纵向或横向围堰多为重力式，为减小工程量，狭窄河床的上游围堰也常采用拱形结构。混凝土围堰抗冲防渗性能好，占地范围小，既适用于挡水围堰，更适用于过水围堰，因此，虽造价较土石围堰相对较高，仍为众多工程所采用。混凝土围堰一般须在低水土石围堰保护下干地施工，但也可创造条件在水下浇筑混凝土或预填骨料灌浆，中型工程常采用浆砌块石围堰。混凝土围堰按其结构类型有重力式、空腹式、支墩式、拱式、圆筒式等。按其施工方法有干地浇筑、水下浇筑、预填骨料灌浆、碾压式混凝土及装配式等。常用的类型是干地浇筑的重力式及拱形围堰。此外还有浆砌石围堰，一般采用重力式居多。混凝土围堰具有抗冲、防渗性能好、底宽小、易于与永久建筑物结合，必要时还允许堰顶过水，安全可靠等优点，因此，虽造价较高，但在国内外仍得到较广泛的应用。例如，三峡、丹江口、三门峡、潘家口、石泉等工程的纵向围堰都采用了混凝土重力式围堰，其下游段与永久导墙相结合，刘家峡、乌江渡、紧水滩、安康等工程也均采用了拱形混凝土围堰。

混凝土围堰一般须在低水土石围堰围护下施工，也有采用水下浇筑方式的。前者质量容易保证。

5. 钢板桩围堰

钢板桩围堰是最常用的一种板桩围堰。钢板桩是带有锁口的一种型钢，其截面有直板形、槽形及 Z 形等；有各种大小尺寸及联锁形式；常见的有拉尔森式、拉克万纳式等。

其优点为：强度高，容易打入坚硬土层；可在深水中施工，必要时加斜支撑成为一个围笼；防水性能好；能按需要组成各种外形的围堰，并可多次重复使用，因此，它的用途广泛。

在桥梁施工中常用于沉井顶的围堰，它的用途广泛，如管柱基础、桩基础及明挖基础的围堰等。这些围堰多采用单壁封闭式，围堰内有纵横向支撑，必要时加斜支撑成为一个围笼。

在水工建筑中，一般施工面积很大，则常用以做成构体围堰。它是由许多互相连接的单体所构成，每个单体又由许多钢板桩组成，单体中间用土填实。围堰所围护的范围很大，不能用支撑支持堰壁，因此每个单体都能独自抵抗倾覆、滑动和防止联锁处的拉裂。常用的有圆形及隔壁形等形式。

（1）围堰高度应高出施工期间可能出现的最高水位（包括浪高）0.5～0.7m。

（2）围堰外形一般有圆形、圆端形、矩形、带三角的矩形等。围堰外形还应考虑水域的水深，以及流速增大引起水流对围堰、河床的集中冲刷，对航道、导流的影响。

（3）堰内平面尺寸应满足基础施工的需要。

（4）围堰要求防水严密，减少渗漏。

（5）堰体外坡面有受冲刷危险时，应在外坡面设置防冲刷设施。

（6）有大漂石及坚硬岩石的河床不宜使用钢板桩围堰。

（7）钢板桩的机械性能和尺寸应符合规定要求。

（8）施打钢板桩前，应在围堰上下游及两岸设测量观测点，控制围堰长、短边方向的施打定位。施打时，必须备有导向设备，以保证钢板桩的正确位置。

（9）施打前，应对钢板桩锁口用防水材料捻缝，以防漏水。

（10）施打顺序从上游向下游合龙。

（11）钢板桩可用锤击、振动、射水等方法下沉，但黏土中不宜使用射水下沉办法。

（12）经过整修或焊接后钢板桩应用同类型的钢板桩进行锁口试验、检查。接长的钢板桩时，其相邻两钢板桩的接头位置应上下错开。

（13）在施打过程中，应随时检查桩的位置是否正确、桩身是否垂直，否则应立即纠正或拔出重打。

6. 过水围堰

过水围堰是指在一定条件下允许堰顶过水的围堰。过水围堰既担负挡水任务，又能在汛期泄洪，适用于洪枯流量比值大、水位变幅显著的河流。其优点是减小施工导流泄水建筑物规模，但过流时基坑内不能施工。

根据水文特性及工程重要性，提出枯水期5%～10%频率的几个流量值，通过分析论证，力争在枯水年能全年施工。为了保证堰体在过水条件下的稳定性，还需要通过计算或试验确定过水条件下的最不利流量，作为过水设计流量。

水围堰类型：通常有土石过水围堰、混凝土过水围堰、木笼过水围堰三种。后者由于用木材多，施工、拆除都较复杂，现已少用。

（1）土石过水围堰

①类型

土石过水围堰堰体是散粒体，围堰过水时，水流对堰体的破坏作用有两种：一是过堰水流沿围堰下游坡面宣泄的动能不断增大，冲刷堰体溢流表面；二是过堰水流渗入堰体所产生的渗透压力,引起围堰下游坡连同堰体一起滑动而导致溃堰。因此,对土石过水围堰溢流面及下游坡脚基础进行可靠的防冲保护,是确保围堰安全运行的必要条件。土石过水围堰类型按堰体溢流面防冲保护使用的材料,可分为混凝土面板溢流堰、混凝土楔形体护面板溢流堰、块石笼护面溢流堰、块石加钢筋网护面溢流堰及沥青混凝土面板溢流堰等。按过流消能防冲方式为镇墩挑流式溢流堰及顺坡护底式溢流堰。通常,可按有无镇墩区分土石过水围堰类型。

a. 设镇墩的土石过水围堰

在过水围堰下游坡脚处设混凝土镇墩,其镇墩建基在岩基上,堰体溢流面可视过流单宽流量及溢流面流速的大小,采用混凝土板护面或其他防冲材料护面。若溢流护面采用混凝土板,围堰溢流防冲结构可靠,整体性好,抗冲性能强,可宣泄较大的单宽流量。但镇墩混凝土施工须在基坑积水抽干,覆盖层开挖至基岩后进行,混凝土达到一定强度后才允许回填堰体块石料,对围堰施工干扰大,不仅延误围堰施工工期,且存在一定的风险性。

b. 无镇墩的土石过水围堰

围堰下游坡脚处无镇墩堰体溢流面可采用混凝土板护面或其他防冲材料护面,过流护面向下游延伸至坡脚处,围堰坡脚覆盖层用混凝土块、钢筋石笼或其他防冲材料保护,其顺流向保护长度可视覆盖层厚度及冲刷深度而定,防冲结构应适应坍塌变形,以保护围堰坡脚处覆盖层不被淘刷。这种类型的过水围堰防冲结构较简单,能够避免镇墩施工的干扰,有利于加快过水围堰施工,争取工期。

②类型选择

a. 设镇墩的土石过水围堰适用于围堰下游坡脚处覆盖层较浅,且过水围堰高度较高的上游过水围堰。若围堰过水单宽流量及溢流面流速较大,堰体溢流面宜采用混凝土板护面;反之,可采用钢筋网块石护面。

单宽流量及溢流面流速较大,堰体溢流面采用混凝土板护面,围堰坡脚覆盖层宜采用混凝土块柔性排或钢丝石笼。

b. 无镇墩的土石过水围堰适用于围堰下游坡脚处覆盖层较厚且过水围堰高度较低的下游过水围堰。

(2)混凝土板

①类型

常用的为混凝土重力式过水围堰和混凝土拱形过水围堰。

②选择

a. 混凝土重力式过水围堰

混凝土重力式过水围堰通常要求建基在岩基上,对两岸堰基地质条件要求较拱形围堰低。但堰体混凝土量较拱形围堰多。因此，混凝土重力式过水围堰适应于坝址河床较宽、堰基岩体较差的工程。

b. 混凝土拱形过水围堰

混凝土拱形过水围堰较混凝土重力式过水围堰混凝土量减少，但对两岸拱座基础的地质条件要求较高，若拱座基础岩体变形，对拱圈应力影响较大。因此，混凝土拱形过水围堰适用于两岸陡峻的峡谷河床，且两岸基础岩体稳定，岩石完整坚硬的工程。拱形围堰也有修建混凝土重力墩作为拱座；也有一端支承于岸坡，另一端支承于坝体或其他建筑物上。因此，拱形过水围堰不仅用于一次断流围堰，也有用于分期围堰，如安康水电站二期上游过水围堰，采用混凝土拱形过水围堰。

（3）结构设计

①混凝土过水围堰过流消能

混凝土过水围堰过流消能类型为挑流、面流、底流消能，常用的为挑流消能和面流消能类型。对大型水利工程混凝土过水围堰的消能类型，尚须经水工模型试验研究比较后确定。

②混凝土过水围堰结构断面设计

混凝土重力式过水围堰结构断面设计计算，可参照混凝土重力式围堰设计；混凝土拱形过水围堰结构断面设计，可参照混凝土拱形围堰设计。在围堰稳定和堰体应力分析时，应计算围堰过流工况。围堰堰顶形状应考虑过流及消能要求。

7. 纵向围堰

平行于水流方向的围堰为纵向围堰。

围堰作为临时性建筑物，其特点有以下几个。

第一，施工期短，一般要求在一个枯水期内完成，并在当年汛期挡水。

第二，一般须进行水下施工，但水下作业质量往往不易保证。

第三，围堰常须拆除，尤其是下游围堰。

因此，除应满足一般挡水建筑物的基本要求外，围堰还应满足以下要求。

（1）具有足够的稳定性、防渗性、抗冲性和一定的强度要求，在布置上应力求水流顺畅，不发生严重的局部冲刷。

（2）围堰基础及其与岸坡连接的防渗处理措施要安全可靠，不致产生严重集中渗漏和破坏。

（3）围堰结构宜简单，工程量小，便于修建和拆除，以及抢进度。

（4）围堰类型选择要尽量利用当地材料，降低造价，缩短工期。

围堰虽是一种临时性的挡水建筑物，但对工程施工的作用很重要，必须按照设计要求进行修筑。否则，轻则渗水量大，增加基坑排水设备容量和费用；重则可能造成溃堰的严重后果，拖延工期，增加造价。这种惨痛的教训，以往也曾发生过，应引起足够的重视。

8. 横向围堰

拦断河流的围堰或在分期导流施工中围堰轴线基本与流向垂直且与纵向围堰连接的上下游围堰。

（三）导流标准选择

1. 导流标准的作用

导流标准是选定的导流设计流量，导流设计流量是确定导流方案和对导流建筑物进行设计的依据。标准太高，导流建筑物规模大，投资大，标准太低，可能危及建筑物安全。

因此，导流标准的确定必须根据实际情况进行。

2. 导流标准确定方法

一般用频率法，也就是根据工程的等级确定导流建筑物的级别，根据导流建筑物的级别，确定相应的洪水重现期，作为计算导流设计流量的标准。

3. 标准使用注意问题

确定导流设计标准，不能没有标准而凭主观臆断；但是，由于影响导流设计的因素十分复杂，也不能将规定看成固定的，一成不变地套用到整个施工过程中。因此在导流设计中，要依据数据，更重要的是，具体分析工程所在河流的水文特性、工程的特点、导流建筑物的特点等，经过不同方案的比较论证，才能确定出比较合理的导流标准。

三、导流时段的选择

（一）导流时段的概念

它是按照施工导流的各个阶段划分的时段。

（二）时段划分的类型

一般根据河流的水文特性，可划分为枯水期、中水期、洪水期。

（三）时段划分的目的

因为导流是为主体工程安全、方便、快速施工服务的，它服务的时间越短，标准可以定得越低，工程建设越经济。若尽可能地安排导流建筑物只在枯水期工作，围堰可以避免拦挡汛期洪水，就可以做得比较矮，投资就少；但是，片面追求导流建筑物的经济，可能影响主体工程施工，因此，要对导流时段进行合理划分。

（四）时段划分的意义

导流时段划分，实质上就是解决主体工程在全部建成的整个施工过程中，枯水期、中水期、洪水期的水流控制问题。也就是确定工程施工顺序、施工期间不同时段宣泄不同导流流量的方式，以及与之相适应的导流建筑物的高程和尺寸，因此，导流时段的确定，与主体建筑物的类型、导流的方式、施工的进度有关。

（五）土石坝的导流时段

土石坝施工过程不允许过水，若不能在一个枯水期建成拦洪，导流时段就要以全年为标准，导流设计流量就应以全年最大洪水的一定频率进行设计。若能让土石坝在汛期到来之前填筑到临时拦洪高程，就可以缩短围堰使用期限，在降低围堰的高度，减少围堰工程量的同时，又可以达到安全度汛、经济合理、快速施工的目的。这种情况下，导流时段的标准可以不包括汛期的施工时段，那么，导流的设计流量即为该时段按某导流标准的设计频率计算的最大流量。

（六）砼和浆砌石坝的导流时段

这类坝体允许过水，因此，在洪峰到来时，让未建成的主体工程过水，部分或者全部停止施工，待洪水过后再继续施工。这样，虽然增加一年中的施工时间，但是，由于可以采用较小的导流设计流量，因而节约了导流费用，减少了导流建筑物的工期，可能还是经济的。

（七）导流时段确定注意问题

允许基坑淹没时，导流设计流量确定是一个必须认真对待的问题。因为，不同的导流设计流量不同的年淹没次数，就有不同的年有效施工时间。每淹没一次，就要做一次围堰检修、基坑排水处理、机械设备撤退和复工返回等工作。这些都要花费一定的时间和费用。当选择的标准比较高时，围堰做得高，工程量大，但是，淹没次数少，年有效施工时间长，淹没损失费用少；反之，当选择的标准比较低时，围堰可以做得低，工程量小，但是，淹没的次数多，年有效施工时间短，淹没损失费用多。由此可见，正确选择围堰的设计施工流量，有一个技术经济比较问题，还有一个国家规定的完建期限，是一个必须考虑的重要因素。

第二节　截流

一、截流概述

（一）截流工程概念

截流工程是指在泄水建筑物接近完工时，即以进占方式自两岸或一岸建筑戗堤（作为围堰的一部分）形成龙口，并将龙口防护起来，待泄水建筑物完工以后，在有利时机，全力以最短时间将龙口堵住，截断河流。接着在围堰迎水面投抛防渗材料闭气，水即全部经泄水道下泄。与闭气同时，为使围堰能挡住当时可能出现的洪水，必须立即加高培厚围堰，使之迅速达到相应设计水位的高程以上。

截流工程是整个水利枢纽施工的关键，它的成败直接影响工程进度。如果失败，就可能使进度推迟一年。截流工程的难易程度取决于：河道流量、泄水条件；龙口的落差、流速、地形地质条件；材料供应情况及施工方法、施工设备等因素。因此，事先必须经过充分的分析研究，采取适当措施，才能保证在截流施工中争取主动，顺利完成截流任务。

河道截流工程在我国已有千年以上的历史。在黄河防汛、海塘工程和灌溉工程上积累了丰富的经验，如利用捆厢埽、柴石枕、柴土枕、枊杈、排桩填埽截流，不仅施工方便速度快，而且就地取材，因地制宜，经济适用。中华人民共和国成立后，我国水利建设发展很快，江淮平原和黄河流域的不少截流堵口、导流堰工程多是采用这些传统方法完成的。此外，还广泛采用了高度机械化投块料截流的方法。

我国在继承了传统的立堵截流经验的基础上，根据我国实际情况，绝大多数河道截流工程都是用立堵法完成的。

我国在海河、射阳、新洋港等潮汐口修建断流坝时，采用柴石枕护底，继而用梢捆进占压束河床至 100~200m，再在平潮时用船投重型柴石枕加厚护底，抬高潜堤高度，最后用捆埽进占合龙，在软基埽工截流上用平立堵结合方法取得了成功。

（二）截流的重要性

截流若不能按时完成，整个围堰内的主体工程都不能按时开工。一旦截流失败，造成的影响更大。所以，截流在施工导流中占有十分重要的地位。施工中，一般把截流作为施工过程的关键问题和施工进度中的控制项目。

（三）截流的基本要求

1. 河道截流是大中型水利工程施工中的一个重要环节。截流的成败直接关系到工程的进度和造价，设计方案必须稳妥可靠，保证截流成功。

2. 选择截流方式应充分分析水利学参数、施工条件和难度、抛投物数量和性质，并进行技术经济比较。

（1）单戗立堵截流简单易行，辅助设备少，较经济，使用于截流落差不超过 3.5m。但龙口水流能量相对较大，流速较高，须制备重大抛投物料相对较多。

（2）双戗和双戗立堵截流，可分担总落差，改善截流难度，使用于落差大于 3.5m。

（3）建造浮桥或栈桥平堵截流，水力学条件相对较好，但造价高，技术复杂，一般不常选用。

（4）定向爆破、建闸等方式只有在条件特殊、充分论证后方宜选用。

3. 河道截流前，泄水道内围堰或其他障碍物应予清除；因水下部分障碍物不易清除干净，会影响泄流能力增大截流难度，设计中宜留有余地。

4. 戗堤轴线应根据河床和两岸地形、地质、交通条件、主流流向、通航、过木要求等因素综合分析选定，戗堤宜为围堰堰体组成部分。

5. 确定龙口宽度及位置应考虑以下两点。

（1）龙口工程量小，应保证预进占段裹头不招致冲刷破坏。

（2）河床水深较浅、覆盖层较薄或基岩部位，有利于截流工程施工。

6. 若龙口段河床覆盖层抗冲能力低，可预先在龙口抛石或抛铅丝笼护底，增大糙率为抗冲能力，减少合龙工作量，降低截流难度。护底范围通过水工模型试验或参照类似工程经验拟定。一般立堵截流的护底长度与龙口水跃特性有关，轴线下游护底长度可按水深的 3~4 倍取值，轴线以上可按最大水深的两倍取值。护底顶面高程在分析水力学条件、流速、能量等参数，以及护底材料后确定。护底度根据最大可能冲刷宽度加一定富裕值确定。

7. 截流抛投材料选择原则有以下四点。

（1）预进占段填料尽可能利用开挖渣料和当地天然料。

（2）龙口段抛投的大块石、石串或混凝土四面体等人工制备材料数量应慎重研究确定。

（3）截流备料总量应根据截流料物堆存、运输条件、可能流失量及戗堤沉陷等因素综合分析，并留适当备用量。

（4）戗堤抛投物应具有较强的透水能力，且易于起吊运输。

8. 重要截流工程的截流设计应通过水工模型试验验证并提出截流期间相应的观测设施。

（四）截流的相关概念和过程

1. 进占

截流一般是先从河床的一侧或者两侧向河中填筑截流戗堤，这种向水中筑堤的工作叫进占。

2. 龙口

戗堤填筑到一定程度，河床渐渐被缩窄，接近最后时，便形成一个流速较大的临时的过水缺口，这个缺口叫作龙口。

3. 合龙（截流）

封堵龙口的工作叫作合龙，也称截流。

4. 裹头

在合龙开始之前，为了防止龙口处的河床或者戗堤两端被高速水流冲毁，要在龙口处和戗堤端头增设防冲设施予以加固，这项工作称为裹头。

5. 闭气

合龙以后，戗堤本身是漏水的，因此，要在迎水面设置防渗设施，在戗堤全线设置防渗设施的工作就叫闭气。

6. 截流过程

从上述相关概念可以看出，整个截流过程就是抢筑戗堤，先后过程包括戗堤的进占、裹头、合龙、闭气四个步骤。

二、截流材料

截流时用什么样的材料，取决于截流时可能发生的流速大小，工地上起重和运输能力的大小。过去，在施工截流中，在堤坝溃决抢堵时，常用梢料、麻袋、草包、抛石、石笼、竹笼等。近年来，国内外在大江大河的截流中，抛石是基本的方法，此外，当截流水力条件比较差时，采用混凝土预制的六面体、四面体、四脚体，预制钢筋混凝土构架等。在截流中，合理选择截流材料的尺寸、重量，对于截流的成败和截流费用的大小，都将产生很大的影响。材料的尺寸和重量主要取决于截流合龙时的流速。

三、截流方法

（一）投抛块料截流施工方法

投抛块料截流是目前国内外最常用的截流方法，适用于各种情况，特别适用于大流量、大落差的河道上的截流。该法是在龙口投抛石块或人工块体（混凝土方块、混凝土四面体、铅丝笼、竹笼、柳石枕、串石等）堵截水流，迫使河水经导流建筑物下泄。按不同的投抛合龙方法，投抛块料截流可分为平堵、立堵、混合堵三种。

1. 平堵

先在龙口建造浮桥或栈桥，由自卸汽车或其他运输工具运来块料，沿龙口前沿投抛，先下小料，随着流速增加，逐渐投抛大块料，使堆筑戗堤均匀地在水下上升，直至高出水面。一般说来，平堵比立堵法的单宽流量小，最大流速也小，水流条件较好，可以减小对龙口基床的冲刷，所以特别适用于易冲刷的地基上截流。由于平堵架设浮桥及栈桥，对机械化施工有利，因而投抛强度大，容易截流施工；但在深水高速的情况下架设浮桥、建造栈桥是比较困难的，因此限制了它的采用。

2. 立堵

用自卸汽车或其他运输工具运来块料，以端进法投抛（从龙口两端或一端下料）进占戗堤，直至截断河床。一般来说，立堵在截流过程中所发生的最大流速，单宽流量都较大，加以所生成的楔形水流和下游形成的立轴漩涡，对龙口及龙口下游河床将产生严重冲刷，因此不适用于在地质不好的河道上截流，否则需要对河床做妥善防护。由于端进法施工的工作前线短，限制了投抛强度。有时为了施工交通要求特意加大戗堤顶宽，这又大大增加了投抛材料的消耗。但是立堵法截流，无须架设浮桥或栈桥，简化了截流准备工作，因而赢得了时间，节约了资金，所以我国黄河上许多水利工程（岩质河床）都采用了这个方法截流。

3. 混合堵

这是采用立堵结合平堵的方法，有先平堵后立堵和先立堵后平堵两种。用得比较多的是首先从龙口两端下料保护戗堤头部，同时进行护底工程并抬高龙口底槛高程到一定高度，最后用立堵截断河流。平抛可以采用船抛，然后用汽车立堵截流。新洋港（土质河床）就是采用这种方法截流的。

（二）爆破截流施工方法

1. 定向爆破截流

如果坝址处于峡谷地区，而且岩石坚硬，交通不便，岸坡陡峻，缺乏运输设备时，可利用定向爆破截流。

2. 预制混凝土爆破体截流

为了在合龙关键时刻，瞬间抛入龙口大量材料封闭龙口，除了用定向爆破岩石外，还可在河床上预先浇筑巨大的混凝土块体，合龙时将其支撑体用爆破法炸断，使块体落入水中，将龙口封闭。

应当指出，采用爆破截流虽然可以利用瞬时的巨大抛投强度截断水流，但因瞬间抛投强度很大，材料入水时会产生很大的挤压波，巨大的波浪可能使已修好的戗堤遭到破坏，并会造成下游河道瞬时断流。此外，定向爆破岩石时，还须校核个别飞石距离、空气冲击波和地震的安全影响距离。

（三）下闸截流施工方法

人工泄水道的截流，常在泄水道中预先修建闸墩，最后采用下闸截流。天然河道中，有条件时也可设截流闸，最后下闸截流。

除以上方法外，还有一些特殊的截流合龙方法，如木笼、钢板桩、草土、杩槎堰截流、埽工截流、水力冲填法截流等。

综上所述，截流方式虽多，但通常多采用立堵、平堵或综合截流方式。截流设计中，应充分考虑影响截流方式选择的条件，拟定几种可行的截流方式，通过水文气象条件、地形地质条件、综合利用条件、设备供应条件、经济指标等全面分析，进行技术比较，从中选定最优方案。

四、截流工程施工设计

（一）截流时间和设计流量的确定

1. 截流时间的选择

截流时间应根据枢纽工程施工控制性进度计划或总进度计划决定，至于时段选择，一般应考虑以下原则，经过全面分析比较而定。

（1）尽可能在较小流量时截流，但必须全面考虑河道水文特性和截流应完成的各项控制工程量，合理使用枯水期。

（2）对于具有通航、灌溉、供水、过木等特殊要求的河道，应全面兼顾这些要求，尽量使截流对河道的综合利用的影响最小。

（3）有冰冻河流，一般不在流冰期截流，避免截流和闭气工作复杂化，如特殊情况必须在流冰期截流时应进行充分论证，并有周密的安全措施。

2. 截流设计流量的确定

一般设计流量按频率法确定，根据已选定截流时段，采用该时段内一定频率的流量作为设计流量。

除了频率法以外，也有不少工程采用实测资料分析法，当水文资料系列较长，河道水文特性稳定时，这种方法可应用。至于预报法，因当前的可靠预报期较短，一般不能在初设中应用，但在截流前夕有可能根据预报流量适当修改设计。

在大型工程截流设计中，通常以选取一个流量为主，再考虑较大、较小流量出现的可能性，用几个流量进行截流计算和模型试验研究。对于有深槽和浅滩的河道，如分流建筑物布置在浅滩上，对截流的不利条件，要特别进行研究。

（二）截流戗堤轴线和龙口位置的选择方法

1. 戗堤轴线位置选择

通常截流戗堤是土石横向围堰的一部分，应结合围堰结构和围堰布置统一考虑。单戗截流的戗堤可布置在上游围堰或下游围堰中非防渗体的位置。如果戗堤靠近防渗体，在二者之间应留足闭气料或过渡带的厚度，同时应防止合龙时的流失料进入防渗体部位，以免在防渗体底部形成集中漏水通道。为了在合龙后能迅速闭气并进行基坑抽水，一般情况下将单戗堤布置在上游围堰内。

当采用双戗多戗截流时，戗堤间距满足一定要求，才能发挥每条戗堤分担落差的作用。如果围堰底宽不太大，上下游围堰间距也不太大时，可将两条戗堤分别布置在上下游围堰内，大多数双戗截流工程都是这样做的。如果围堰底宽很大，上下游间距也很大，可考虑将双戗布置在一个围堰内。当采用多戗时，一个围堰内通常也须布置两条戗堤，此时，两戗堤间均应有适当间距。

在采用土石围堰的一般情况下，均将截戗堤布置在围堰范围内。但是也有戗堤不与围堰相结合的，戗堤轴线位置选择应与龙口位置相一致。如果围堰所在处的地质、地形条件不利于布置戗堤和龙口，而戗堤工程量又很小，则可能将截流戗堤布置在围堰以外。龚嘴工程的截流戗就布置在上下游围堰之间，而不与围堰相接合。这种戗堤多数均须拆除，因此，采用这种布置时应进行专门论证。平堵截流戗堤轴线的位置，应考虑便于抛石桥的架设。

2. 龙口位置选择

选择龙口位置时，应着重考虑地质、地形条件及水力条件。从地质条件来看，龙口应尽量选在河床抗冲刷能力强的地方，如岩基裸露或覆盖层较薄处，这样可避免合龙过程中的过大冲刷，防止戗堤突然塌方失事。从地形条件来看，龙口河底不宜有顺流流向陡坡和深坑。如果龙口能选在底部基岩面粗糙、参差不齐的地方，则有利于抛投料的稳定。另外，龙口周围应有比较宽阔的场地，离料场和特殊截流材料堆场的距离近，便于布置交通道路和组织高强度施工，这一点是十分重要的。从水力条件来看，对于有通航要求的河流，预留龙口一般均布置在深槽主航道处，有利于合龙前的通航，至于对龙口的上下游水流条件的要求，以往的工程设计中有两种不同的见解：一种是认为龙口应布置在浅滩，并尽量造成水流进出龙口折冲和碰撞，以增大附加壅水作用；另一种见解是认为进出龙口的水流应平直顺畅，因此可将龙口设在深槽中。实际上，这两种布置各有利弊，前者进口处的强烈侧向水流对戗堤端部抛投料的稳定不利，由龙口下泄的折冲水流易对下游河床和河岸造成冲刷。后者的主要问题是合龙段戗堤高度大，进占速度慢，而且深槽中水流集中，不易创造较好的分流条件。

3. 龙口宽度

龙口宽度主要根据水力计算而定，对于通航河流，决定龙口宽度时应着重考虑通航要求，对于无通航要求的河流，主要考虑戗堤预进占所使用的材料及合龙工程量。形成预留龙口前，通常均使用一般石碴进占，根据其抗冲流速可计算出相应的龙口宽度。另外，合龙是高强度施工，一般合龙时间不宜过长，工程量不宜过大。当此要求与预进占材料允许的束窄度有矛盾时，也可考虑提前使用部分大石块，或者尽量提前分流。

4. 龙口护底

对于非岩基河床，当覆盖层较深，抗冲能力小，截流过程中为防止覆盖层被冲刷，一般在整个龙口部位或困难区段进行平抛护底，防止截流料物流失量过大。对于岩基河床，有时为了减轻截流难度，增大河床糙率，也抛投一些料物护底并形成拦石坎。计算最大块体时应按护底条件选择稳定系数。

龙口护底是一种保护覆盖层免受冲刷，降低截流难度，提高抛投料稳定性及防止戗堤头部坍塌的有效措施。

（三）截流泄水道的设计

截流泄水道是指在戗堤合龙时水流通过的地方，例如，束窄河槽、明渠、涵洞、隧洞、底孔和堰顶缺口等均为泄水道。截流泄水道的过水条件与截流难度关系很大，应该尽量创造良好的泄水条件，减少截流难度，平面布置应平顺，控制断面尽量避免过大的侧收缩回流。弯道半径亦须适当，减少不必要的损失。泄水道的泄水能力、尺寸、高度应与截流难度进行综合比较选定。在截流有充分把握的条件下尽量减少泄水道工程量，降低造价。在截流条件不利、难度大的情况下，可加大泄水道尺寸或降低高程，以减少截流难度。泄水道计算中应考虑沿程损失、弯道损失、局部损失。弯道损失可单独计算，亦可纳入综合糙率内。如泄水道为隧洞，截流时其流态以明渠为宜，应避免出现半压力流态。在截流难度大或条件较复杂的泄水道，则应通过模型试验核定截流水头。

泄水道内围堰应拆除干净，少留阻水埝子。如估计来不及或无法拆除干净时，应考虑其对截流水头的影响。如截流过程中，由于冲刷因素有可能使下游水位降低，增加截流水头时，则在计算和试验时应予考虑。

五、截流工程施工作业

（一）截流材料和备料量

截流材料的选择，主要取决于截流时可能的流速及工地开挖、起重、运输设备的能力，一般应尽可能就地取材。在黄河，长期以来用梢料、麻袋、草包、石料、土料等作为堤防溃口的截流堵口材料。在南方，如四川都江堰，则常用卵石竹笼、砾石和杩槎等作为截流堵河分流的主要材料。国内外大江大河截流的实践证明，块石是截流的最基本材料。此外，当截流水力条件差时还须使用人工块体，如混凝土六面体、四面体\四脚体及钢筋混凝土构架等。

为确保截流既安全顺利，又经济合理，正确计算截流材料的备料量是十分必要的。备料量通常按设计的戗堤体积再增加一定裕度，主要是考虑到堆存、运输中的损失，水流冲失，戗堤沉陷，以及可能发生比设计更坏的水力条件而预留的备用量等。

造成截流材料备料量过大的原因，主要是：①截流模型试验的推荐值本身就包含了一定安全裕度，截流设计提出的备料量又增加了一定富裕，而施工单位在备料时往往在此基础上又留有余地；②水下地形不太准确，在计算戗堤体积时，从安全角度考虑取偏大值；③设计截流流量通常大于实际出现的流量等。因此，如何正确估计截流材料的备用量，是一个很重要的课题。当然，备料恰如其分，一般不大可能，须留有余地。但对剩余材料，应预做筹划，安排好用处，特别像四面体等人工材料，大量弃置，既浪费，又影响环境，可考虑用于护岸或其他河道整治工程。

（二）截流水力计算方法

截流水力计算的目的是确定龙口诸水力参数的变化规律。它主要解决两个问题：一是确定截流过程中龙口各水力参数，如单宽流量、落差及流速的变化规律；二是由此确定截流材料的尺寸或重量及相应的数量等。这样，在截流前可以有计划、有目的地准备各种尺寸或重量的截流材料及其数量，规划截流现场的场地布置，选择起重、运输设备；在截流时，能预先估计不同龙口宽度的截流参数，预估何时何处抛投何种尺寸或重量的截流材料及其方量等。在截流过程中，上游来水量，也就是截流设计流量，将分别经由龙口、分水建筑物及戗堤的渗漏下泄，并有一部分拦蓄在水库中。截流过程中，若库容不大，拦蓄在水库中的水量可以忽略不计。对于立堵截流，作为安全因素，也可忽略经由戗堤渗漏的水量。

随着截流戗堤的进占，龙口逐渐被束窄，因此，经分水建筑物和龙口的泄流量是变化的，但二者之和恒等于截流设计流量。其变化规律是：截流开始时，大部分截流设计流量经由龙口泄流，随着截流戗堤的进占，龙口断面不断缩小，上游水位不断上升，经由龙口的泄流量越来越小，而经由分水建筑物的泄流量则越来越大。龙口合龙闭气以后，截流设计流量全部经由分水建筑物泄流。

在大、中型水利工程中，截流工程必须进行模型试验。但模型试验时对抛投体的稳定也只能做出定性分析，还不能满足定量要求。故在试验的基础上，还必须考虑类似工程的截流经验，作为修改截流设计的依据。

（三）截流日期与设计流量的选定

截流日期的选择，不仅影响到截流本身能否顺利进行，而且直接影响到工程施工布局。

截流应选在枯水期进行，因为此时流量小，不仅断流容易，耗材少而且有利于围堰的加高培厚。至于截流选在枯水期的什么时段，首先要保证截流以后全年挡水围堰能在汛前修建到拦洪水位以上，若是作用一个枯水期的围堰，应保证基坑内的主体工程在汛期到来以前，修建到拦洪水位以上（土坝）或常水位以上（混凝土坝等可以过水的建筑物）。因此，应尽量安排在枯水期的前期，使截流以后有足够时间来完成基坑内的工作。对于北方河道，截流还应避开冰凌时期，因冰凌会阻塞龙口，影响截流进行，而且截流后，上游大量冰块堆积也将严重影响闭气工作。一般来说南方河流最好不迟于12月底，北方河流最好不迟于1月底。截流前必须充分及时地做好准备工作。准备好了截流材料，充备及其他截流设施等。不能贸然行事，使截流工作陷于被动。

截流流量是截流设计的依据，选择不当，或使截流规模（龙口尺寸、投抛料尺寸或数量等）过大造成浪费；或规模过小，造成被动，甚至功亏一篑，最后拖延工期，影响整个施工布局。所以在选择截流流量时，应该慎重。

截流设计流量的选择应根据截流计算任务而定。对于确定龙口尺寸，及截流闭气后围堰应该立即修建到挡水高程，一般采用该月5%频率最大瞬时流量为设计流量。对于决定截流材料尺寸、确定截流各项水力参数（水位、流速、落差，龙口单宽流量）的设计流量，由于合龙的时间较短，截流时间又可在规定的时限内，根据流量变化情况，进行适当调整，所以不必采用过高的标准，一般采用5%~10%频率的月或旬平均流量。这种方法对于大江河（如长江、黄河）是正确的，因为这些河道流域面积大，因降雨引起的流量变化不大。而中小河道，枯水期的降雨有时也会引起涨水，流量加大，但洪峰历时短，最好避开这个时段。因此，采用月或旬平均流量（包含了涨水的情况）作为设计流量就偏大了，在此情况下可以采用下述方法确定设计流量。先选定几个流量值，然后在历年实测水文资料中（10～20 年），统计出在截流期中小于此流量的持续天数等于或大于截流工期的出现次数。当选用大流量，统计出的出现次数就多，截流可靠性大；反之，出现次数少，截流可靠性差。所以可以根据资料的可靠程度、截流的安全要求及经济上的合理，从中选出一个流量作为截流设计流量。

截流时间不同，截流设计流量也不同，如果截流时间选在落水期（汛后），流量可以选得小些；如果是涨水期（汛前），流量要选得大一些。

总之截流流量应根据截流的具体情况，充分分析该河道的水文特性来进行选择。

（四）截流最大块体选择

截流块体重量小则流失多，重量大就流失小，要综合考虑截流可靠性与经济性两个方面的因素来选定。如利用开挖石碴废料及少量大石，流失量大，但有把握截流，而且比较经济，又不需特大型汽车；如截流难度大，利用石碴及少量一般大石没有把握，可加大块石尺寸和数量，或用混凝土块，其重量大小既要考虑流失量又要利用已有汽车载重能力。

根据以上分析和水力计算结果得知，减少截流难度可以采用以下措施。

1. 加大分流量，改善分流条件

分流条件好坏直接影响到截流过程中龙口的流量、落差和流速，分流条件好，截流就容易，反之就困难。改善分流条件的措施包括以下几个。

（1）合理确定导流建筑物尺寸、断面形式和底高程，也就是说导流建筑物不只是要求满足导流要求，而且应该满足截流要求。由于导流建筑物的泄水能力曲线不同，截流过程中所遇到的水力条件和最困难的水力指标是不一样的。

我国多数中型河流，洪枯流量差别较大，导流建筑物要满足泄洪要求，尺寸比较大，这就很有利于截流。

（2）重视泄水建筑物上下游引渠开挖和上下游围堰拆除的质量，是改善分流条件的关键环节，不然泄水建筑物虽然尺寸很大，但分流却受上下游引渠或上下游围堰残留部分控制，泄水能力很小，势必增加截流工作的困难。国内外不少工程实践证明，由于水下开挖的困难，常使上下游引渠尺寸不足，或是残留围堰的壅水作用，使截流落差大大增加，工作中遇到了不少困难。

（3）在永久泄水建筑物尺寸不足的情况下，可以专门修建截流分水闸或其他类型泄水道帮助分流，待截流完成以后，借助于闸门封堵泄水闸，最后完成截流任务。

（4）增大截流建筑物的泄水能力。当采用木笼、钢板桩格式围堰时，也可以间隔一定距离安放木笼或钢板桩格体，在其中间孔口宣泄河水，然后以闸板截断中间孔口，完成截流任务。另外，也可以在进占戗堤中埋设泄水管帮助泄水，或者采用投抛构架块体增大戗堤的渗流量等办法减少龙口溢流量和溢流落差，从而减轻截流的困难程度。

2. 改善龙口水力条件

目前国内外的截流水平，落差在 3m 以内，一般问题不大。当落差 4m 以上用单戗堤截流，大多是在流量较小的情况下完成的；如果流量很大，采用单戗堤截流难度就大了，所以多数工程采用双戗堤、三戗堤或宽戗堤来分散落差，改善龙口水力条件，以完成截流任务。

（1）双戗堤截流

采取上下游二道戗堤，同时进行截流，以分散落差。双戗堤截流若上戗用立堵，下戗用平堵，总落差不能由双戗堤均摊，且来自上戗龙口的集中水流还可能将下戗已建成部分潜堤冲垮，故不宜采用。若上戗用平堵，下戗用立堵，或上、下戗都用平堵，虽然落差可以均摊，但施工组织复杂，尤其双戗平堵，须在两戗线架桥，造价高，且易受航运、水文（如流水）、场地布置等条件限制，故除可冲刷土基河床外，一般不宜采用。从国内外工程实践来看，双戗截流以采取上下戗都立堵较为普遍，落差均摊容易控制，施工方便，也较经济。从力学观点看，河床在上下戗之间应为缓坡；下戗突出的长度要超出上戗回流边线以外，否则就难以起到分担落差的效益；双戗进占以能均匀分担落差为宜。当戗堤间距较近时，若上戗偶尔超前，水流可能突过下戗龙口，全部落差由上戗单独承担，下戗几乎不起作用。常见的进占方式有上下戗轮换进占、双戗固定进占和以上两种进占方式混合使用。也有以上戗进占为主，由下戗配合进占一定距离，局部有壅高上戗下游水位，减少上戗进占的龙口落差和流速。在可冲刷地基上采用立堵法截流，为了不使水流过分冲刷地基，也有在落差不太大时采用双戗进占截流的。如上所述，双戗进占，可以起到分摊落差，减轻截流难度的作用，便于就地取材，避免使用或少使用大块料、人工块料的好处。但二线施工，施工组织较单戗截流复杂；二戗堤进度要求严格，指挥不易；软基截流，若双线进占龙口均要求护底，则大大增加了护底的工程量；在通航河道，船只要经过两个龙口，困难较多。

（2）三戗截流

三戗截流所考虑的问题基本上和双戗堤截流是一样的，只是程度不同。由于有第三戗堤分担落差，所以可以在更大的落差下用来完成截流任务。第三戗的任务可以是辅戗，也可以是主戗。

（3）宽戗截流

增大戗堤宽度，工程量也大为增加，和上述扩展断面一样可以分散水流落差，从而改善龙口水流条件。但是进占前线宽，要求投抛强度大，所以只有当戗堤可以作为坝体（土石坝）的一部分时，才宜采用；否则用料太多，过于浪费。我国立堵实践中多采用上挑角进占方式。这种进占方式水流为大块料所形成的上挑角挑离进占面，使得有可能用较小块料在进占面投抛进占。

3. 增大投抛料的稳定性，减少块料流失

主要措施有采用葡萄串石、大型构架和异型人工投抛体；或投抛钢构架和比重大的矿石或用矿石为骨料做成的混凝土块体等来提高投抛体的本身稳定；也有在龙口下游平行于戗堤轴线设置一排拦石坎来保证投抛料的稳定，防止块料的流失。拦石坎可以是特大的块石、人工块体，或是伸到基础中的拦石桩。加大截流施工强度，加快施工速度，一方面，可以增大上游河床的拦蓄，从而减少龙口的流量和落差，起到降低截流难度的作用；另一方面，可以减少投抛料的流失，这就有可能采用较小块料来完成截流任务。定向爆破截流和炸倒预制体截流就包含这一优点。

第三节 基坑排水

一、基坑排水概述

（一）排水目的

在围堰合龙闭气以后，排除基坑内的存水和不断流入基坑的各种渗水，以便使基坑保持干燥状态，为基坑开挖、地基处理、主体工程正常施工创造有利条件。

（二）排水分类及水的来源

按排水的时间和性质不同，一般分为两种排水。

1. 初期排水

围堰合龙闭气后接着进行的排水，水的来源是：修建围堰时基坑内的积水、渗水、雨天的降水。

2. 经常排水

在基坑开挖和主体工程施工过程中经常进行的排水工作，水的来源是包括基坑内的渗水、雨天的降水、主体工程施工的废水等。

（三）排水的基本方法

基坑排水的方法有两种：明式排水法（明沟排水法）、暗式排水法（人工降低地下水位法）。

二、初期排水

（一）排水时间选择

排水时间的选择受水面下降速度的限制，而水面下降速度要考虑围堰的类型、基坑土壤的特性、基坑内的水深等情况。水面下降慢，影响基坑开挖的开工时间；水面下降快，围堰或者基坑的边坡中的水压力变化大，容易引起塌坡。因此，水面下降速度一般限制在每昼夜 0.5~1.0m 的范围内。当基坑内的水深已知，水面下降速度基本确立的情况下，初期排水所需要的时间也就确定了。

（二）排水设备和排水方式

根据初期排水要求的能力，可以确定所需要的排水设备的容量。排水设备一般用普通的离心水泵或者潜水泵。为了便于组合、运转，一般选择容量不同的水泵。排水泵站一般分固定式和浮动式两种，浮动式泵站可以随着水位的变化而改变高程，比较灵活，若采用固定式，当基坑内的水深比较大的时候，可以采取将水泵逐级下放到基坑内，在不同高程的各个平台上进行抽水。

三、经常性排水

主体工程在围堰内正常施工的情况下，围堰内外水位差很大，外面的水会向基坑内渗透，雨天的雨水、施工用的废水，都需要及时排出；否则会影响主体工程的正常施工。因此经常性排水是不可缺少的工作内容。经常性排水一般采取明式排水或者暗式排水法。

（一）明式排水法

1. 明式排水的概念

指在基坑开挖和建筑物施工过程中，在基坑内布设排水明沟，设置集水井、抽水泵站，而形成的一套排水系统。

2. 排水系统的布置

（1）基坑开挖排水系统

该系统的布置原则是：不能妨碍开挖和运输；一般布置方法是：为了两侧出土方便，在基坑的中线部位布置排水干沟，而且要随着基坑开挖进度，逐渐加深排水沟，干沟深度一般保持 1~1.5m，支沟 0.3~0.5m，集水井的底部要低于干沟的沟底。

（2）建筑物施工排水系统

排水系统一般布置在基坑的四周，排水沟布置在建筑物轮廓线的外侧，为了不影响基坑边坡稳定，排水沟距离基坑边坡坡脚 0.3~0.5m。

（3）排水沟布置

内容包括断面尺寸的大小，水沟边坡的陡缓、水沟底坡的大小等，主要根据排水量的大小来决定。

（4）集水井布置

一般布置在建筑物轮廓线以外比较低的地方，集水井、干沟与建筑物之间也应保持适当距离，原则上不能影响建筑物施工和施工过程中材料的堆放、运输等。

3. 渗透流量估算

（1）估算目的

为选择排水设备的能力提供依据。估算内容包括围堰的渗透流量、基坑的渗透流量。

（2）围堰渗透流量

一般按有限透水地基上土坝的渗透计算方法进行。公式为：

$$Q = K \frac{(H + T)^2 - (T - y)^2}{2L} \qquad (2-1)$$

式中：Q ——每 m 长围堰渗入基坑的渗透流量，$m^3/$（$d \cdot m$）；

K ——围堰与透水层的平均渗透系数，m/d；

H ——上游水深，m；

T ——透水层厚度，m；

y ——排水沟水面到沟顶的距离，m；

L ——等于 $L 0—0.5Mh+1$，m；

（3）基坑渗透流量

按无压完整井公式计算：

$$Q = 1.366K \frac{H^2 - h^2}{\lg \frac{R}{r}} \qquad (2-2)$$

式中：Q ——基坑的渗透流量，m^2/d；

H ——含水层厚度，m；

h ——基坑内的水深，m；

R ——地下水位下降曲线的影响半径，m；

r ——化引半径 m；把非圆形基坑化成假想的相当圆井的：

对形状不规则的基坑：

$$r = \sqrt{\frac{F}{\pi}} \qquad (2-3)$$

对矩形基坑：

$$r = \eta \frac{L + B}{4} \qquad (2-4)$$

式中：F——基坑平面面积（各井中心连线围成的面积），m^2；

π——常数；

L——基坑长度，m；

B——基坑宽度，m；

η——基坑形状系数。

（4）说明

地下水位下降曲线的影响半径 R 和地基渗透系数 K 等资料，最好由测试获得，估算时一般按经验取值。

①对地下水位下降曲线的影响半径 R：细砂 $R = 100 \sim 200m$；中砂 $R = 250 \sim 500m$；粗纱 $R = 700 \sim 1000m$。

②对于渗透流量：当基坑在透水地基上时，可按 1.0m 水头作用下单位基坑面积的渗透流量经验数据来估算总的渗透流量。

③降雨一般按不超过 200mm 的暴雨考虑，施工废水，可忽略不计。

（二）暗式排水法（人工降低地下水位法）

1. 基本概念

在基坑开挖之前，在基坑周围钻设滤水管或滤水井，在基坑开挖和建筑物施工过程中，从井管中不断抽水，以使基坑内的土壤始终保持干燥状态的做法叫暗式排水法。

2. 暗式排水的意义

在细砂、粉沙、亚沙土地基上开挖基坑，若地下水位比较高时，随着基坑底面的下降，渗透水位差会越来越大，渗透压力也必然越来越大，容易产生流沙现象，一边开挖基坑，一边冒出流沙，开挖非常困难，严重时会出现滑坡，甚至危及临近结构物的安全和施工的安全。因此，人工降低地下水位是必要的。常用的暗式排水法有管井法和井点法两种。

3. 管井排水法

（1）基本原理

在基坑的周围钻造一些管井，管井的内径一般 20~40cm，地下水在重力作用下，流入井中，然后，用水泵进行抽排。抽水泵有普通离心泵、潜水泵、深井泵等，可根据水泵的不同性能和井管的具体情况选择。

（2）管井布置

管井一般布置在基坑的外围或者基坑边坡的中部，管井的间距应视土层渗透系数的大小，而正渗透系数小的，间距小一些；渗透系数大的，间距大一些，一般为15~25m。

（3）管井组成

管井施工方法就是农村打机井的方法。管井包括井管、外围滤料、封底填料三部分。井管无疑是最重要的组成部分，它对井的出水量和可靠性影响很大，要求它过水能力大，进入泥沙少，应有足够的强度和耐久性。因此一般用无砂混凝土预制管，也有的用钢制管。

（4）管井施工

管井施工多用钻井法和射水法。钻井法先下套管，再下井管，然后一边填滤料，一边拔出套管。射水法是用专门的水枪冲孔，井管随着冲孔下沉。这种方法主要是根据不同的土壤性质选择不同的射水压力。

4. 井点排水法

井点排水法分为轻型井点、喷射井点、电渗井点三种类型。它们都适用于渗透系数比较小的土层排水，其渗透系数都在0.1~50m/d。但是它们的组成比较复杂，如轻型井点就由井点管、集水总管、普通离心式水泵、真空泵、集水箱等设备组成。当基坑比较深，地下水位比较高时，还要采用多级井点，因此需要的设备多，工期长，基坑开挖量大，一般不经济。

第三章　水土保持的规划及生态工程

在进行水利工程建设施工的时候，若实际施工办法不符合实际施工规划的要求，则极易对附近生态环境构成不可逆的恶劣影响。为此，要深入研究此项工作的重要性和影响意义。按照不同地区的不同要求，经过汇总以往的工作经验，对水土流失严重的情况作出了探讨，并给出了让水土保持稳定状态的具体举措和技术要求，以此为此项工作的有序落实提供必要的支持。

第一节　水土保持规划

水和土是人类赖以生存的基本物质条件，是发展农业生产的重要因素，水土保持工作对于改善水土流失地区的农业生产条件，减少水、旱、风沙等灾害，实现水土资源可持续利用均具有重要意义。为了更好地指导水土保持实践，使控制水土流失和水土保持的工作按照自然规律和社会经济规律进行，避免盲目性，达到多快好省的目的，有必要做好水土保持规划。水土保持规划是合理开发利用水土资源的主要依据，也是农业生产区划和国土整治规划的重要组成部分。

一、基本概念、原则、内容与程序

（一）基本概念

1. 水土流失及水土保持

水土流失是指在水力、风力、冻融、重力等自然应力作用下，水土资源和土地生产能力的破坏和损失，包括土壤侵蚀及水的损失。水土保持是指对由自然因素和人为活动造成的水土流失所采取的预防和治理措施。

水土保持范围主要包括合理利用土地，防治水土流失，防治土壤退化，充分利用有限的自然资源，控制地表径流，为农地保蓄水分，节水灌溉与适当排水，改善生态环境和提高农业生产等。

水土保持按项目类型主要分为农地水土保持、林地水土保持、草地水土保持、道路水土保持、工矿区水土保持、库区水土保持、城镇水土保持、生产建设项目水土保持等。

2. 土壤侵蚀

土壤侵蚀是指在水力、风力、冻融、重力等自然应力作用下，土壤或其他地面组成物质被破坏、剥蚀、搬运和沉积的过程。

（1）土壤侵蚀量

土壤侵蚀量是指土壤及其母质在侵蚀应力作用下，产生位移并通过某一观察断面的总量，以 t 或 m^3 表示。

（2）土壤侵蚀速度

土壤侵蚀速度（或土壤侵蚀速率）是指单位面积和单位时段内的土壤侵蚀量。

（3）土壤侵蚀强度

土壤侵蚀强度是指单位面积和单位时间内发生的土壤侵蚀量。

（4）土壤侵蚀模数

土壤侵蚀模数是指在单位时间内，单位水平面积地表土壤及其母质被侵蚀的总量，通常以 $t/（km^2 \cdot a）$ 表示。

（5）容许土壤流失量

容许土壤流失量是指根据保持土壤资源及其生产能力而确定的年土壤流失量上限，通常小于或等于成土速率。对于坡耕地，是指维持土壤肥力，保持作物在长时期内能经济、持续、稳定地获得高产所容许的年最大土壤流失量。

3. 水土保持规划的目的

水土保持规划是为了防治水土流失，做好国土整治，合理开发利用并保护水土及生物资源，改善生态环境，促进农、林、牧生产和经济发展，根据土壤侵蚀状况、自然和社会经济条件，应用水土保持原理、生态学原理及经济规律，制定水土保持综合治理开发的总体部署和实施安排。

根据规划的区域范围大小，可分为大面积总体规划和小面积实施规划两类。大面积总体规划是指大、中流域或省、市、县级的规划，面积几千平方千米、几万平方千米到几十万平方千米；小面积实施规划是指小流域或乡、村级的规划，面积几平方千米到几十平方千米。

（二）水土保持规划的指导思想与原则

1. 水土保持规划的指导思想

（1）水土保持规划应符合我国经济建设总的战略部署，与当地的农业发展战略和社会经济发展状况相适应，为实现农业发展战略目标和经济建设目标，促进社会的繁荣和进步服务。

（2）水土保持规划应与当地的自然条件和社会经济条件相结合，为解决群众生产生活中的主要问题服务。既要有效地控制水土流失，改善当地的生产条件，又要大力发展多种经营，把群众脱贫致富的要求作为规划重点。在水土流失严重地区，要解决粮食、燃料、饲料、肥料、现金收入等问题，有的地方还要解决人畜用水困难。通过水土保持，逐步改变当地的贫困面貌，开拓脱贫致富的道路。

（3）全面保护和合理开发利用水土资源，为农、林、牧、副、渔各业生产协调发展服务，使生态效益、经济效益和社会效益结合起来。在充分分析和调查生态环境及效益的基础上，不断地提高土地利用效率、土地生产率和劳动生产率，有效地增加农、林、牧、副、渔各业的总产值和净产值。

（4）认真总结经验教训，科学论证水土流失与低产贫困的根本原因，提出改善农业生产条件，改善生态环境的有效途径及逐步实施的步骤。

（5）突出水土保持的特殊性，重视水土保持与全社会工矿、交通、文教、卫生、商业等发展的相互依存性。

2. 水土保持规划的原则

水土保持规划必须贯彻预防为主、全面规划、综合防治、因地制宜、加强管理、注重效益的水土保持方针，防治水土流失，改善生态环境，恢复、维护和提高土地生产力。在这个总原则的指导下，水土保持规划的原则具体概括为以下四条。

（1）坚持实事求是的原则

无论是生产建设方向的确定、治理措施的布局、治理进度的安排，还是技术经济指标的计算，都应严格按照自然规律和社会经济规律办事。

（2）坚持因地制宜、因害设防的原则

我国幅员辽阔，各地的自然、社会和经济条件千差万别，因此在规划中必须认真研究本地区的具体情况，在类型区划分的基础上，确定不同的发展方向，采取不同的治理措施和经济技术指标等，使之形成多层次良性循环体系。

（3）坚持综合治理的原则

水土保持综合治理必须做到工程措施、林草措施、农业技术措施相结合，治坡措施与治沟措施相结合，造林种草与封禁治理相结合，骨干工程与一般工程相结合。在治理工作中，各项措施、各个部位同步进行，或者做到从上游到下游，先坡面后沟道，先支、毛沟后干沟，先易后难，要使各措施相互配合，最大限度地发挥群体的防护作用，要做到治理一片，成功一片，受益一片。

（4）坚持生态、经济和社会效益兼顾的原则

水土保持要以生态效益为基础，以经济效益为源动力，坚持以经济效益促进生态效

益、以生态效益保护经济效益的良好循环。经济效益和生态效益是水土保持中相辅相成的两个方面，没有经济效益的生态效益，不易被群众理解和接受，也缺乏水土保持事业发展的内在活力；相反，没有生态效益的经济效益，会使水土保持走向急功近利的极端，从而丧失生产后劲，乃至资源也受到严重破坏。因此，在规划中要做到治理与开发相结合、治理与管护相结合、当前利益与长远利益相结合，要做到经济上合理，各项措施符合设计要求，有明显的经济效益、生态效益和社会效益。

（三）水土保持规划的内容与程序

1. 水土保持规划的内容

水土保持规划的内容和详简程度，要按照规划区的大小、年限的长短、实施的要求等情况综合确定。一般包括农业生产结构调整的规划、土地合理利用的规划、水土保持措施的规划、投入和效益的计算、保障规划实施的措施等。其中，水土保持措施的规划是规划的主体部分，要针对坡耕地治理、荒坡治理、侵蚀沟治理分别提出治理措施，规划出应采取的各项水土保持措施及其工作量，再根据投资能力和经济要求，规划治理的先后步骤及其进度指标，同时要对已成措施的管理养护、经营运用做出规划安排，以保证措施能充分发挥作用。投入和效益的计算，包括人力、物资、财力、效益估算，主要是蓄水保土效益，增产粮食、木材、燃料、饲料的效益等。保障规划实施的措施主要是制定开展水土保持的方针、政策、规章制度，也包括组织领导、技术队伍、宣传教育等。这些措施一定要具体和能落实，只有保障措施落实了，整个水土保持规划才能实现。

2. 水土保持规划的程序

水土保持规划的程序主要包括以下七部分。

（1）准备工作

①组织综合性规划小组

水土保持规划工作涉及的部门多、综合性强，要经过多方面的调查研究，反复分析、论证、综合、平衡、对比定案，因此，需要组织一个由农、林、牧、水利、水保等业务部门的技术人员和领导参加的规划小组。

②制订工作计划

明确规划的任务、工作量、要求；制定规划工作进度、方法、步骤，人员组成与分工，并做好物质准备、经费预算及制定必要的规章制度。

③制定规划提纲

根据规划的任务、要求，制定规划提纲，包括水土保持综合调查提纲和相应的调查表格。一般水土保持规划大纲主要包括以下内容。

前言：说明规划任务来源、目的、要求等；基本情况：包括自然条件、自然资源和社会经济等；水土流失：包括水土流失的现状、危害和水土流失的成因；治理现状：包括治理的过程、治理的效益、经验、问题和教训；系统分析：包括资源的分析和评价，社会经济系统的分析与评价等；治理规划：包括规划的指导思想、土地利用规划、治理措施规划与设计、其他规划等；实施计划：包括进度的安排，实施规划的措施等；投资和效益估算：包括劳力、资金、物质的投入，可能获得的经济、生态和社会效益。

④培训技术人员

在规划工作开始之前，应对参加规划的专业人员进行技术培训，学习规划的有关文件和技术，明确规划的任务和对本专业的要求，统一标准和规范。

此外，进行水土保持规划除要做好思想准备、组织准备、仪器装备准备和技术培训外，还要做好大量资料方面的准备。要根据规划范围大小收集相应比例尺的地形图、航空照片、土地利用现状图、植被图、土壤图、土壤侵蚀图、坡度图等；收集水文、气象、地质、地貌、土壤、植被、主要河流特征及现状资料；收集有关社会经济、水土流失及治理的资料等。对收集的资料应进行认真分析整理，不足的要进行补充调查。

（2）进行水土保持综合调查

调查分析规划范围内的基本情况，包括自然条件、自然资源、社会经济情况、水土流失特点四个主要方面；并且调查总结水土保持工作成就与经验，包括开展水土保持的过程，治理现状（各项治理措施的数量、质量、效益），水土保持的技术措施经验和组织领导经验，存在的问题和改进的意见等。

调查的主要内容包括：①自然条件调查，着重调查地形、降水、土壤（地面组成物质）、植被四项主要因素，以及温度、风、霜等其他农业气象。②自然资源调查，着重调查土地资源、水资源、生物资源、光热资源、矿藏资源等。③社会经济调查，着重调查人口、劳力、土地利用、农村各业生产、粮食与经济收入（总量和人均量）、燃料、饲料、肥料情况、群众生活、人畜饮水情况等。④水土流失情况调查，着重调查各类水土流失形态的分布、数量（面积）、程度（侵蚀量）、危害（对当地和对下游）、原因（自然因素与人为因素）。⑤水土保持现状调查，着重调查各项治理措施的数量、质量、效益，开展水土保持的发展过程和经验、教训。

（3）进行水土保持区划

根据规划范围内不同地区的自然条件、社会经济情况和水土流失特点，划分若干不同的类型区，各区分别提出不同的土地利用规划和防治措施布局。

（4）编制土地利用规划

根据规划范围内土地利用现状与土地资源评价，考虑人口发展情况与农业生产水平，发展商品经济与提高人民生活水平的需要，研究确定农村各业（农、林、牧、副、渔）用地和其他用地的数量和位置，作为部署各项水土保持措施的基础。

（5）进行防治措施规划

要根据不同利用土地上不同的水土流失特点，分别采取不同的防治措施。

①对林地、草地等流失轻微但有流失潜在危险（坡度在15°以上）的，采取以预防为主的保护措施。

②对有轻度以上土壤侵蚀的坡耕地、荒地、沟壑和风沙区，分别采取相应的治理措施，控制水土流失，并利用水土资源发展农村经济。

③小面积规划中各项防治措施，以小流域为单元进行部署，各类土地利用和相应的防治措施，都应落实到地块上，以利实施。

（6）分析技术经济指标

技术经济指标包括投入指标、进度指标、效益指标三个方面。三项指标相互关联，根据投入确定进度，根据进度确定效益。

（7）规划成果整理

规划成果包括规划报告、附表、附图、附件等四项。

①规划报告

规划报告一般包括以下内容。基本情况：自然条件、自然资源、社会经济、水土流失、水土保持概况；规划布局：指导思想与防治原则、水土保持分区、土地利用规划、治理措施规划；技术经济指标；保证实施规划的措施。

②附表

附表主要包括：基本情况表；水土流失与水土保持现状表；农、林、牧等土地利用现状与规划表；水土保持主要治理措施现状与规划表；水土保持土石方工程量表；水土保持规划技术经济指标表；水土保持效益现状与预测表。

③附图

小面积规划附图主要包括：水土流失现状图；土地利用与水土保持措施现状图；土地利用与水土保持规划图。

④附件

附件包括以下内容：重点工程的规划设计；对大型淤地坝、治沟骨干工程和小型以上水库等重点工程根据有关技术规范进行专项规划设计，并将其规划设计报告和图纸作为水土保持规划的附件；投入、进度、效益三项主要技术经济指标的计算依据与计算过程。

二、水土保持工程措施

水土保持工程措施是以修筑各种水土保持工程为手段，以防治山区、丘陵区、风沙区水土流失，保护改良水土资源为目的，以实现水土流失地区水土资源高效利用和环境改善为目标的各种工程措施的总和。工程措施主要通过坡面治理工程、沟道治理工程等防护工程的实施，改变地形状态，减少水土流失，并为水土资源利用创造条件。

水土保持工程按修建目的及其主要功能大致可分为坡面治理工程、沟道工程、护岸工程、小型蓄排引水工程等。

（一）坡面治理工程

根据坡面工程所处的位置与作用不同，常将坡面治理工程分为斜坡固定工程、梯田工程等。

1. 斜坡固定工程

斜坡固定工程是指为防止坡面土体运动，保证坡面稳定而布设的工程措施，包括挡墙、抗滑桩、削坡和反压填土、排水工程、护坡工程、滑动带加固工程、植物固坡工程及落石防护工程等。斜坡固定工程主要用于交通、沟河及建设工程两侧病险边坡的治理。

（1）挡墙

挡墙又称挡土墙，可防止崩塌、小规模及大规模滑坡前缘的再次滑动。用于防止滑坡的挡墙又称为抗滑挡墙。

重力式挡墙可以防止滑坡和崩塌，适用于坡脚较坚固，允许承载力较大，抗滑稳定性较好的情况。浅层中小型滑坡的重力式挡墙宜修在滑坡前，若滑动面有几个且滑坡体较薄时，可分级支挡。其他几种类型的挡墙多用于防止坡面崩塌，一般用钢筋混凝土修建。

（2）抗滑桩

抗滑桩是穿过滑坡体将其固定在滑床的桩柱。抗滑桩使滑坡体和滑床连为一体，可有效防止滑坡。抗滑桩具有土方量小、施工方便、工期短等优点，是广泛采用的一种抗滑措施。根据滑坡体厚度、推力大小、防水要求和施工条件等，可选用木桩、钢桩、混凝土桩或钢筋（钢轨）混凝土桩等。木桩施工方便，但强度低、长度小、抗水性差，一般用于浅层小型土质滑坡或对施工土体的临时拦挡。对于大型滑坡体，一般常用钢桩和钢筋混凝土桩。

（3）削坡和反压填土

削坡主要用于防止中小规模的土质滑坡和岩质坡面崩塌。削坡可减缓坡度，减小滑坡体体积，从而减少下滑力。滑坡分为滑动部分和阻滑部分，前者位于滑坡体的后部，产生下滑力；后者即滑坡前端的支撑部分，产生抗滑阻力，因此削坡的对象是滑动部分。对于高而陡的岩质坡，在受节理缝隙切割比较破碎，有可能崩塌坠石时，可采用剥除危岩、削缓坡顶部的方法加以处理。

反压填土是在滑坡体前面的阻滑部分堆土加载，以增加抗滑力。填土可筑成抗滑土堤，然后分层夯实。外露坡面可用干砌片石或种植草皮防护，堤内侧须修渗沟以排除滑动部分土体的水分。土堤和老土间须修隔渗层，防止上部滑动体水分进入抗滑土堤，并应先做好地下水引排工程。

（4）排水工程

水的作用是造成滑坡的主要因素。一方面，水进入滑体后，增加滑体的重量；另一方面，水的浸入使滑面润滑，减小了滑体与滑床的摩擦阻力，软化了滑带土，增大了滑体推力。坡面固定工程中的排水工程，主要是为了降低地表水和地下水对坡体稳定性的不利影响，一方面，能提高现有条件下坡体的稳定性；另一方面，允许坡度增加而不降低坡体稳定性。这与防止坡面侵蚀而采取的坡面排水工程有所不同。排水工程包括排除地表水工程和排除地下水工程。

（5）护坡工程

护坡是为了防止边坡崩塌而对坡面进行加固的工程措施。常见的护坡工程有干砌片石和混凝土砌块护坡、浆砌片石和混凝土护坡、格状框条护坡、喷浆（混凝土）护坡、锚固法护坡及植物护坡等。

干砌片石和混凝土砌块护坡用于坡面有涌水，边坡小于 1∶1，高度小于 3m 的情况，涌水较大时应设反滤层，涌水很大时最好采用盲沟。

防止没有涌水的软质岩石和密实土斜坡的岩石风化，可用浆砌片石和混凝土护坡。边坡小于 1∶1 的用混凝土，边坡为 1∶0.5~1∶1 的用钢筋混凝土。浆砌片石护坡可以防止岩石风化和水流冲刷，适用于较缓边坡。

格状框条护坡是用预制构件在现场直接浇制混凝土或钢筋混凝土，修成格式建筑物，格内可进行植被防护。为防止滑动，应固定框格交叉点或深埋横向框条。

植物护坡是指在坡面种植植物，通过植物覆盖减轻径流对坡面的冲刷，同时植物根系可以提高土体抗剪强度，增加斜坡的稳定性。植物护坡还具有美化环境的效果，在土堤坝和梯田田坎上运用较多。试验表明，在不大于 50° 的坡上，植物护坡能在一定程度上防止崩塌和小规模的滑坡。

2. 梯田工程

梯田是在坡地上沿等高线修成台阶式或坡式断面的田地，由于地块顺坡按等高线排列呈阶梯状而得名。梯田是一种基本的水土保持工程措施，也是坡地发展农业的重要措施之一。梯田可以改变地形，拦蓄雨水，减少径流，改良土壤，增加土壤水分，具有显著的保水、保肥效果。因此，梯田对防治水土流失，促进山区和丘陵区农业发展，改善生态环境等具有重要作用。

根据不同的划分标准，梯田可分为不同的类型。按断面形式不同，可分为水平梯田、斜坡（坡式）梯田和隔坡梯田；按田坎建筑材料不同，可分为土坎梯田和石坎梯田；按梯田用途（坡式），可分为旱作物梯田、水稻梯田、果园梯田、林木梯田等。现仅按梯田断面形式说明三种梯田的特点及其适用条件。

（1）水平梯田

水平梯田的田面水平，田埂平整，采用半挖半填方式修成。这种梯田蓄水、保土能力较强，适宜种植水稻、旱作物、果树等。水平梯田修筑填挖方量大，造价高，且下层生土翻至表层后，会降低耕地质量，需要改良，较适于土层深厚、经济条件较好的地区。

（2）斜坡梯田

斜坡梯田分顺坡梯田和反坡梯田。

顺坡梯田的田面坡度与山坡方向一致，坡度改变不大，田坎沿等高线布置。通过翻耕和径流冲淤，上部田面土体不断下移，原田面坡度逐渐变缓，通过田坎加高，最终演变成水平梯田。这种梯田工程量小，但蓄水保土能力较水平梯田差，适用于土层较薄，劳动力较少的地区。顺坡梯田只能种植旱作物或果树，且必须采用等高耕作法耕作。

反坡梯田，田面坡度与山坡方向相反，修筑成 3°～5° 反坡。这种梯田具有较强的蓄水、保土和保肥能力，但用工多。田坎下部一般布置蓄水沟或排水沟，用于集蓄和排除地表径流。

（3）隔坡梯田

隔坡梯田即梯田与自然坡地相间布置的工程形式。梯田田面以水平为佳，可利用上部斜坡汇集的雨（雪）水和土壤颗粒种植农作物。斜坡部分一般种植牧草或其他水土保持效果较好的植物。

（二）沟道工程

沟道水土流失是由于面蚀未能及时控制、水土流失不断发展而形成的严重流失状态，主要表现为沟头前进、沟岸扩张和沟底下切。为固定沟床，拦蓄泥沙，防止或减轻山洪及泥石流灾害而在山丘区沟道中修筑的沟头防护、谷坊、拦沙坝、淤地坝、小型水库、护岸工程等，统称为沟道工程。沟道工程主要包括沟头防护工程和沟床固定工程。

1. 沟头防护工程

沟头防护工程的主要作用在于防止沟头的溯源侵蚀，减少侵蚀沟在长度上的发展，或者通过减少进入沟道的水量，减轻沟谷侵蚀程度。

沟头防护工程主要有蓄水式沟头防护工程和排水式沟头防护工程。当沟上部来水较少时，可采用蓄水式沟头防护工程，即沿沟头修筑一道或数道环形沟埝，拦蓄上游坡面径流，防止径流进入沟道。沟埂的长度、高度和蓄水容量按设计来水量而定。

当沟头集水面积较大且来水量较多时，沟埂已不能有效地拦蓄径流，这时须考虑采用排水式沟头防护工程。常见的排水式沟头防护工程有跌水式沟头防护和悬臂管（槽）式沟头防护。

2. 沟床固定工程

沟床固定工程包括谷坊、淤地坝、拦沙坝等。

（1）谷坊

谷坊是为降低沟道水流流速，防止沟床冲刷及泥沙灾害而在侵蚀沟修筑的高度5m以下的横向拦挡建筑物，是水土流失地区沟道治理的一种主要工程措施，在我国水土流失地区应用很广。按照谷坊的建筑材料，分为土谷坊、石谷坊和植物谷坊三类；按照谷坊的透水性，可分为透水谷坊和不透水谷坊；按照谷坊顶部能否过水，可分为过水谷坊和不过水谷坊。

谷坊类型的选择取决于地形、地质、建筑材料、劳力、技术、经济、防护目标和对沟边利用的远景规划等多种因素。国内各地所修的谷坊多为土谷坊、石谷坊和植物谷坊，其他种类谷坊一般在为保护铁路、公路、居民点和重要的工矿企业等有特殊防护要求的山洪、泥石流沟道才使用。

（2）淤地坝

淤地坝是指在水土流失严重地区，用于拦泥淤地而横建于沟道中的水工建筑物，和一般坝体一样，由坝体、溢洪道、泄水洞三部分组成。淤地坝的作用主要是防治沟道水土流失、滞洪、拦泥、淤地（坝地），控制沟床下切和沟岸扩张，并可调节径流泥沙，减轻下游水库淤积，改善生态环境。和谷坊相比，淤地坝的坝高和坝后库容较大，具有一定的调蓄能力。

（3）拦沙坝

拦沙坝是横亘于侵蚀沟谷的拦挡建筑物。主要用于南方地区沟谷治理，以滞留洪水、拦截沙石，消除或减轻泥石流危害，起到固定河床，防止沟道冲刷，稳定山坡山脚的作用。在我国黄土高原地区沟谷修建的土坝，拦截的沙石颗粒较细，泥沙可用于淤地造田，一般称为淤地坝。

拦沙坝在规划和布置上，基本和谷坊、淤地坝相似，坝高一般为3~15m，但由于泥石流的作用力不同于水流，所以拦沙坝在受力分析、泄流和消能方面具有一些自身特点。

拦沙坝有砌石坝和混凝土坝等，主要根据泥石流或山洪的规模、沟谷的形态及当地的建筑材料来选择。在石料比较丰富，开采、运输方便的地方，最好采用砌石坝，而在石料缺乏时可考虑采用格栅坝、混凝土坝或钢筋混凝土坝。

（三）护岸工程

护岸工程是用以控制水流流向，防护沟岸或河岸、水库坝坡免受冲刷而沿沟道或河道修筑的工程。

护岸工程一般分为护坡与护基（或护脚）两种工程类型。枯水位以下称为护基工程，枯水位以上称为护坡工程。根据所用材料的不同，又可分为干砌石、浆砌石、混凝土板、铁丝石笼、木桩排、木框架与生物护岸等。此外，还有混合型护岸工程，如木桩植树加抛石、抛石植树加梢捆护岸工程等。

护基工程长期位于水下，受到水流的冲击和侵蚀作用，其材料的选取，一是在结构上要求具备抗御水流冲击和推移质磨损的能力；二是要富有弹性，易于恢复和补充，以适应河床变形；三是材料的耐水流侵蚀性能要好；四是便于水下施工等。常用的护脚工程有抛石、沉枕、石笼等。

护坡工程又称护岸堤，其作用除了防止水流的横向侵蚀，还可发挥挡土墙的作用，稳固坡脚。常用的有砌石护坡、混凝土护坡、生物护坡等多种护坡形式。

（四）小型蓄排引水工程

蓄排引水工程是通过蓄水、排水措施，减少坡面土壤侵蚀，并将径流加以蓄积、利用的措施。工程类型主要有坡面小型蓄排工程和路旁、庭院小型蓄引工程。

坡面小型蓄排工程的主要作用包括两个方面：一是拦截、集蓄坡面径流，用于发展灌溉、雨养农业、人畜饮水等；二是改变坡长，减少径流量，降低坡面水流流速，减少水力侵蚀，起到坡面防护作用。主要工程类型包括截（蓄）水沟、排水沟和蓄水池。

道路、庭院小型蓄引工程是指利用道路、庭院拦蓄径流并加以储蓄，为解决人畜饮水和抗旱灌溉提供水源的工程。路面、庭院（包括屋面）表层致密，渗漏速率低，径流系数大，适宜径流积蓄，且利用道路、庭院集蓄雨水，投资较小，因此在我国北方干旱、半干旱水资源匮乏地区得到了较为广泛的应用。水窖是路旁、庭院小型蓄引工程的主要形式。

三、水土保持林草措施

（一）造林种草的作用

在水土流失区造林种草的主要作用是涵养水源、保持水土、防风固沙、保护农田。除此以外，它还可以改良土壤，调节气候，减少或防止空气和水质污染，美化、保护和改造自然环境，从而改变农业生产的基本条件，保证和促进农业高产稳产。同时，水土保持造林种草又具有生产性。通过造林种草，还可以获得四料（木料、燃料、饲料、肥料）、果品及其他林副产品等一系列经济收益，促进水土流失区经济的发展。

（二）水土保持造林技术

1. 造林原则适地适树

适地适树是指使造林树种的特性，尤其是生态学特性与造林地的立地条件相适应，以便充分发挥生产潜力，达到该立地在当前技术经济条件下可能达到的高产水平。随着林业生产和科学技术的发展，适地适树的含义也在不断更新。现代造林工作，不但要求造林地和造林树种相适应，而且要求造林地和一定树种的一定类型（地理种源、生态类型）或品种相适应，即适地适种源、适地适品种、适地适类型。总之，适地适树是造林工作的一项基本原则。

2. 树种选择

水土保持林的主要任务是拦截及吸收地表径流，涵养水分，固定土壤免受各种侵蚀。营造水土保持林，必须根据保持水土的目的及水土流失地区的自然特点，同时兼顾当地人民群众生产生活的需求来选择树种。选择的基本原则具体如下。

（1）适应性强。例如，护坡林的树种要耐干旱瘠薄，如柠条、山桃、山杏、杜梨、臭椿等；沟底防护林及护岸林的树种要能耐水湿（如柳树、柽柳、沙棘等）、抗冲刷等。

（2）树冠浓密，枝叶发达，枯落物丰富，能形成良好的枯枝落叶层，有效拦截雨滴直接冲击地面，保护地表，减少冲刷。

（3）根藤能力强，根系发达，特别是须根发达，能固持土壤，增强土体的抗侵蚀能力。

（4）具有土壤改良性能（如刺槐、沙棘、紫穗槐、胡枝子、胡颓子等），能提高土壤的保水保肥能力。

（5）生长迅速，寿命长，繁殖容易，种源充足。我国各地自然条件差异很大，适生的主要树种大不相同。应依据水土保持林的树种选择原则，结合当地的气候、地形和土质等条件（造林的立地条件）选择合适的树种，促进幼树的生长和迅速成林。

3. 林种配置

既然造林的首要目标是保持水土，那么，林种的配置就应按照水土流失的严重程度、水土保持作用的大小和不同部位的轻重缓急来确定。主要有以下五个方面。

（1）在我国南方山区、丘陵区植被遭到破坏，水土流失严重的光山和陡坡，应抓紧营造水土保持林。在我国北方，特别是黄土丘陵沟壑区，逐步退耕的陡坡地，是大量营造水土保持林的重点。

（2）我国各地各种形式的侵蚀沟，特别是南方风化花岗岩地区崩岗沟和黄河中游各地的黄土侵蚀沟的沟头、沟坡和沟底，都应积极营造沟头防护林、沟坡护坡林、沟底防冲林，以制止沟头前进、沟岸扩张和沟底下切。

（3）无论南方和北方，河流两岸和库区周围都应营造护岸林，以保护河岸、库岸；水库、淤地坝上游的集水区都应营造水源涵养林。

（4）风沙区应营造防风固沙林；塬坝、滩区、川道区应营造农田防护林；高塬区的塬边、丘陵区的峁边，分别营造塬边、峁边防护林。

（5）为了增加经济收入，各地还应在距村较近、土质较好、背风向阳的地方，选出适当面积，发展果树和其他经济树。

4. 水土保持林整地法

水土保持林整地法是指针对带有水土保持坡面工程的性质，以能够拦蓄斜坡径流并将其储蓄于造林穴及其周围土壤中为目的，在水土流失地区造林的方法。目前，各地都已经创造了适合本地区的多种整地方法，主要有水平阶与反坡梯田、鱼鳞坑、水平沟整地、短水平条状整地、大穴整地和开沟整地等方法。所有整地方法，都要求做到生土培埂，表土回填，碎细土块，碎石、草根放于穴外。除破土面外，尽量保留坡面植被，以减少泥沙淤积。在水平阶、反坡梯田、鱼鳞坑内植树时，应栽于埂内边至外边一线靠近外边的 1/3 处。水平沟则应栽于埂内缓坡的中部。

理想的整地深度，应达到 40cm 以上，这样土壤所蓄水分才能保证幼树度过春旱而存活下来，但人工整地普遍很难达到这样的深度。因此，除特殊干旱地带外，平均应达到 30cm 的最低要求。整地季节以造林前一年的雨季、秋季最好。春季整地应在土壤水分较好时开始，土块不易打碎时结束。无论何时整地，都必须在下过透雨后，才能造林。

5. 造林密度

营造水土保持林，总的要求是要密植，有些地方还要高度密植。因此，株行距一般应小些，例如，一般山坡造林，乔木每亩 300~400 株（株行距约为 1.0m×1.5m），混木林的株行距要求更小些，每亩 600~700 株（株行距约为 1.0m×1.0m）。当然每个具体地点的造林密度，应根据其立地条件具体确定。四旁绿化，开始植树时应密一些。渠旁、路旁，开始时株距 1m，有利于幼树成活与保存，防止破坏。长大后间伐时，保留株距 2m 左右。果树应根据不同树种的特殊需要，以及当地条件来确定株行距。柠条、紫穗槐等灌木，如作为放牧林用，应采取宽行密植的方法，株距 0.5m，行株 2.0m，以便羊群放牧时从树行中通行。

6. 林带方向

坡面林带，一般都应沿等高线布设，与坡面水流方向正交。相邻两行各株为"品"字形。沟底防冲林，无论成片或成段，都应与沟中水流方向正交。河滩护岸林应与水流方向成 30°~40°的交角。农田防护林，主林带应与主要害风方向正交。风沙区固沙造林，应在沙丘的迎风面和两丘之间的洼地上布设林带。

7. 造林方法

造林方法按所使用的造林材料（种子、苗木、插穗等）不同，一般分为植苗造林、播种造林和分殖造林。

水土保持林的造林方法，一般以植苗造林为主。但是，一些先锋灌木树种可以采用直播造林方法。在阴坡土壤水分条件较好地带，一些针阔叶乔木树种也可以直播造林。

（三）水土保持植草技术

1. 草种选择与配置

草种选择是建植草地的重要环节。我国地域辽阔，气候条件和地貌类型多样，不同区域生境条件差异明显。而不同的植物有其不同的生物学特性，对于生活条件的要求也各有不同。因此，选择草种时，应根据当地的气候、地貌和土壤等生境特点，按照适地适草的原则，因地制宜，选择适生的草种。同时，还要考虑种植和管理成本等经济状况。

选择草种有两种方法：一是对现有草地，特别是人工草地进行调查，获得不同草种生长状况的资料，如"生长量、生物量、盖度及适应能力等。通过比较分析，选出不同生境条件下的适生草种。二是种植或引进不同草种进行对比试验，观察其生长发育状况，筛选出适宜的草种。

2. 种植技术

水土保持草种植技术，大体可分为直播、栽植、埋植和适应特殊情况的特殊种植几种。

四、水土保持生态修复措施

（一）水土保持生态修复的概念

水土保持生态修复是指在特定的土壤侵蚀地区，通过解除生态系统所承受的超负荷压力，根据生态学原理，依靠生态系统本身的自组织和自调控能力的单独作用，或辅以人工调控能力的作用，使部分受损的生态系统恢复到相对健康的状态。

（二）水土保持生态修复的类型及相关技术

1. 自然退化生态系统修复技术

自然退化主要是由于季风、降水、蒸发、径流等自然因素引起的水土流失、生态退化。根据不同自然因素导致的生态退化，应因地制宜地治理。例如，盐碱地可采取以稻治碱、种碱茅、植柽柳、挖沟排涝、施用化学制剂等方法；水资源条件较好的地方，还可以修建水利工程、引地表水或打井进行节水灌溉；实行全年或季节性禁牧、舍饲或半舍饲等配套措施，形成有利恢复植被的综合环境，划分若干区块进行修复。

2. 过度垦殖、樵采生态系统修复技术

退化耕地生态系统的生态修复可采取少施化肥，增施农家肥；种植绿肥植物，增加固氮作物品种；采用轮作、套作、间种、混种；减少化学防治，增加生物防治；植等高植物篱等措施。坡地生态脆弱带可实行退耕还林（灌、草）与修筑梯田相结合的技术。按照国家退耕还林（草）有关政策方针，25°以上的坡耕地一律严格退耕发展生态林草，严格限制开垦农田，封山育林育草，保护生态植被；15°以下的坡地，按照近村、近水、近路的原则，实施坡改梯，进行水土保持耕作，保证人均基本农田，以此确保粮食安全与增强水土保持安全意识。

对于因樵采导致退化的林地、草地等生态系统的生态修复，可实行封山育林，封禁时间的长短因生态系统类型、受损程度、气候等因素的不同而不同。一般来说，乔木林为 8 年以上、灌木林为 5 年以上、草地生态系统为 3 年以上。在封禁的基础上，补种树种、草种，同时改变薪柴能源利用方式与生活能源结构。在农户家庭中大力推广节柴灶，提高能源利用率。对不同的经济发展地区，可依照自然资源程度和技术程度，鼓励发展沼气、太阳能、风能、地热能等新能源，推广"以沼代薪""以电代薪""以气代薪"等新技术。

3. 沿河（库）生态修复技术

河流生态退化主要是就常年性河流的生态退化而言的。常年性河流的生态系统常因各种人为驱动力的作用而退化，原因主要有修路、开矿、樵采、河岸放牧，化肥与农药的面源污染，工业废水与生活污水的点源污染，过度捕鱼等。生态修复最重要的手段是减轻或解除导致河流生态系统退化的驱动力，让河流休养生息。此外，还可采取如下措施。

（1）减少河流人工直线化的程度，增加河流弯曲度，以增加河流生境的多样性，进而增加水生生物多样性。

（2）在河流（水库）两岸种植生物缓冲带，既防治了面源污染，又为河流水生生物增加了营养源。

（3）构建主河槽和护堤地在内的复合断面形态，设置必要的马道，有条件的地方，可实行季节性河道。

（4）在需要护岸的地段，宜采用鱼巢、生态混凝土等岸坡防护结构，充分利用乱石、木桩、芦苇、柳树、水葱等天然材料与植物护坡，以利于恢复河流生境的多样性，进而增加水生植物群落和生物群落的种类。

（5）通过工程结构使河流的生态系统冲击最小化，争取对水流的流量、流速、冲淤平衡、环境外观等影响最小，为动物栖息及植物生长创造多样性的生活空间。

4. 经济林过度开发生态修复技术

实行粮果、林果的立体间套种植，利用山地自然坡度进行开发。实行土地轮作化来提高土地利用率、产出率和物质转化率。模拟生态系统中的食物链结构，建立循环经济型模式，实行物质和能量的良性循环与多级利用。利用产业链间组合效应，走种、养、加工一条龙，贸、工、农一体化的发展路子，探索建立水土保持型生态村、生态沟、生态小流域建设模式。

5. 开发建设生态退化修复技术

对于开发建设项目与取土取石场已造成生态环境退化的，先停止开挖建设，再利用适应性强的乡土植物（乔、灌、草）进行生态修复，控制水土流失。对弃土弃石区则必须加强表面的生物覆盖，通过恢复植被使项目区的水土流失基本得到控制。

矿区生态系统的土壤、植物等组分完全受损，缺乏植物生长所需要的营养元素，对这种严重退化的生态进行生态修复，可采取的方法包括：覆盖土壤，对土壤进行物理处理，添加营养物质，去除有害物质，种植适应性强的先锋树种或草种、间种乡土树种或草种等。

第二节 水土保持生态建设工程

一、水土保持生态建设工程的概念

水土保持生态建设工程是以流域或区域为单元实施的水土流失综合治理工程，即在水土流失区域实施的以治理水土流失、改善生态环境和农业生产条件、促进农业和农村经济发展为目标的工程和植物及耕作措施。工程建设的主要内容包括：建设基本农田、人工造林种草、修建小型水利水保工程和修筑治沟骨干工程与淤地坝等沟道工程、完善坡面水系工程和泥石流防治工程，以及实施生态自然修复、封禁治理、建设水土流失的预防与监督和支持服务系统。

水土保持生态建设工程是水土保持工程建设的重要组成部分，是国家的一项重要基础设施建设项目，实施过程涉及水利、农业、林业、畜牧业等多个行业，措施类型多，实施范围大。水土保持生态建设工程建设投资由中央、地方和受益区群众共同承担。

二、工程进度控制

（一）进度控制的概念、分类

1. 进度控制的概念

进度控制是指项目实施过程中，监理机构运用各种手段和方法，依据合同文件赋予的权力，监督、管理建设项目施工单位（或设计单位），采用先进合理的施工方案和组织、管理措施，在确保工程质量、安全和投资的前提下，通过对各建设阶段的工作内容、工作程序、持续时间和衔接关系编制计划动态控制，对实际进度与计划进度出现的偏差及时进行纠正，并控制整个计划实施，按照合同规定的项目建设期限加上监理机构批准的工程延期时间，以及预定的计划目标去完成项目的活动。

进度控制是建设监理中投资、进度、质量三大控制目标之一。工程进度失控，必然导致人力、物力、财力的浪费，甚至可能影响工程质量与安全。拖延工期后赶进度，引起费用的增加，工程质量也容易出现问题。特别是植物措施受季节制约，如赶不上工期，错过有利的施工机会，将会造成重大的损失。若工期大幅拖延，则不能发挥应有的效益。特别是淤地坝、拦洪坝等具有防洪要求的工程，如汛前不能达到防汛坝高，将会严重影响工程安全度汛。投资、进度、质量三者是相辅相成的统一体，只有将工程进度与资金投入和质量要求协调起来，才能取得良好的效果。

2. 进度控制的分类

根据划分依据的不同，可将进度控制分为不同的类型。例如，按照控制措施制定的出发点不同，可分为主动控制和被动控制；按照控制措施作用于控制对象的时间不同，可分为事前控制、事中控制和事后控制；按照控制信息的来源不同，可分为前馈控制和反馈控制；按照控制过程是否形成闭合回路，可分为开环控制和闭环控制。

控制类型的划分是人为的（主观的），是根据不同的分析目的而选择的，而控制措施本身是客观的。因此，同一控制措施可以表述为不同的控制类型，或者说，不同划分依据的不同控制类型之间存在内在的同一性。下面，简要介绍一下主动控制与被动控制。

（1）主动控制

所谓主动控制，是在预先分析各种风险因素及其导致目标偏离的可能性和程度的基础上，拟定和采取有针对性的预防措施，从而减少乃至避免进度偏离。

主动控制也可以表述为其他不同的控制类型。主动控制是一种事前控制，必须在计划实施之前就采取控制措施，以降低进度偏离的可能性或其后果的严重程度，起到防患于未然的作用。主动控制是一种前馈控制，通常是一种开环控制，是一种面对未来的控制。

（2）被动控制

所谓被动控制，是从计划的实际输出中发现偏差，通过对产生偏差原因的分析，研究制定纠偏措施，以使偏差得以纠正，工程实施恢复到原来的计划状态，或虽然不能恢复到计划状态但可以减少偏差的严重程度。

被动控制是一种事中控制和事后控制，是一种反馈控制，是一种闭环控制，是一种面对现实的控制。

（3）主动控制与被动控制的关系

在工程实施过程中，如果仅仅采取被动控制措施，难以实现预定的目标。但是，仅仅采取主动控制措施却是不现实的，或者说是不可能的。这表明，是否采取主动控制措施及究竟采取什么主动控制措施，应在对风险因素进行定量分析的基础上，通过技术经济分析和比较来决定。在某些情况下，被动控制反倒可能是较佳的选择。因此，对建设工程进度控制来说，主动控制和被动控制两者缺一不可，都是实现建设工程进度所必须采取的控制方式，应将主动控制与被动控制紧密结合起来，做到主动控制与被动控制相结合，关键在于处理好以下两个方面的问题。

①要扩大信息来源，即不仅要从本工程获得实施情况的信息，且要从外部环境获得有关信息，包括已建同类工程的有关信息，这样才能对风险因素进行定量分析，使纠偏措施具有针对性。

②要把握好输入这个环节，即要输入两类纠偏措施，不仅有纠正已经发生的偏差的措施，而且有预防和纠正可能发生的偏差的措施，这样才能取得较好的控制效果。

（二）水土保持生态建设工程进度控制的特殊性

1. 施工的季节性

水土保持工程施工受季节性影响较大，如造林，宜在苗木休眠期且土壤含水量较高的季节栽植，一般在春秋季比较好，一旦错过适时施工季节，就会影响造林的成活率。同样，如果种草不能在适时的季节种植，也会影响出苗率。而有些工程措施，如淤地坝则要考虑汛期的安全度汛，在我国北方，冬天冻土季节土方不能上坝，混凝土、浆砌石也不容易施工等，否则就不能保证工程质量。

2. 投资体制多元化

水土保持生态工程是公益性建设工程，长期以来，工程投资由中央投资、地方匹配、群众自筹三部分组成。国家实行积极的"三农"政策，取消了农民的义务工，工程投资变成了中央投资和地方匹配两部分。水土保持工程大多处于地方财政比较困难，建设资金难以落实，地方匹配资金往往不能足额保证或及时到位，从而增加了投资控制和工程进度控制的复杂性。

（三）进度控制监理工作内容、程序及措施

1. 进度控制的监理工作内容

（1）审批施工单位在开工前提交的依据施工合同约定的工期总目标编制的总施工进度计划、现金流量计划和总说明，以及在施工阶段提交的各种详细计划和变更计划。

（2）施工过程中审批施工单位根据批准的总进度计划编制的年、季、月施工进度计划，以及依据施工合同约定审批特殊工程或重点工程的单位（单项）、分部工程进度计划及有关变更计划。

（3）在施工过程中检查和督促计划的实施。当工程未能按计划进行时，可以要求施工单位调整或修改计划，并通知施工单位采取必要的措施加快施工进度，以便施工进度符合施工承包合同对工期的要求。

（4）定期向建设单位报告工程进度情况。当施工工期严重延误可能导致施工合同执行终止时，有责任提出中止执行施工合同的详细报告，供建设单位采取措施或做出相应的决定。

2. 进度控制的监理工作程序

监理工程师按照施工合同的进度要求，审核施工单位总进度计划，提出整改计划，依据批准的总进度计划进行控制，做到各个环节、各项工程都有进度依据。施工单位及时填写报表，监理工程师定期进行检查，发现进度滞后时，要及时查找原因，采取有力措施，以保证进度目标最优实现。工程进度控制程序具体如下。

（1）发布开工令，并以此为依据计算合同工期。

（2）依据工程总进度计划编制监理控制性总进度计划。

（3）审批施工单位提交的施工总进度计划及年、季、月施工进度计划，包括施工进度控制图表（横道图、形象进度图或网络进度计划等），主要从以下几个方面进行审查：进度安排是否满足合同进度规定的开竣工日期；施工顺序的安排是否符合逻辑，是否符合施工程序的要求；施工单位的劳动力、材料、设备供应计划是否保证进度计划的实现；进度计划是否与其他工作计划协调；进度计划的安排是否满足连续性、均衡性的要求。对工程进度计划的实施过程进行检查控制，对关键线路的项目进展实施跟踪检查，及时发现偏差并提出解决方法。

（4）处理工期索赔事项。

（5）协调各施工单位之间的施工干扰。

（6）做好工程进度记录。

（7）编写年、季、月进度报告，并按期向建设单位报告进度情况。

（8）签发工程移交证书。

3. 进度控制的措施

进度控制的措施应包括组织措施、技术措施、合同措施及经济措施。

（1）组织措施

①落实监理单位内部进度控制的人员，明确任务和职责，建立信息收集和反馈系统。

②进行项目和目标的分解。

③建立进度协调组织和进度协调工作制度。

④在项目实施过程中，检查和调整有关组织关系，使其适应进度控制工作的要求。

（2）技术措施

①审批施工单位拟定的各项加快工程进度的措施。

②向建设单位和施工单位推荐先进、科学、经济、合理的技术方法和手段，以加快工程进度。

（3）合同措施

①利用合同文件所赋予的权力督促施工单位按期完成工程项目。

②利用合同文件规定可采取的各种手段和措施加快工程进度。

（4）经济措施

①按合同规定的期限给施工单位进行项目检验、计量并签发支付证书。

②督促建设单位按时支付。

③通过奖罚制度，对提前完成计划者给予奖励，对延误工程计划者按有关规定进行处理。

（四）施工进度计划审查内容及审批程序

施工进度应考虑不同季节及汛期各项工程的时间安排及所要达到的进度指标，其中，植物措施进度应根据当地的气候条件适时调整，施工进度以年（季）度为单位进行阶段控制；淤地坝等工程施工进度安排应考虑工程的安全度汛。合同项目总进度计划应由监理机构审查，年、季、月进度计划应由监理工程师审批。经批准的进度计划应作为进度控制的主要依据。

1. 施工进度计划审查的内容

（1）在施工进度计划中有无项目内容漏项或重复的情况。

（2）施工进度计划和合同工期和阶段性目标的响应性与符合性。

（3）施工进度计划中各项目之间逻辑关系的正确性与施工方案的可行性。

（4）关键路线安排和施工进度计划实施过程的合理性。

（5）人力、材料、施工设备等资源配置计划和施工强度的合理性。

（6）材料、构配件、工程设备供应计划与施工进度计划的衔接关系。

（7）本施工项目与其他各标段施工项目之间的协调性。

（8）施工进度计划的详细程度和表达形式的适宜性。

（9）对建设单位提供施工条件要求的合理性。

（10）其他应审查的内容。

2. 施工进度计划审批的程序

（1）施工单位应在施工合同约定的时间内向监理机构提交施工进度计划。

（2）监理机构应在收到施工进度计划后及时进行审查，提出明确审批意见。必要时应召集由建设单位、设计单位参加的施工进度计划审查专题会议，听取施工单位的汇报，并对有关问题进行分析研究。

（3）监理机构应提出审查意见，交施工单位进行修改或调整。

（4）审批施工单位应提交施工进度计划或修改、调整后的施工进度计划。

（五）施工进度的检查与协调

（1）监理机构应督促施工单位做好施工组织管理，确保施工资源的投入，并按批准的施工进度计划实施。

（2）监理机构应及时收集、整理和分析进度信息，做好工程进度记录及施工单位每日的施工设备、人员、材料的进场记录，并审核施工单位的同期记录，编制描述实际施工进度状况和用于进度控制的各类图表。

（3）监理机构应对施工进度计划的实施进行定期检查，对施工进度进行分析和评价，对关键路线的进度实施重点跟踪检查，并在监理月（季、年）报中向建设单位通报，若发现进度滞后问题，监理工程师应书面通知施工单位采取纠正措施，并监督实施。

（4）监理机构应根据施工进度计划，协调有关参建各方之间的关系，定期召开生产协调会议，及时发现、解决影响工程进度的干扰因素，促进施工项目的顺利开展。

（5）总进度计划的分部工程进度严重滞后时，监理工程师应签发监理指令，要求施工单位采取措施加快施工进度。进度计划须调整时，应报总监理工程师审批。

（六）施工进度计划的调整

（1）监理机构在检查中发现实际工程进度与施工进度计划发生实质性偏离时，应要求施工单位及时调整施工进度计划。

（2）监理机构应根据工程变更情况，公正、公平地处理工程变更所引起的工期变化事宜。当工程变更影响施工进度计划时，监理机构应指示施工单位编制变更后的施工进度计划。

（3）监理机构应依据施工合同和施工进度计划及实际工程进度记录，审查施工单位提交的工期索赔申请，提出索赔处理意见报建设单位。

（4）施工进度计划的调整使总工期目标、阶段目标和资金使用等变化较大时，监理机构应提出处理意见报建设单位批准。

（七）施工进度报告

根据水土保持工程建设的特点，施工进度报告按季度进行编报，包括施工单位向监理机构提交的季进度报告和监理机构向建设单位编报的季进度报告。

1. 施工单位向监理机构提交的季进度报告

施工单位在次季度初将本季度的施工进度报告递交监理机构，季进度报告一般包括以下内容：①工程施工进度概述。②本季度现场施工人员报表。③现场施工机械清单及机械使用情况清单。④现场工程设备清单。⑤本季度完成的工程量和累计完成的工程量。⑥本季度材料入库清单、消耗量、库存量、累计消耗量。⑦工程形象进度描述。⑧水文、气象记录资料。⑨施工中的不利影响。⑩要求解释或解决的问题。

监理机构对施工单位进度报告的审查，一方面，可以掌握现场情况，了解施工单位要求解释的疑问和解决的问题，更好地做好进度控制；另一方面，监理机构对报告中工程量统计表和材料统计表的审核，也是向施工单位开具支付凭证的依据。

2. 监理机构向建设单位编报的季进度报告

在施工阶段，做好现场记录、资料整编、文档管理是监理机构的任务之一，监理机构应组织有关人员做好现场监理日志，定期总结，在每季度开具支付凭证报建设单位签字的同时，应向建设单位编报季进度报告，使建设单位了解、掌握工程的进展情况及监理机构的合同管理情况。季进度报告一般包括以下内容：①工程施工进度概述。②工程的形象进度和进度描述。③本季度完成的工程量及累计完成工程量统计。④本季度支付额及累计支付额。⑤发生的设计变更、索赔事件及其处理。⑥发生的质量事故及其处理。⑦下阶段施工要求建设单位解决的问题。

（八）停工与复工的有关规定

1. 在发生下列情况之一时，监理机构可视情况决定是否下达暂停施工通知：①建设单位要求暂停施工。②施工单位未经许可进行工程施工。③施工单位未按照批准的施工组织设计或施工方法施工，并且可能会出现工程质量问题或造成安全事故隐患。④施工单位有违反施工合同的行为。

2. 在发生下列情况之一时，监理机构应下达暂停施工通知：①工程继续施工将会对第三者或社会公共利益造成损害。②为了保证工程质量、安全所必要。③发生了须暂时停止施工的紧急事件。④施工单位拒绝执行监理机构的指示，从而将对工程质量、进度和投资控制产生严重影响。⑤其他应下达暂停施工通知的情况。

3. 监理机构下达暂停施工通知，应征得建设单位同意。建设单位应在收到监理机构暂停施工通知报告后，在约定时间内予以答复。若建设单位逾期未答复，则视为其已同意，监理机构可据此下达暂停施工通知，并根据停工的影响范围和程度，明确停工范围。

4. 若由于建设单位的责任需要暂停施工，监理机构未及时下达暂停施工通知时，在施工单位提出暂停施工的申请后，监理机构应在施工合同约定的时间内予以答复。

5. 下达暂停施工通知后，监理机构应指示施工单位妥善照管工程，并督促有关方及时采取有效措施，排除影响因素，为尽早复工创造条件。

6. 在具备复工条件后，监理机构应征得建设单位同意后及时签发复工通知，明确复工范围，并督促施工单位执行。

7. 监理机构应及时按施工合同约定处理因工程停工引起的与工期、费用等有关的问题。

三、信息管理

（一）信息管理的概念

信息管理是指信息的收集、整理、处理、存储、传递与应用等一系列工作的总称。

建设监理信息管理就是对数据的收集、记载、分类、排序、计算或加工、传输、制表、移交等工作，使有效的信息资源得到合理和充分的使用，符合及时、准确、实用、经济的要求。

（二）监理信息的特点、表现内容和形式及信息在监理中的作用

1. 监理信息的特点

监理信息是整个工程监理过程中发生的、反映工程建设的状态和规律的信息。它具有一般信息的特征，也有其本身的特点，具体如下。

（1）来源广、信息量大

在工程监理制度下，工程监理是以监理工程师为中心的，项目监理组织自然成为信息生成的中心，信息流入和流出的中心。监理信息来自两个方面：一是项目监理组织内部进行项目控制和管理而产生的信息；二是在监理过程中，从项目监理组织外流入的信息。由于工程建设的长期性和复杂性，涉及的单位过多，使得这两方面的信息来源广、信息量大。

（2）动态性强

工程建设的过程是一个动态的过程。监理工程师实施的控制也是动态控制，而大量的监理信息都是动态的，需要及时地收集和处理。

（3）有一定的范围和层次

项目法人委托监理的范围不一样，信息也不一样。监理信息不同于工程建设信息，在工程建设过程中，会产生很多信息。这些信息并不全是监理信息，只有那些与监理工作有关的信息才是监理信息。不同的工程建设项目，所需要的信息既有共性，也有个性。另外，不同的监理组织和监理组织的不同部门，所需要的信息也不一样。

监理信息的这些特点，要求监理工程师必须加强信息管理，把信息管理作为工程监理的一项主要内容。

2. 监理信息的表现内容和形式

监理信息的表现形式就是信息内容的载体，也就是各种各样的数据。在监理过程中，各种情况层出不穷，这些情况包含着各种各样的数据。这些数据可以是文字，可以是数字，可以是各种表格，也可以是图形、图像和声音。

文字数据是监理信息的一种常见的表现形式。管理部门会下发各种文件；工程建设各方，通常规定以书面形式进行交流，即使是口头上的指令，也往往规定在一定的时间内形成书面的文字。具体到每一个项目，还包括合同及投标文件、工程承包单位的情况资料、会议纪要、监理月报、洽商和变更资料，这些文件中包含着各式各样的信息。

数字数据也是监理信息常见的一种表现形式。在工程建设中，监理工作的科学性要求"用数字说话"，为了准确地说明工程的各种情况，必须有大量的数字数据产生，各种试验成果和试验检测数据反映了工程的质量、投资和进度的情况。具体到每一个项目，还包括材料台账、设备台账，材料、设备的检验数据，工程进度控制数据，进度工程量签证及付款签证数据，专业图纸数据，质量评定数据，施工人力和机械数据等。

各种报表是监理信息的另一种表现形式，工程建设各方都用这种直观的形式传播信息。承包商需要提供反映工程建设状况的各种报表。这些报表有开工申请单、施工组织设计方案报审表、进场原材料报验单、机械设备报验单、施工方案报验单、分包申请单、合同外工程单价申报表、计日工单价申报表、合同工程量月计量申报表、人工和材料价格调整申报表、额外工程月计量申报表、付款申请书、索赔申请书、索赔损失计算清单、延长工期申报表、复工申请、事故报告单、工程验收申请单、竣工报验单等。监理机构常采用规范化的表格来有效地进行控制。这类报表有工程开工令、工程量清单月支付申报表、暂定金额支付月报表、应扣款月报表、工程变更通知、额外增加工程量通知单、工程暂停指令、复工指令、现场指令、工程验收签证书、工程验收记录、竣工证书等。监理工程师向建设单位（项目法人）反映工程情况也往往用报表传递工程信息。这类报表有工程质量月报表、项目月支付总表、工程进度月报表、进度计划与实际完成报表、施工计划与实际完成报表、监理月报表、工程状况月报表等。

监理信息的形式还有图形、图像和声音。这些信息包括工程项目的立面、平面及功能布置图形，项目所在位置和所在区域环境实际图形或图像等，对每个项目，还应该包括专业隐蔽部位图形，分专业设备安装部位图形，分专业预留预埋部位图形，分专业管线平、立面走向和跨越伸缩缝部位图形，分专业管线系统图形，质量问题和进度形象图形，在施工中还有设计变更图形等。图形图像信息还包括工程录像、照片等。这些信息直观、形象地反映了工程的实际情况，能有效地反映隐蔽工程的情况。声音信息主要包括一些会议录音、电话录音和其他重要讲话等。

以上这些只是监理信息的一些常见的形式，而监理信息通常是这些形式的组合。

3. 信息在监理中的作用

（1）信息是监理机构实施控制的基础

水土保持工程的控制是建设监理的主要手段。控制的主要任务是把实施情况与计划目标进行比较，找出差异，对结果进行分析，排除和预防产生差异的原因，使总体目标得以实现。为了进行比较分析和采取措施来控制水土保持工程投资目标、质量目标和进度目标，首先，监理机构应掌握有关项目三大目标的计划值，三大目标是项目控制的主要依据；其次，监理机构还应了解三大目标的执行情况。只有这两个方面的信息都充分掌握了，监理机构才能实施控制工作。从控制的角度来看，离开了信息是无法进行的，所以信息是控制的基础。

（2）信息是监理决策的依据

水土保持工程建设监理决策的正确与否，直接影响着项目建设总目标的实现及监理单位、监理工程师的信誉。监理决策正确与否，取决于多种因素，其中最重要的因素之一就是信息。如果没有可靠的、充分的信息作为依据，正确的决策是断然不可能的。例如，监理单位参加建设单位的水土保持工程招标时，监理工程师要对投标单位进行资格预审，以确定哪些报名参加投标的施工单位能适应招标工程的需要。为进行此项工作，监理工程师就必须了解报名参加投标的众多施工单位的技术水平、财务实力和施工管理经验等方面的信息。再如，施工阶段对施工单位的支付决策，监理工程师也只有在了解有关承包合同规定及施工的实际情况等信息后，才能决定是否支付等。由此可见，信息是监理决策的重要依据。

（3）信息是监理机构协调项目建设各方的重要媒介

水土保持工程项目的建设过程涉及众多的单位，如项目审批单位、建设单位、设计单位、施工单位、材料设备供应单位、资金提供单位、外围工程单位（水、电、通信等）、毗邻单位、运输单位、保险单位、税收单位等，这些单位都会对项目目标的实现产生一定的影响。如何才能使这些单位有机地联系起来呢？关键就是要用信息把它们有机地组织起来，处理好它们之间的联系，协调好它们之间的关系。

总之，水土保持工程建设项目监理信息渗透到监理工作的每一个方面，它是监理工作不可缺少的要素。

（三）建设监理信息的分类

工程监理信息对监理工程师开展监理工作，对监理工程师的决策具有重要的作用。水土保持工程建设监理过程中涉及大量的信息，可以依据建设监理的目的划分为以下三类。

1. 投资控制信息

投资控制信息是指与投资控制直接有关的信息，如各种估算指标、类似工程造价、物价指数、概算定额、预算定额、工程项目投资估算、设计概算、合同价、施工阶段的支付账单、原材料价格、机械设备台班费、人工费、运杂费等。

2. 质量控制信息

质量控制信息如国家有关的质量政策及质量标准、项目建设标准、质量目标的分解结果、质量控制工作流程、质量控制的工作制度、质量控制的风险分析、质量抽样检查的数据等。

3. 进度控制信息

进度控制信息如施工定额、项目总进度计划、进度目标分解、进度控制的工作流程、进度控制的工作制度、进度控制的风险分析、某段时间的进度记录等。

（四）监理信息管理

1. 监理信息收集的基本方法及内容

（1）监理信息收集的基本方法

①现场记录（监理日志和监理日记）

a. 现场监理人员对所监理工程范围内的机械、劳力的配备和使用情况做详细的记录。如施工单位现场人员和设备配置是否与计划所列的一致；工程质量和进度是否因部门职员或设备不足而受到影响，受到的影响程度如何；是否缺乏专业施工人员或专业施工设备，施工单位有无替代方案；施工单位施工机械完好率和使用率是否令人满意，维修车间及使用情况如何，是否存储有足够的备件。

b. 记录气候和水文情况。记录每天的最高、最低气温，降雨、降雪量，风力，河流水位；记录有预报的雨雪台风来之前对永久性或临时性工程采取的措施，记录气候、水温的变化影响施工及造成损失的细节，如停工时间、救灾的措施和财产的损失等。

c. 记录施工单位每天的工作范围，完成的工程量，以及开始和完工的工作时间；记录出现的技术问题，采取了怎样的措施进行处理，效果如何，能否满足施工规范要求。

d. 对工程每道工序完成后的情况进行描述，如此工序是否已被认可，对缺陷和补救措施或变更情况做详细的记录。监理人员对现场的隐蔽工程应特别注意记录。

e. 记录现场材料和存储情况，每一批材料的到达时间、来源、数量、质量、存储的方法和材料的抽样检查情况等。

f. 对一些必须在现场进行的试验，现场监理人员进行记录和分类保存。

②会议记录

由监理人员主持的会议应有专人记录，并且要形成纪要，由与会者签字确认，这些纪要将成为以后解决问题的重要依据。会议纪要应包括以下内容：会议的时间、地点，出席者的姓名、职位及他们所代表的单位，会议中发言者的姓名及主要内容，形成的决议，决议由何人及何时执行等。

③计量与支付记录

计量与支付记录包括所有的计量和支付资料。应清楚地知道哪些工程进行过计量，哪些工程还没有进行过计量，哪些工程已经支付、已同意或确定的费率和价格变化等。

④试验记录

除正常的试验报告外，试验室应有专人以日志形式记录实验室每天的工作情况，包括对施工单位试验的监督、数据分析等。

（2）信息管理的主要内容

信息管理的内容主要有建立项目管理信息体系，收集整理和存储各类信息，应用合理手段进行工程投资、进度、质量、安全控制和管理，定期或不定期地提供各种监理报告，整理存储各类会议记录、文件、信件等，及时整理各种技术、经济资料。

①信息的收集和整理。监理工程师应对现场施工进行监督管理，并对各种具体情况如实地加以记录，做好监理日志，收集各种信息。监理日志填写内容包括当日现场施工中各种具体情况的记录与描述，以及监理工程师对各种问题的描述和处理。

②收集整理各种资料、信息。

③信息的存储与传递。在工程项目施工过程中，监理机构要建立完善的资料存储、调用、传递、管理制度，对施工详图、基本资料、各种发文、现场检验单、试验资料等进行登录、存放、管理。

④监理报告制度。定期编制监理报告，及时向建设单位反映工程进展情况。每期报告的主要内容包括工程进展、施工质量、计量支付、合同执行等情况；根据实际情况有选择地报告质量事故、工程变更、合同纠纷、延期和索赔等重大合同事宜。报告还要对施工单位、监理工程师无法解决的问题予以充分说明，以取得建设各方协助，尽快解决问题，保障工程顺利进行。

⑤工地会议制度。

2. 监理信息的加工整理、存储、传递

（1）监理信息的加工整理

监理工程师对信息进行加工整理，形成各种资料，如各种来往信函、来往文件、各种指令、会议纪要、备忘录或协议和各种工作报告等。工作报告是最主要的加工整理成果，工作报告主要有现场监理日报、现场监理周报和现场监理月报等。

（2）监理信息的存储

经过加工处理的监理信息，按照一定的规定，记录在相应的信息载体上，并把这些记录信息的载体，按照一定的特征和内容性质，组织成为有系统、有体系、可供人们检索的集合体，这个过程称为监理信息的存储。

监理信息存储的主要载体是文件、报告报表、图纸、音像材料等。监理信息的存储主要就是将这些材料按照不同类别，进行详细的登录、存放，建立资料归档系统。监理资料归档，一般按照以下三类进行。

①一般函件。与建设单位（项目法人）、施工单位（承包商）和其他有关部门来往的函件按日期归档，监理工程师主持或出席的会议的所有会议纪要按照日期归档。

②监理报告。各种监理报告按照次序归档。

③计量与支付资料。每月的计量和支付证书，连同其所附的资料每月按照编号归档；监理人员每月将与计量和支付有关的资料按月份归档。

④合同管理资料。施工单位对延期、索赔、分包的申请，批准的延期、索赔、分包文件按编号归档；设计变更的有关资料按编号归档；现场监理人员为应急发出的书面指令及最终指令应按照项目归档。

⑤图纸。按照分类编号归档。

⑥技术资料。现场监理人员每月汇总上报的现场记录及检验报表按月归档，承包人提供的竣工资料按照分项归档。

⑦试验资料。由监理人员完成的试验资料分类归档，施工单位所报的试验资料分类存档。

⑧工程照片。反映工程实际进度的照片、现场监理工作的照片、工程事故及事故处理情况的照片、其他照片，如工地会议和重要监理活动的照片按日期归档。

以上资料在归档的同时，要进行登录，建立详细的目录表，以便随时调用、查询。

（3）监理信息的传递

监理信息的传递，是指监理信息借助一定的载体（如纸张、软盘）从信息源传递到使用者的过程。

信息在传递过程中，形成各种信息流。信息流常有以下四种：①自上而下的信息流。②自下而上的信息流。③内部横向信息流。④外部环境信息流。

（五）水土保持生态建设工程监理资料文档整编与管理

1. 档案资料的形成

要保证在施工及相关活动中直接形成一套较为全面、规范的文件材料。资料形成的过程主要包括项目的提出、筹备、施工、竣工、运行等，资料的形式有相关文件、图纸、图表、计算材料、声像图片等。

2. 整理资料的原则

整理出一套规范完整、高效适用的档案资料，必须具备以下四个原则。

（1）资料整理的及时性

工程档案资料是对工程质量情况的真实反映，因此要求资料必须按照工程实施的进度及时整理。技术资料从收集、积累到整理，始终贯穿工程运行和施工的全过程，应与工程运行和施工进程保持同步。

（2）资料整理要具备真实性

资料的真实性是保证优良工程技术的灵魂。资料的整理应该实事求是，客观准确。

技术资料应是对工程质量的真实写照，所有资料的整理应与施工过程同步。

（3）确保资料数据的准确性

资料的准确性是做好工程建设的核心。档案资料的准确性主要体现在工程质量评定的填写应规范化、项目内容的填写应详细具体化，不能以"符合要求""满足规范"来概而论之，资料整理人员、审核人员及负责人都要把好数字关，真正做到各负其责。

（4）保证资料的完整性

完整性是做好项目工程资料管理工作的基础。不完整的资料将会导致片面性，不能系统地、全面地了解单位工程的质量状况。应设专人整理有关工程资料，根据工程的评定划分、工程量等收集有关工程数据。资料应按照合同的签订、工程的施工及相关要求全面记录填写。资料按照运行、管理、施工三部分进行整编，以保证资料有始有终、便于查找、全面完整。

3. 工程施工与资料整理的有力结合

资料整理人员不能只顾在办公室单纯地整理资料，而要与施工人员、质量监督人员根据工作需要，到施工现场察看工程的质量、进度。

4. 工程施工过程中收集和填报资料的注意事项

（1）资料要符合竣工图纸、资料编制的具体要求。

（2）技术资料是核定工程质量等级的重要依据，技术资料必须完整、准确、系统，装订整齐，手续完备。

（3）反映施工过程的图片、照片、录音（像）等声像资料，应按其种类分别整理、立卷，并对每个画面附以语言或文字说明。

（4）资料要签字齐全，字迹清晰，纸质优良，保持整洁。

（5）分类分项要明确，封面、目录、清单资料要齐全，排列有序，逐页编码。

（6）所有施工资料必须用碳素墨水笔或黑笔书写，禁止复写和使用复印件。

（7）文字材料以 A4 纸为准，以立卷形式归档。

（8）验收后，应将质量鉴定书及时立卷，按时归档。

第四章　水利工程治理

在不同的历史时期，由于生产力水平不同，水利工程的发展程度不同，其工作方式也有所不同。随着社会经济的发展，水利工程由简入繁，逐渐体系化、专业化，已经从比较单一的管理上升到了综合治理的层次。建设是基础，治理才是关键。水利工程治理是现代社会发展到一定阶段的必然产物。本章以水利工程为研究对象，分析现代水利工程治理的框架体系，并提出现代水利工程治理的技术手段。

第一节　水利工程治理的主要体系

水利工程治理的主要体系包括水利工程治理的组织体系、制度体系、责任体系、评估体系。具体而言，水利工程治理的组织体系为技术人员和相关机构提供保障，水利工程治理的制度体系规范了整个工程的治理流程，水利工程治理的责任体系对各部门的基本职责进行了明确分工，水利工程治理的评估体系全面评估前三个体系的运行状况并做出系统的评价。

一、水利工程治理的组织体系

在现行的水利工程治理模式下，对于兴建的水利工程项目，我国实行区域治理与流域治理相结合的工程治理组织体系，以满足人民群众在生产生活中对水资源的需求。

（一）区域治理体系

推进国家治理体系治理能力现代化是适应我国经济社会发展的客观要求，完善区域治理体系是推进国家治理体系和水利工程治理现代化的重要内容。区域治理的目标就是要根据推动社会经济高质量发展的总要求，积极适应经济发展的空间结构变化趋势，促进各类要素合理流动和高效集聚。区域治理体系的形成需要区域治理行为产生激励性因素，同时需要具备克服各种约束性因素的能力。

区域治理体系的基础是地方政府的区域治理行为。按照职责分工，县级以上地方人民政府有关部门负责有关本行政区域内水资源的开发、利用、节约和保护的有关工作。按照职责分工，地方水资源管理的监督工作由县级以上各级地方人民政府的水利厅（局）负责。

（二）流域治理体系

国务院水行政主管部门在国家确定的重要江河、湖泊设立的流域管理机构（以下简称"流域管理机构"），在所管辖的范围内行使法律、行政法规规定的和国务院水行政主管部门授予的水资源管理和监督职责。流域管理机构既是中央直属的事业单位，又是水利部的派出机构。

流域管理机构的法定管理范围包括参与流域综合规划和区域综合规划的编制工作；审查并管理流域内水工程建设；参与拟定水功能区划，监测水功能区水质状况；审查流域内的排污设施；参与制订水量分配方案和旱情紧急情况下的水量调度预案；审批在边界河流上建设水资源开发、利用项目；制订年度水量分配方案和调度计划；参与取水许可管理；监督、检查、处理违法行为等。

（三）水利工程管理单位

具体管理单位内部组织结构是指水利工程管理单位内部各个有机组成要素相互作用的联系方式或形式，也称组织内部各要素相互连接的框架。单位组织结构设计最主要的内容是组织总体框架的设计。不同单位、不同规模、不同发展阶段，都应根据各自面临的外部条件和内部特点设计相应的组织结构。影响组织结构模式选择的主要权变因素包括经营环境、企业规模、企业人员素质等。

二、水利工程治理的制度体系

现代水利工程治理制度涵盖日常工程管理工作中的方方面面，并在工作实践中不断自我完善，以达到工程治理工作规范化、科学化的目的。水利工程治理的制度主要有组织人事制度、维修养护制度和运行调度制度等。

（一）组织人事制度

对水利工程管理单位而言，在日常组织人事管理工作中使用的制度包括选拔任用制度、培训制度及绩效考核制度。

1. 选拔任用制度

认真贯彻执行党的干部路线，规范执行干部选拔任用制度。选拔任用干部要注重实绩，坚持民主集中制，为科技事业改革与发展，提供坚实的组织人事保障。干部的选拔任用要接受党内外干部群众的监督，对违反制度规定者，由纪检部门调查核实，按有关党纪政纪规定追究纪律责任。

2. 培训制度

（1）培训目的

培训是给有经验或无经验的职工传授其完成某种行为必需的思维认知、基本知识和技能的过程。对职工进行有组织、有计划的培训，可以极大地提高职工的专业技能水平，提升职工的工作绩效。而职工的工作绩效提升又可以提高企业效率，促进企业职工个人全面发展与企业可持续发展。

（2）培训原则

结合部门的实际情况，在内部分阶段组织职工参加各岗位的培训，强化全体职工的工作素质。

（3）培训的适用范围

本部门所有在岗的职工。

（4）培训组织管理

①培训领导机构

组长：单位主要负责人。副组长：人事部门负责人。成员：办公室、人事、党办、主要业务科室相关负责人。

②培训管理

培训管理是对人员进行培训所做的管理。有效的培训管理将使职工在知识、技能、态度上不断提高，最大限度地使职工的职能与现任或预期的职能相匹配，进而提高工作绩效。单位主要负责人是培训的第一责任人，负责组织制订单位内部培训计划并实施。

（5）培训内容

单位制度、部门制度、岗位工作流程、岗位专业技能、岗位操作安全意识、应急预案及相关业务的培训等。

（6）培训方法

组织系统内部或本单位内部技术能力强、业务水平高的专家、职工担任培训师，或者聘请专业培训机构进行培训。

（7）制订培训计划

根据实际情况，结合各岗位职工的培训需求，在年初就制订好年度培训计划。

（8）培训实施

定期组织职工进行培训，严格执行本部门培训计划。

（9）培训考核

①出勤考核

凡是确认参加了培训课程的职工应准时参与培训，不允许迟到或早退，如有特殊情况请假者应提前至少一天申请。无故不参加者，作为旷工处理。考勤记录由专人负责，或采用移动定位考勤的方式记录。

②成果考核

在培训期间或者培训结束时，根据当期的培训课程内容，以测试的方式检验职工在培训后的理论知识或实操能力，从而检测培训效果。考核方式可以是面试、口头提问、笔试、实操或线上考试，考核成绩是培训成绩的重要依据之一。

3. 绩效考核制度

将培训考核与绩效考核指标挂钩，记录培训后每个月的绩效，与培训前的绩效做对比分析。根据绩效指数，对职工进行相应的奖惩。

（1）指导思想

①建立科学、系统的绩效考核评估制度。

②效率优先，兼顾公平，奖优惩劣，奖勤罚懒。

③通过考核，实现部门和职工的双赢。

④强化组织效率，推动组织的良性发展。

（2）绩效考核以及绩效工资分配原则

①以人为本，尊重职工主体地位，在考核中充分考虑岗位的工作性质，特殊情况特殊对待。

②从实际出发，注重实绩，鼓励先进，促进共赢。

③坚持科学发展、实事求是、公开透明、合理规范。

（3）实施范围

在编在岗的单位内部职工。

（4）岗位管理

按照"公开、公平、公正、择优"的原则，制订各岗位竞聘上岗的实施方案，进行全员竞聘上岗。

（5）绩效工资构成

绩效工资按照"多劳多得、不劳不得、优绩优酬"及"公平、公正、公开"的原则进行分配，分为基础性绩效工资、奖励性绩效工资，有每月固定发放和年度一次性发放两种形式。结合地区经济发展水平、物价水平、岗位职责等方面的因素，基础性绩效工资占绩效工资总量的70%；奖励性绩效工资与绩效成绩挂钩，占绩效工资总量的30%。绩效工资分配严格按照人社部门、财政部门核定的总量进行。

（6）绩效考核的组织实施

成立绩效考核和绩效工资分配领导小组，单位主要负责人担任组长，成员由各部门负责人组成。领导小组下设办公室，负责绩效考核和绩效工资分配的具体工作。办公室负责整理分析绩效考核资料，将考核结果反馈给被考核者，并向领导小组报告，以保证绩效考核和绩效工资分配工作能够顺利进行。

（二）维修养护制度

在水利工程运行过程中，维修养护工作必须引起重视。水利工程的维修养护是指对已经投入运行的水利工程设施进行日常养护和损坏后的修缮工作。水利工程投入运营后，应立即开展各项养护工作，做到未雨绸缪。因此，水利工程的维修养护对保障水利工程持续安全运行及工程效益的发挥具有重要作用。

水利工程养护范围主要包括水利工程本身、相关配套设施及工程周边各种可能影响工程安全的地方。根据水利工程的维修养护需要制定优化策略，要求土石和混凝土结构的工程设施要保持表面完整，禁止在水利工程附近进行爆破工作，并严防来自外部的各种破坏活动及一些不利因素造成水利工程的损坏，要将检查做到常态化，掌握工程外部的具体情况，通过监控、检测等手段了解工程内部的安全状况。闸坝的排水系统及河道的下游减压排水设施要保持通畅，及时清理疏通。泄水建筑物下游消能设施若出现损坏的情况，要及时进行修理，防止汛期、结冰期对设施破坏加重。闸门和拦污栅前务必保持通畅，经常清除淤积的泥沙。对于金属结构的设施，如钢质闸门，要定期进行除锈处理，防止锈蚀面扩大。堤防和河道关键位置严禁破坏，要保持大堤安全与完整。

我国的水利工程建设起步较早，各地实行标准不同，施工质量也不同。各类水工建筑物产生的破坏情况有别，土石和混凝土结构的工程设施经常有开裂、渗水及表面磨损等现象，而土工建筑物可能出现边坡失稳、护坡破坏及下游出现流土、管涌等问题；建筑物周边的河岸、库岸和山坡有可能出现滑坡、崩塌，严重影响建筑物的使用安全；输水、泄水及消能的建筑物可能出现冲刷、空蚀和腐蚀；金属闸门、阀门及钢管可能发生锈蚀和止水失效的问题。针对这些问题，管理单位应该根据不同状况，采取行之有效的具体维护措施。

水利工程经常使用的维修养护制度主要包括以下三类。

1. 水库日常维修养护制度

对于水工和土工建筑物、金属设施、机电动力设备、通信照明、集控装置及其他配套设备等，必须严格执行经常性的养护工作，定期进行检查维修，保持常态化，以保证水利工程的质量安全。

维修养护工作务必遵循"经常养护、随时维修、养重于修、修重于抢"的原则，做到防患于未然。

对大坝的维修养护要严格遵照大坝管理条例的相关规定，在工程管理范围内禁止非法挖掘深井、兴建养鱼池等危害大坝的行为；经常对排水沟进行清理淤积，保持排水畅通；大坝表面及时排水，避免大坝被雨水冲刷造成坝体被侵蚀；维护并完善大坝本体滤水设施，保证其能正常使用；确保各种观测设施的正常运转，在发现渗漏、裂缝、管涌、滑坡等问题时，能够及时处理。

对溢洪道、放水洞等设施的养护维修，如发现洞内有裂缝出现，应该及时采取修补、补强等有效措施；发现溢洪道进口、陡坡、消力池和挑流设施内出现杂物时，要立即清除，确保设施清洁；溢流期间必须注意来自上流的打捞物，禁止船只、竹筏等水面作业平台靠近溢洪道入口；当陡坡出现开裂、侧墙以及消能设施出现损坏时，应该立即停止过水，采用速凝、快硬材料及时抢修；在纵断面突变处、高速流速区域出现气蚀破坏时，应该及时采用抗气蚀材料进行填补、加固作业，尽可能消除或改善气蚀状况；在溢洪道挑流消能时可能出现的堤岸崩塌或者冲刷坑恶化等危及挑流鼻坎安全时，要及时对溢洪道进行保护；及时对闸门进行防锈蚀、防老化的养护；必须对闸门支铰、启闭设备及门轮进行定期、全面的清理，同时进行加油、换油等养护工作；对于启闭设备要做好防雷击、防潮等预防措施；及时更换闸门止水损坏部件。

在冬季，根据冰冻天气状况，应及时对大坝护坡、放水洞、溢洪道闸门及配套设施进行破冰处理，防止冰冻对水利工程造成破坏。融冰期后，应对水利工程设施进行全面排查，及时发现并修复已损坏的部位。

2. 机电设备维修保养管理制度

操作人员要按照规定维护保养设备，准确判断并处理相应故障。如遇到不能处理的故障，操作人员要及时向上级部门报告，并通知相关工作人员，遇到机械故障，通知电机技术人员，遇到电气故障，通知专职电工。操作人员要在修理设备时，在修理现场进行协调，参与修理；在修理设备结束后，操作人员要当场检验，决定是否验收；做好维修保养登记。

管理人员在承接维修任务后，应迅速投入工作。一般的修理按照技术规范及相关工艺标准执行，在一些关键部位的维修上，管理人员应严格执行技术部门已制订的修理方案，不得擅自更改。当发现故障时，管理人员应及时上报技术人员备案，不能发现、判断故障，或者发现故障后故意隐瞒的，视情节严重程度，追究相关人员责任。

修理工作实行主管领导负责制，主管领导应协调解决与修理工作相关的一系列问题，检查、监督维修管理制度的具体落实，对关键部位修理方案进行审批。

3. 水库、河道工程养护制度

要确保堤坝顶部整洁，确保无工业垃圾残留。每天组织保洁人员打扫卫生，定时检查。要定期组织养护人员浇灌、修剪花草苗木，拔除杂草，保持美观。对花草苗木的现状及损坏情况要及时做好拍照和存档。每天巡视堤坝顶道上的限高标志、栏杆等设施。当发现有损坏情况时，要及时向上汇报，并妥善处理。可以建立清理人员档案，对工程设施做好日常维护，并做好记录、归档。基层水利管理单位主要负责水利工程的维修养护，并对维修养护情况定期检查，促进工程维修养护工作常态化。

（三）运行调度制度

天然水资源在时空分布上不均匀，具有较大的随机性，影响水利效益的稳定性及连续性。为适应社会经济发展的需要，我们可以运用水利工程在时间、空间上对天然径流进行重新分配或调节江河湖泊水位。水利运行调度的主要任务是保证水利工程安全，满足除害兴利、综合利用水资源的要求。此外，很多水利工程是基于多功能综合开发的，关系到方方面面的利益诉求。在水利运行调度中，一定要建立权威的运行调度体系，从实际出发，客观公正地解决各地区、各部门之间的利害冲突。

在水利工程运行中，水库效益是通过水库调度实现的。水闸的作用是通过水闸调度实现的，堤防管理的中心任务就是防备出险和决口。其中，在水库调度中，尤其要坚持兴利服从安全的原则，调度管理制度体系应包括以下内容：各类制度制定依据、适用工程范围、领导机构、审查机构、调度运用的原则和要求、各制度主要运用指标、防洪调度规则、兴利调度规则及绘制调度图、水文情报与预报规定、水库调度工作的规章制度、调度运用技术档案制度等。

1. 运行调度的原则

在保证工程安全的前提下，实现水资源综合利用，局部效益服从于整体效益，并根据各自的任务和工程组成等具体情况，拟定相应的调度原则。水利运行调度的主要原则包括防洪系统调度原则、排涝系统调度原则、灌溉系统调度原则、水力发电系统调度原则及综合利用水利系统调度原则。

（1）防洪系统调度原则

我们应当充分发挥河道堤防和水库组成的防洪系统的防洪效益。根据河道行洪能力，合理控制水库泄量，并适当进行补偿性调度。若防洪系统中有分洪工程配合，一般在水库防洪库容蓄到一定程度或已蓄满的情况下，根据洪水情势选择适当时机投入使用，但要尽量减少分洪机遇以减轻淹没损失。

（2）排涝系统调度原则

汛期中，当外河水位较低时，利用排水闸自流抢排，尽量降低排水渠系及蓄涝区水位。在外河水位较高，排水闸关闭期间，先利用蓄涝区及排水渠系蓄存涝水，内水位达到一定高度后，如外河水位仍高于内水位不能自排时，即开动排水泵排水，尽可能使蓄涝区水位维持在允许限度内。当外河水位降至低于闸内水位时，即开闸排水。沿海地区挡潮闸在高潮时关闭，利用渠系蓄存涝水，潮位降低后，即开闸抢排，使内河水位降低。

（3）灌溉系统调度原则

根据农田高程分布情况，合理划分各种工程的灌溉范围，分别由水库库内引水、提水，或河道引水灌溉。合理配合运用骨干水库与灌区内的中小水库及塘堰，确保这些中小水库及塘堰在用水高峰季节前尽量充满，以便能及时加大供水量。若骨干水库调节性能较差，来水较丰时，先由骨干水库供水，其他时间再用灌区内中小水库及塘堰存水。如果灌区内既有渠灌，又有井灌，应研究其合理配合，尽可能扩大灌溉范围，提高保证率。

（4）水力发电系统调度原则

应在满足电力系统总要求的前提下，使水电站合理运用。一般调度原则为径流式水电站由来水量决定出力，再由有调节能力的水电站根据系统要求，进行补偿调度；当电力系统日调节所需调峰容量不足时，则由抽水蓄能电站利用日负荷低谷时的多余电力抽水蓄能，在日负荷高峰时发电以满足系统需要。

（5）综合利用水利系统调度原则

根据综合利用水利系统承担任务的主次关系及相互结合情况，拟定调度原则，处理好防洪与兴利的关系、各兴利部门之间的关系及调水与调沙的关系等，以整体综合效益最优进行统一调度，确保水利系统主要功能（如防洪、供水、发电等）不受较大程度的影响。

2. 运行调度制度

（1）闸门操作规范制度

①操作前检查

检查总控制盘电缆是否正常，三相电压是否平衡；检查各控制保护回路是否相断，闸门预置启闭开度是否在零位；检查溢洪闸及溢洪道内是否有人或其他物品，操作区域有无障碍物。

②操作规程

当初始开闸或较大幅度增加流量时，应采取分次开启方法。每次泄放的流量应根据闸门开高、水位、流量之间的关系确定闸门开高。闸门开启顺序为先开中间孔，后开两侧孔。当关闭闸门时，则与开闸顺序相反。无论是开闸还是关闸，都要保证闸门处在不发生震动的位置上，方可按开启或关闭按钮。

③注意事项

在闸门开启或关闭过程中，相关人员应认真观察运行情况，一旦出现异常，必须立即停车进行检查，出现故障要及时处理。当现场处理存在困难时，相关人员要立即向上级报告，组织技术人员进行检修。检修时要将闸门落实。每次开闸前，相关人员一定要通知水文站，以便水文站能够及时发报。每次闸门启闭、检修、养护，相关人员必须做好工作记录，整理后进行存档。

（2）提闸放水工作制度

①标准洪水闸门启闭流程

当上游来水量较大、雨前水位达到汛限水位时，值班人员应进行提闸放水。值班人员在报请上级部门同意后，方可提闸放水。提闸放水操作必须至少有两人参加。提闸放水前，值班人员应先巡查周边水情，确定安全后再提闸放水。值班人员必须事先传真通知下游政府部门和沿河乡镇及有关单位，提前做好准备。闸门开启流量要由小到大，30min后提到正常状态。闸门开启后，应向水文局发出水情电报。关闭闸门时，值班人员须经上级领导同意后才可关闭。关闭闸门后，要立即向水文局发出水情电报。

②超标准洪水闸门启闭流程

如果下游河道过水断面较大，那么工作人员可加大溢洪闸下泄流量；否则，工作人员要向有管辖权防办请示，启用防洪库容，减少下游河道的过水压力，同时向库区乡镇发出通知，按防洪预案，由当地政府组织群众安全转移。

（3）中控室管理制度

中控室必须由专人管理，实行严格的在岗制度。一般情况下，禁止外来无关人员入内。特殊情况下，来访人员必须经上级领导批示同意后才能进入，同时由指定人员进行全程陪同。工作人员要认真阅读使用说明，熟悉相关设备性能指标，正确使用仪器，遵守操作流程。中控室操作人员不得违规操作，对违规操作造成重大事故的人员，依法追究责任。此外，设备管理人员要定时检查设备运行情况，写好工作日志，认真记录问题。

中控室内必须保持整洁，注意防火、防尘、防潮，温度、湿度应保持在设备的正常工作水平。中控室内禁止吸烟、进食、扔垃圾、随地吐痰；注意安全用电，严禁带电检修、清扫。禁止利用中控室设备做与工作无关的事。因客观原因造成中控室设备损坏的，应及时上报申请报废；因人为原因造成中控室设备损坏的，个人须按原价进行赔偿。

（4）交接班制度

①交班工作内容

交接班前，先由值班班长组织本班人员进行工作总结，并将交班事项写入运行日志。交班事项包括设备运行方式、设备变更和异常情况及处理情况，当班已完成和未完成工作及相关措施，以及设备整洁状况、环境卫生情况、通信设备情况等。

②接班工作内容

接班前，接班人员需要认真听取交班人员的说明，并现场检查各项工作。检查设备缺陷，尤其是新出现的缺陷及相应的处理情况；了解设备工作情况及设备上的临时安全措施；审查各种记录、图表、资料、工具、仪表及备用器件等；了解内外事宜及上级通知、指示等；检查设备环境，保持卫生。

三、水利工程治理的责任体系

为保证水利工程治理工作的顺利开展，明确工作中的责任划分至关重要。按照当前的管理模式划分，水利工程安全治理的责任内容包括由各级政府承担主要责任的行政责任、水利部门承担的行业责任，以及水利工程管护单位作为工程直接管护主体承担的直接责任。

（一）水利工程治理的行政责任体系

各级政府具体负责本行政区域内水利工程防洪、安全管理等方面的工作。按照"谁主管，谁负责"的原则，作为水利工程的主管部门，各级水利、能源、建设、交通、农业等部门应对水利工程大坝安全实行行政领导负责制，对水利工程管护单位的防洪及安全管理工作进行监管。此外，作为职能部门，市政、财政、安监、气象等各级部门也应视具体的水利工程管理情况，充分发挥职能作用，确保水利工程的平稳运行。

根据"属地管理、分级管理"原则，各地方主要行政负责人是本地区水利工程防洪及安全管理工作的第一责任人。各级行政领导责任人主要负责贯彻落实水利工程防洪及安全管理工作的方针政策、法律法规和决策指令，统一领导和组织当地水利工程防洪及安全管理工作，督促有关部门认真落实防洪及安全管理工作责任，研究制订和组织实施安全管理应急预案，建立健全安全管理应急保障体系。

（二）水利工程治理的行业责任体系

随着水利事业发展进入新时代，我国治水的主要矛盾已经发生深刻变化，从人民群众对除水害、兴水利的需求与水利工程能力不足的矛盾转变为人民群众对水资源、水生态、水环境的需求与水利行业监管能力不足的矛盾。这就要求各地加快健全水利工程治理的行业责任体系。

各水利工程主管部门的主要负责人是所在部门管理工作的第一责任人，承担全面领导责任；分管领导是直接责任人，承担直接领导责任。在地方政府的领导下，水行政主管部门负责本行政区域内水利工程防洪及安全管理工作的组织、协调、监督、指导等日常工作，会同有关主管部门对本行政区域内的水利工程防洪及安全管理工作实施监督。水行政主管部门应落实本部门的行业监管责任，推进水利工程治理工作的有效开展。

（三）水利工程治理的直接责任体系

作为水利工程的直接管护主体，水利工程管理单位负责水利工程日常管理工作，按照相关管理规范制度严格执行防洪抢险预案、供水调度计划、工程安全管护、工程抢险等方面的安全管理措施。

作为水利工程防洪、安全管理工作的具体管护责任人，水利工程管理单位主要负责人负责组织开展日常安全检查，落实值班值守、安全巡查等各项报告制度；对水坝、启闭设备、输水管道、通信设备等进行常态化的观测和保养维护；负责职工的培训工作，增强职工的安全生产意识；组织编制水利工程防汛抢险物资储备方案和设备维修计划；发现险情时，工作人员要第一时间组织抢险工作，把群众的生命财产安全放在首位。

四、水利工程治理的评估体系

对水利工程治理成效的测评可以从多个角度各有侧重地进行，以做出系统全面的评价。工程管理单位所在地党委、政府可以进行地方行政能力评估，水行政主管部门可以按照不同工程种类的各项技术要求进行行业评估，社会对水利工程管理单位的评价可以通过对指标的检查与考核，全面建立评估体系。

（一）行政评估体系

行政评估体系主要是指水利工程管理单位所在地党委、政府对水利工程管理单位的领导班子、业务成绩、管理水平、人员素质、社会责任等各方面的总体评价及综合认定。

考核内容可包括两个方面：一是党的建设，二是重点工作任务。

党的建设方面，主要考核坚持正确政治导向，紧扣"党要管党、全面从严治党"的主题，把握"国有企业党委（党组）发挥领导作用，把方向、管大局、保落实"的定位，并形成一套简便易行、务实管用的党建工作考核评价系统。

重点工作任务方面，根据业务开展重点每年可确定 10~12 项考核指标，主要考核水利工程管理单位年度发展主体目标、履行职能重点工作完成情况、全面深化改革重点任务和法制建设成效。

考核实行千分制，两项内容各占 500 分。在考核方式上，将定量考核与定性考核结合起来。对定量指标设定目标值，由考核责任部门（单位）根据年度数据核定，目标值完成不足 60% 的指标，记零分，完成 60% 以上的，按实际完成比例计分。定性指标的考核，由考核责任部门（单位）考核各项指标和要点落实推进情况，考核要点完成的计该要点满分，未完成的记零分。

考核还可以设置扣分项目，对依法履职、社会稳定、安全生产等方面出现问题的予以扣分，且单项扣分不超过 10 分。考核中可以设置工作评价环节，由相关部门或个人对管理单位年度工作做出总体评价，并依据综合考核分值，分为"好""较好""一般""较差"四个档次。

为强化激励约束，综合考核结果的权重可以占到水利工程管理单位领导班子主要负责人年度考核量化分值的 80%，占其他班子成员年度考核量化分值的 60%。这样可以实现考事与考人有机结合，可以据此对水利工程管理单位党建情况、重点工作完成情况和领导班子队伍建设情况做出整体评价。

（二）行业评估体系

行业评估体系主要是指各级水行政主管部门依照制定的各项指标，对水利工程管理单位的管理工作进行综合评估。

水利工程管理考核的对象是水利工程管理单位，重点考核水利工程的管理工作，包括组织管理、安全管理、运行管理和经济管理四类。

（三）社会评估体系

社会对水利工程管理单位的评价可以通过对两级指标的检验与考核，全面建立评估体系。评价指标主要包括一级和二级评价指标。

1. 一级评价指标

一级评价指标共五项内容：体制改革、管理制度、自动化和信息化、管理能力、基础条件。

（1）水利工程管理体制改革

国有大中型水利工程管理体制改革成果进一步巩固，两项经费基本落实到位，水利工程管理单位内部改革基本完成，维修养护市场基本建立，分流人员社保问题妥善解决；小型水利工程管理体制改革取得阶段性进展，管理主体和经费得到基本保障。

（2）水利工程运行管理制度建设

健全各类水利工程运行管理的法规制度和相应的技术标准，能够满足水利工程安全运行和用水管理、科学管理的要求；水利工程运行管理制度健全，全面落实安全管理责任制，切实防止重大垮坝、溃堤伤亡事故及水污染事件发生，保障工程安全及人民群众饮用水安全。

（3）水利工程自动化和信息化建设

整合气象、水文、防汛等资源，水库、水闸等重要大型水利工程基本实现水情、工情、水质等监测信息的自动采集和同步传输，以及重要工程管理的实施和全天候监控；水利工程运行管理初步实现自动化和信息化，运行效率显著提升。中小型水利工程的自动化和信息化水平显著提高，基本满足工程运行管理的需要。

（4）水利工程单位管理能力建设

水利工程管理单位人员结构得到优化，专业素质显著提高；运行管理设备设施齐全、功能完备；突发事件处理技术水平、物资储备、综合能力、反应速度和协调水平显著提升。在地方政府支持和社会各界的配合下，水利工程管理单位可以有效预防、实时控制和妥善处理水利工程运行管理中发生的各类突发事件。

（5）水利工程基础条件建设

对水利工程而言，建设是基础，管理是关键，使用是目的。加强水利工程基础条件建设，完善相应的配套设施，保证水利工程的质量，以达到工程平稳运行的目的。

2. 二级评价指标

二级评价指标有以下几项：工程维修养护经费与人员经费到位、大专及大专以上学历人员的比例、安全管理行政责任制落实、内部管理岗位责任制落实、水利工程信息化集中监控综合管理平台设置、视频会议决策系统（房间及传输显示）配置、智能化远程调度操控终端配置率、水利工程管理范围内视频监控全覆盖、水利工程监测数据自动采集、巡视检查智能化、雨量水位遥测预报、水利工程运行基本信息数字化、办公电脑配置率、完成工程安全管理应急预案制定与批准、视频监视设施完好率、工程监测设施完好率、启闭设施完好率、注册登记、工程管理范围及保护范围划界、安全鉴定达到2级以上、金属结构安全检测达到2级以上、管理单位安全等级达到2级以上、满足设计要求。

评价方法包括定量描述与定性表述。定量描述是通过简单、方便的函数计算所得数据，评价可复制、可推广、可评估、可量化、易于操作的分项指标；对难以定量确定的指标，通过综合分析表述方法对指标性质进行定性表述。

第二节　现代水利工程治理的保障措施

水利工程治理工作是一项长期、复杂的系统工程，很容易受到多种内外因素的影响。

一、水利工程治理的质量管理保障

水利工程作为地区经济发展的重要基础设施工程之一，建设投资大，运行时间长。对水利工程来说，水利工程的质量好坏关系到工程日后的运行和管理，责任重大，影响很大。一旦水利工程质量出现了问题，轻则影响工程投资收益，重则影响地区社会经济的可持续发展和广大人民群众的防洪安全问题，影响水利行业的建设与发展，关系到党和政府在人民群众中的形象。因此，现代水利工程治理必须将工程质量的管理放在重要的位置上。

（一）水利工程常见质量问题

水利工程涉及面广、工作量大、周期长、建设难，质量事故时有发生。当前水利工程常见质量问题集中体现在有些施工中存在分包、转包现象，埋下质量隐患；一些施工队为了赶工期，加快工程进度，导致工序缺失；有一些工程存在技术性的质量问题；等等。施工转包降低了水利工程的监管力度，对其质量控制无法得到保证；施工队赶工期，易造成工序上的缺失，如水泥混凝土固结时间短造成的质量隐患；技术监督不到位，致使水利工程在设计上存在技术性缺陷，极易诱发质量问题。这些质量问题时刻威胁着人民群众的生命和财产安全。

（二）水利工程常见质量问题解决途径

1. 强化施工企业质量控制

在现代水利工程治理中，施工企业应强化自身质量控制，从实际出发，按照科学方法对工程实际情况进行质量把关，增强施工企业对工程质量的有效监督，坚持以预防为主。一旦发现水利工程中的质量问题，施工企业应及时处理，避免事故的发生。

2. 科学合理安排工期进度

有些施工方为了在规定期间完成工程项目，往往会在施工中减少或缩短一些"不必要"的工序，以达到赶进度的目的。这样的做法在某种程度上降低了施工成本，但是为工程质量问题埋下隐患。工程项目赶进度的原因是多方面的，前期工程规划不合理或对工地气候估计不足都容易造成工期紧张。施工方减少或缩短工序表现在混凝土浇筑过快、浇筑后固结时间短及工程养护不到位等方面。这些做法严重影响了工程的质量，容易造成混凝土部分开裂，危及工程安全。

因此，为避免赶工期造成的质量隐患，施工方在前期规划时就应充分考虑各种因素可能对工程进度产生的影响。我们应充分考虑影响工期的各种因素，并有针对性地进行科学合理的安排，大大降低工期紧张的风险，从而确保工程顺利、按时完成。

3. 加强技术管理，减少质量隐患

为保障工程各项技术指标能符合工程的设计要求，在施工过程中，施工方要完善技术管理体系，加强技术管理，按照科学的方法指导技术管理工作。此外，在实际操作中，施工方要强化工地监控，主动增强技术控制意识，定期或不定期安排技术人员进行巡检，从源头杜绝质量隐患。

（三）质量管理保障的具体办法

1. 落实领导责任制

全面落实领导责任制，强化监管。施工企业主要负责人要以对人民负责和对历史负责的态度，严格把控质量管理工作，重视工程质量。按照行业规范和设计要求，施工企业主要负责人要保证工程交付验收时能达到合格标准，杜绝质量隐患，真正将工程质量工作落到实处。

2. 严格控制专业分包，禁止转包

水利工程建设项目禁止转包，主体部分不得分包。分包商的资质必须达标，以满足工程建设的需要。如果分包商资质条件不足或提供材料不充分，不得分包。相关人员要认真做好对分包商资质的评估工作，从源头上杜绝水利工程项目上可能出现的质量问题。

3. 加强质量控制

严格检查开工条件，叫停那些准备不充分、物资不到位及质量措施不完善的工程项目，避免因仓促开工引发质量问题。对于已经完成的单位工程，相关人员要继续进行质量检测，在使用过程中出现问题时，要及时消除质量不合格或不满意效果的因素，实现全面的质量控制。

4. 加强职工培训

人是现代水利工程治理中的第一要素，职工是保证工程质量的第一线。加强职工培训，提高职工业务能力，充分保障工程质量。为确保培训取得实效，施工单位应建立培养内部质量管理讲师、强化职工上岗前的质量管理培训、"师父带徒弟"，以及开展质量技术大比武等保障机制。在进行培训时，培训人员可以通过案例教学、现场讲解、岗位实操、互教互学等方式，努力培养和增强职工的质量意识。

二、水利工程治理的法律保障

为贯彻落实党中央依法治国的决策部署，现代水利工程治理工作要以新时期治水新思路为指引，坚持把依法管水、依法行政放在首要位置，健全水利工程治理法律法规体系，建立并完善水利工程治理的依法行政机制，加强水利工程建设项目管理工作，为现代水利工程治理提供法律保障。

（一）对江河湖泊的依法管理

江河湖泊是水资源的载体、汛期洪水的通道、生态环境的组成部分，具有重要的生态功能和资源功能。强化对河湖的依法管理，不仅能有效制止一些侵占水资源的违法行为，还能全面提升河湖管理的专业化、规范化及法制化，实现由过去的传统管理向现代管理转变、由过去的粗放型管理向科学的精细型管理转变。

依据相关法律法规，各地方应根据实际情况完善河湖管理的规章制度，严格执行相关的技术标准，使河湖管理工作有法可依、有法必依。

1. 依法建立规划约束制度

组织实施流域综合规划、流域防洪规划、岸线利用管理规划、水土保持规划等重要规划。根据国家整体规划，并结合河湖管理的实际情况，科学制订相关规划细则，加强对河湖的依法管理。

建立健全规划治导线管理制度。根据《防洪法》规定，水利工程应按照规划治导线实施，不得任意改变河水流向。国家确定的重要江河的规划治导线由流域管理机构拟定，报国务院水行政主管部门批准。其他江河、河段的规划治导线由县级以上地方人民政府水行政主管部门拟定，报本级人民政府批准；跨省、自治区、直辖市的江河、河段和省、自治区、直辖市之间的省界河道的规划治导线由有关流域管理机构组织江河、河段所在地的省、自治区、直辖市人民政府水行政主管部门拟定，经有关省、自治区、直辖市人民政府审查提出意见后，报国务院水行政主管部门批准。

落实水域岸线用途管制，将水域岸线按照规划划分为保护区、保留区、限制开发区、开发利用区，严格分区，依法管理。

2. 依法建立河湖管护机制

按照分级管理原则，将河湖管护主体、责任和资金落实到位。充实基层管护人员，实现河湖依法管理的全面覆盖。

积极引入市场机制。在依法管理的框架下，对那些由社会组织、企业和机构等承担的管护工作，如工程维护、岸线绿化等具体工作，可按照积极稳妥、公开择优、注重绩效、健全机制的原则，通过合同、委托等方式向社会购买公共服务。

创新河湖管理模式，推行政府行政首长负责的"河长制""湖长制"，为河湖管护工作负总责。要建立务实、高效、管用的监管体系。以深化水利改革工作为契机，积极落实"河长制""湖长制"，完善法制、体制、机制，全面推进河湖监管工作。各省（自治区、直辖市）均设置省、市、县级河长制办公室，建立了配套制度，党政负责、水利牵头、部门联动、社会参与的工作格局基本形成。

3. 依法开展确权划界工作

依照相关法律法规，开展水利工程确权划界工作。作为技术支撑单位，水利部建设管理与质量安全中心负责调查工作技术指导，组织划界确权调查工作业务培训。河湖及水利工程确权划界信息按照《水利部办公厅关于开展河湖及水利工程划界确权情况调查工作的通知》的附表和填表说明规范填写，确保信息完整和准确。

按照因地制宜、轻重缓急、先易后难的原则，相关人员有效开展水利工程确权划界工作。确权工作困难的地方可先划界、后确权。对于已经确权划界的，应设立界桩等标志，严格管理。对管理范围界线和权属清晰、没有争议的水利工程，应依法办理土地使用证，确定土地使用权。

（二）依法管理河道采砂

依法管理河道（含湖泊）采砂，杜绝私采滥挖的乱象，对维护河湖稳定，保障水库和河湖供水安全、防洪安全、生态安全具有非常重要的意义。加强河湖依法采砂管理工作需要做到以下三点。

1. 依法抓好责任落实

政府行政首长负责制是强化依法管理河道采砂工作的重要保障。完善各级河道采砂管理政府行政首长负责制，明确各河段、各湖区、各级、各单位的责任人，健全河道采砂督导机制和问责制度；要加强队伍建设，建立水利部、流域管理机构、地方水行政主管部门分级负责的河湖监管体系；通过建立专管机构，培训管理人员使用现代化监管设施，提高河道采砂依法管理的能力；开展一系列河道采砂专项整治行动，打击各类非法采砂活动，保障河湖防洪安全、工程安全以及生态安全。

2. 依法严格规划，强化计划管理

建立科学的管控制度，最有力的措施就是加强规划管理。依法严格规划与计划管理主要包括以下两点：一是制订工作方案，明确编制标准，充分做好河道采砂规划编制工作，查明河道采砂资源储量，规划开采区和禁采区，做好开采影响性分析评价工作；二是结合河湖现状及采砂需求情况，在保障河湖安全的前提下，按照已经批准的河道采砂管理规划，合理制订以采砂场为单位，包括开采方式、开采期、开采范围、开采量等指标的采砂计划。

我国在河道采砂规划上成效显著。在已经完成长江和西江岸线保护和利用规划、长江干流采砂管理规划的基础上，以流域为单元，启动黄河、淮河等其他大江大河岸线保护、利用及规划编制工作。

3. 依法落实采砂许可制度

河道采砂应当遵循依法、科学、有序的原则，统筹规划，计划开采，总量控制，确保河湖安全，防止水土流失，维系河湖生态环境。在采砂活动中，务必实行严格的采砂许可制度。按照河湖管理权限，依据采砂规划和实施计划，严格履行审批程序，做好采砂许可

工作。对于符合法定要求的采砂单位，实施河道采砂许可应当遵循公平、公正、公开、及时的原则，可颁发采砂许可证，但必须明确开采时间、开采范围、开采量及采砂工具（包括采砂船只）。

水行政主管部门或者流域管理机构应加强开展河道采砂许可后续监督管理工作。具体工作内容主要包括是否按照河道采砂许可证的规定进行采砂，是否持有合法有效的河道采砂许可证，是否按照规定堆放砂石和清理砂石弃料，是否按照规定缴纳了河道采砂管理费、应当监督检查的其他情况。

（三）涉河建设项目依法管理

涉河建设项目依法管理工作是确保水利工程体系效能发挥的重要手段，是防洪保安的重要保障，是维护社会公众利益的有效途径。以水生态文明建设为总揽，围绕管理制度化、规范化、科学化、法制化和现代化要求，积极探索实践涉河建设项目管理新方法、新举措，强化涉河建设项目依法管理工作势在必行。强化涉河建设项目依法管理工作的具体措施如下。

1. 依法加强前期引导工作

将涉河建设项目建设方案审查工作作为项目立项的前置条件，从建设项目前期工作开始就应主动服务，加强与发改、交通、电力、石油等有关部门的沟通和协调，畅通涉河建设项目信息沟通渠道，充分发挥引导作用和服务效能，在最大限度地减少涉河建设项目对河道行洪、防洪安全等不利影响的前提下，积极支持项目建设，切实加强涉河建设项目管理与服务，营造良好的工作氛围。

2. 依法加强建设方案审查工作

涉河建设项目审查质量是保障河道防洪安全和建设项目工程安全的关键。为进一步提升涉河建设项目审查质量和服务监管能力，应设立防洪评价报告评审专家库。技术审查是涉河建设项目管理的核心，应结合多年管理工作实际，立足各地河道水情及工程实际，出台《河道管理范围内建设项目技术审查规定》，为开展管理工作提供技术保障。在审批阶段，各级水行政主管部门应以专家评审意见为主导，以下级水行政主管部门同意为前提，以最大限度地减少建设项目对防洪的影响为目标，严格做好项目审批工作，严把审批关。

3. 制定统一的建设项目防洪影响评价规范标准

针对目前防洪影响评价工作中存在的不规范问题，制定统一标准，对评估报告的内容、编制格式做出具体规定。同时，根据各种不同的建设项目分别制定工程影响的标准及防洪补救的方案，引入第三方评价机构，确保评价报告的客观和真实。

4. 依法做好项目后续监管工作

在涉河建设项目审查后，开工前要求监管单位对施工方案进行审查并办理项目开工手续，开工时监管单位要在施工现场明确项目位置和界线，开工后进行施工现场监管，并定期开展监督检查工作。要高度重视防洪影响补救工程的落实情况，应规定实施防洪影响补救工程和主体工程同时设计、审批、同时实施的"三同时"制度。监理单位应高度重视完工后的现场清理和验收工作，规定对防洪影响补救工程施工质量不合格或施工现场清理不彻底的，不予办理完工验收手续。

5. 加大水行政执法力度

建设单位要确保建设项目必须严格按照审批程序实施报批和建设，对建设过程中出现的批建不符的情况要严肃查处。对大型涉河建设项目实行地方首长负责制，与防汛抢险相统一，提高涉河建设项目管理效率，从而更好地依法管理涉河建设项目。

三、水利工程治理的体制保障

长期以来，我国致力推进水利工程管理体制改革，水利工程管理水平得到了很大提升。在开展现代水利工程治理的同时，要继续积极稳妥地推动我国水利工程管理体制改革。水利工程治理的体制保障不但能激活水管单位自身的活力，而且可以保证水利工程设施的安全运行，提高水利工程的社会经济效益，保障水资源的可持续发展。

（一）深化水利工程管理单位管理体制改革

1. 水利工程管理体制改革中的问题

一些水利产业政策相对滞后，没有及时调整和引导水利产业发展的相关政策规范，对水利工程管理如何与市场经济同步研究不深入、不透彻，造成水利工程管理体制改革出现了一些问题。

2. 水利工程管理体制改革的重点

水利工程管理中条块分割、政企不分、政事交叉、职责不清的管理体制是由行政主体和业务主体分开造成的。管理体制的不协调造成行政主体和业务主体之间的责任划分不清，出现管理混乱的局面。因此，在现代水利工程治理中，理顺管理体制，保障体制良性运行也是水利工程管理体制改革的重点。

3. 继续推进水利工程管理单位分类定型工作

以国家实施事业单位、国企改革为契机，对未完成定性或有选留问题的水管单位继续深化水管工作改革，按照其功能和任务进行分类定型。

公益一类事业单位：承担防洪减灾等水利工程管理运行维护任务的纯公益性水管单位。

公益二类事业单位：既承担防洪减灾等公益性任务，又承担供水、水力发电等经营功能的水利工程管理运行维护任务的准公益性水管单位。

公益三类事业单位或企业：承担城市供水、水力发电等水利工程管理运行维护任务的经营性水利工程管理单位。

4. 充分落实财政支付政策

各级财政应充分落实财政支付政策，推动更高质量、更高效率的财政支付体系建设。从实际情况出发，各级财政应积极解决财政支付管理中的问题，平衡收支压力，加大支付资金监管力度，保证水利工程的安全运行。

5. 继续推进管养分离

继续积极推行水利工程管养分离，加强水利工程管理单位自身造血能力。为确保水利工程管养分离的顺利实施，各级政府和水行政主管部门及有关部门应当努力创造条件，培育维修养护市场主体，规范维修养护市场环境，实现水利工程长期有效运行。

（二）推进水利工程管理单位内部机制创新

推进水利工程管理单位内部机制创新，形成良性的竞争机制，是现代水利工程管理工作的重要一环。通过水利工程管理单位内部机制创新，彻底摒弃那些不适应市场经济发展的陈旧观念，改变以往完全依赖计划和行政命令的僵化思维方式，建立长期发展思想，制订科学的、符合实际的中长期发展规划。

推进水利工程管理单位内部机制创新包含以下四点内容。

1. 制度化管理

水利工程管理单位要充分发挥政府作用和市场机制作用，加快水利工程管理工作制度化进程。健全内部管理规章制度，用制度引领创新。在保证不会因追求短期的经济利益而损害工程综合利益的前提下，鼓励水管单位立足自身资源，主动开展市场经营活动。深化水价改革，完善水费计收制度。

2. 推进岗位匹配机制

在人力资源管理中，一个重要的机制就是个人与岗位的匹配。在水利工程管理工作中，职工与岗位相匹配，要符合以下特点：岗位性质与职工相应的报酬；职工应具备相关岗位的技能和责任心；工作报酬与个人动力相匹配。水利工程管理单位应大力推进岗位匹配机制。

3. 建立健全有效的约束和激励机制

水利工程管理单位应建立健全有效的约束和激励机制，从各个方面入手，充分调动职工的积极性和创造性。在事业单位的体制框架内，建立荣誉称号、职务晋升、绩效奖金等多种形式的激励机制，促进职工个人素质和能力的提升，在内部营造公平、公正、公开的竞争机制。

4. 绩效评估体系创新

绩效评估体系创新对水利工程管理单位建立适应现代水利工程治理的管理方式和管理体制具有重大意义。水利工程管理单位应进一步优化评价指标，构建理性、量化的绩效评估体系，提高考核工作的科学化水平，促使职工更加认真、努力地工作，保质保量地完成各项任务。

（三）强化水利工程管理单位人才队伍建设

1. 人才队伍建设规划

按照"聚天下英才而用之"的指导思想，以促进人才发展作为人才工作的根本出发点，分析人才发展现状和形势，根据各类人才成长的特点和基层水利工程管理工作的需要，找出人才工作中的薄弱环节，科学制订水利人才资源规划，做好人才队伍建设规划，将水利工程管理单位水利人才队伍建设纳入水利发展的总体布局。

2. 推进人才选拔任用制度改革

始终坚持将品德、知识、能力和业绩作为衡量人才工作的主要标准。不只看学历、资历、职称，重点参考人才的综合素质。应充分考虑部分基层水利工程管理单位地处偏远地区的实际情况，可以将应届毕业生录取条件的学历要求适度降低，充分吸引那些有真才实学的应届毕业生扎根基层，奉献水利事业。

3. 做好相关业务培训工作

为进一步提升管理人员的业务技能，相关部门应出台加强业务培训工作的相关规定，聘请在水利工程管理方面有丰富经验的专家或相关人员，切实加强管理人员的业务培训工作，逐步形成培训长效机制，使管理人员在学习领会法律法规和技术规范的基础上，进一步做好水利工程管理工作，有效提升水利工程管理整体水平。

第五章　现代水利工程的修护与调度技术

水利工程发展迅速，水利工程作为一种占地面积大、扰动区域大的开发建设项目，对周边的生态环境也有着严重的影响，特别是对于湖泊河流的水体及周边自然环境影响比较严重。在当今"可持续发展、生态文明建设"的理念下，社会经济的发展不能以牺牲环境为代价，水土保持生态修复就在此过程中发挥了重要的作用，对水利工程而言，生态修复工作要进行全面的统筹规划及协调发展，从而在取得经济效益和社会效益的同时兼顾获得生态效益。

第一节　水利工程养护与修理技术

水利工程的养护与修理出现问题，往往会造成水利工程不能发挥出功效，无法保障人民群众安居乐业，更会威胁下游地区的安全。水利工程主体单位应制订科学有效的工作计划，积极应对水利工程使用中的养护与修理问题，将工作真正落到实处，从根本上保障水利工程的安全运行。

一、工程养护技术

（一）坝顶、坝端的养护

1. 坝顶的养护应做到保持坝顶的整洁、干净、卫生，及时清理废弃物、杂草等；坝肩、踏步的轮廓清晰可辨；防浪墙要稳固，不能有损坏；坝端要平整，没有裂缝，一般情况下不得在坝端堆积杂物。

2. 当坝顶出现坑洼和雨淋沟缺时，要采用相同材料及时进行填补，同时保持适当的排水坡度；及时修补坝顶路面损坏部分；及时清理坝顶的杂草、废弃物，保持卫生。

3. 及时填补坝端上的裂缝、坑凹，清理无关的堆积物。

4. 及时修补防浪墙、坝肩和踏步的破损部分。

（二）坝坡、坝区的养护

坝坡、坝区养护是指对坝顶和上下游坝坡面的养护，针对跌窝、浪坎、雨淋沟、冰冻隆起、动物洞穴等损坏部分的修补，防止坝体表面持续性受损。

1. 破坏原因

坝坡、坝区的破坏通常是由于受到风浪冲击、块石撞击和冰冻、强烈震动与爆破等的外力作用，也有可能护坡本身结构设计不合理、施工质量差、选取的材质低劣或运用管理不当，以及牲畜践踏、草木丛生等因素造成的。

2. 养护措施

坝坡、坝区的破坏一般是逐渐加剧的，平时勤于检查和养护，可以防止自然和人为的破坏。要经常维持护坡平整完好无损；发现个别石块松动或小损坏要随时楔牢修补；有小的局部隆起和凹陷要及时平整补齐；护坡的排水沟、排水孔要经常疏通；混凝土护坡的伸缩缝如有破坏要立即修好；寒冷地区在春季化冻后要检查护坡，发现有损坏要及时修补。为了预防寒冷地区护坡遭受冰冻、冰压力的破坏，可采用不冻槽等措施，避免护坡与冰盖层直接接触而破坏。

3. 养护要求

坝坡、坝区养护应做到保持坡面平整，无杂草，无雨淋沟；护坡砌块填料密实，砌缝紧致，无松动、风化、架空、塌陷、冻结、脱落等现象。

（三）排水设施养护

1. 保持排水的畅通，无阻塞；确保排水和导渗设施完好无损，无断裂、失效等异常现象。

2. 做好排水沟（管）的清淤工作，及时清理杂物、淤泥、碎冰碴等垃圾，防止堵塞现象的发生。

3. 当排水沟（管）松动时，要及时检查；当出现损坏、开裂等问题时，要使用水泥砂浆进行修补处理。

4. 巡查滤水坝趾、导渗设施周边设置的截水沟，发现问题及时修补，防止由截水沟失效导致泥石淤塞导渗设施，影响正常的排水功能。

5. 排水沟（管）的基础如被冲刷破坏，应先恢复基础，后修复排水沟（管）；修复时，应使用与基础同样的土料，恢复至原断面，并夯实。

6. 当减压井附近的积水流入井中时，应尽快将积水抽干，整理坑洼；经常清理疏浚减压井，保证减压井排水的畅通。

（四）输、泄水建筑物的养护

1. 输、泄水建筑物表面应保持清洁完好，要经常清理淤积的泥块、沙石、杂物等，及时排除积水。

2. 当建筑物墙后填土区发生塌坑、沉陷时，应尽快填补加固；建筑物各处排水孔、进水孔、通气孔等均应保持畅通；及时清理墙内的淤积物。

3. 及时修补钢筋混凝土构件表面的起皮及涂料老化、脱落等问题，对裸露部分进行重新封闭。

4. 当护坡、侧墙、消能设施出现松动、塌陷、隆起、淘空等异常现象时，应及时复原，保证设施的功能不受影响。

5. 当钢闸门出现氧化锈蚀、涂料老化时，应及时修补；闸门滚轮等运转部位应及时加油，保持通畅；保持闸门外观清洁，及时清扫缝隙处的杂物，防止杂物损坏设备。

6. 启闭机的养护要求

（1）启闭机表面、外罩应保持清洁，不能有损坏。

（2）启闭机底脚连接应牢固稳定；启闭机连接件应保持密实，不能有松动；机架变形、损伤或有裂缝时，应及时修理。

（3）保持注油设施系统完好，油路畅通，定期过滤或更换，保持油质合格。减速箱、液压油缸内油位在上、下限之间浮动，无漏油现象。

（4）保持维护制动装置常态化，适时调整，保证其正常运转。

（5）应经常清洗螺杆、钢丝绳，视情况安装防尘设施；启闭螺杆异常弯曲时应及时校正。

（6）定期检测闸门开度指示器运转情况，保证其指示正确，正常工作。

7. 机电设备的养护要求

（1）电动机的外壳应保持无尘、无污渍、无锈蚀；轴承内润滑脂油质合格；接线盒应防潮，压线螺栓紧固。

（2）按照相关规定对各种仪表进行定期或不定期的检测，保证指示正确、灵敏；电动机绕组的绝缘电阻应定期检测，当小于 $0.5m\Omega$ 时，应检测防潮情况，对器件进行干燥处理。

（3）输电线路、备用发电机组等输变电设施按有关规定定期养护。

（4）所有电气设备外壳均应可靠接地，并定期检测接地电阻值；操作系统的动力柜、照明柜、操作箱、各种开关、继电保护装置、检修电源箱等应定期清洁、保持干净。

8. 防雷设施的养护要求

（1）当避雷装置出现大规模锈蚀时，应予更换。

（2）导电部件的焊接点或螺栓接头如脱焊、松动应予补焊或旋紧。

（3）接地装置的接地电阻值应不大于 $10\ \Omega$，维持在规定值范围内；超过规定值时，应增设接地极。

（4）按有关规定定期检测防雷装置的工作状态。

（5）防雷设施的构架上不得架设其他电路。

（五）观测设施养护

保持观测设施的整洁，做到无损坏、无变形、无堵塞；观测设施如有损坏，应立即展开修复工作，修复后重新校正；观测设施的保护装置标志应放在显著位置上，随时清除观测障碍物；测压管口应随时加盖上锁；及时清理量水堰板上的附着物和堰槽内的淤泥或堵塞物。

（六）自动监控设施的养护

1. 自动监控设施的养护要求

（1）定期对监控系统进行维护，并及时清洁除尘。

（2）定期检测传感器、接收及输出信号设备，保证设备的精度。及时检修、校正、更换那些不符合标准的配件。

（3）定期检测保护设备，保证设备的灵敏度。

2. 自动监控系统软件的养护要求

（1）严格执行计算机控制操作规程。

（2）加强对计算机和网络的安全防护，配备防火墙，保证信息安全。

（3）定期对技术文档进行妥善保管，并对系统软件和数据库重要部分进行备份。

（4）不得在监控系统上下载未经无病毒确认的软件；修改或设置软件前后，应提前备份并记录。

3. 及时排除自动监控系统发生的故障，详细记录故障原因。

4. 按照规定对自动监控系统及防雷设施进行日常养护。

二、工程修理技术

（一）土石坝的修理

1. 分类

土石坝的修理分为岁修、大修和抢修三类。岁修是指在大坝运行中每年进行必要的修理和局部改善；大修是指发生较大损坏、修复工作量大、技术较复杂的工程问题，或经过临时抢修未做永久性处理的工程险情、工程量大的整修工程；抢修是指当突发危及工程安全的险情时立刻组织的修理。

2. 修理工程报批程序

（1）岁修工程项目应由管理单位提出岁修计划，经过主管部门审批后，管理部门根据批准的计划安排岁修。

（2）大修工程项目应由管理单位出具大修工程的可行性报告，经过上级主管部门审批后立项，管理单位根据批准的工程项目组织设计和施工。大修工程项目的设计工作由具有相应等级资质的设计单位完成。

3. 施工管理

（1）岁修工程的施工管理。岁修工程的施工任务由具有相应技术力量的施工单位承担；水库管理单位也可自行承担，但必须满足相应的技术资质，同时明确工程项目责任人，严格执行质量标准，建立质量保证体系，确保工程质量。

（2）大修工程的施工管理。大修工程按照招标、投标制度及监理制度规范施工，必须由具有相应施工资质的施工单位承担。

（3）影响安全度汛的施工，要在汛期前完成所有工序，保证防汛工作不受影响；汛期前不能完成施工的，必须采取必要的安全度汛措施，防止事故的发生。

4. 竣工验收

工程竣工后，必须严格按照《水利水电建设工程验收规程》（SL 223—2008），由审批部门组织验收，验收合格才可交工；一般由经验丰富的工程师和技术员负责具体验收工作；验收时有关单位应按规定提供验收材料。一般来说，岁修工程可以视具体情况，适当简化手续。

5. 注意事项

工程修理应积极推广应用新技术、新材料、新设备、新工艺。管理单位不得随意变更批准下达的修理计划。如需调整，应向原审批部门报批，申请变更计划。

（二）护坡的修理

1. 砌石护坡的修理

砌石护坡分为干砌石护坡和浆砌石护坡两类，修理时需要区别处理。

（1）修理方法

根据护坡损坏的程度，选择不同的修理方法。

当护坡出现局部松动、隆起、塌陷、垫层流失等现象时，可采用填补翻筑；出现局部破坏淘空，导致上部护坡滑动坍塌时，可增设阻滑齿墙。对于护坡石块较小，不能抗御风浪冲刷的干砌石护坡，可采用细石混凝土灌缝和浆砌或混凝土框格结构；对于厚度不足、强度不够的干砌石护坡或浆砌石护坡，可在原砌体上部浇筑混凝土盖面，增强抗冲能力。沿海台风地区和北方严寒冰冻地区，为抗御大风浪和冰层压力，修理时应按设计要求的块石粒径和重量的石料竖砌，如无尺寸合适的石料，可采用细石混凝土填缝或框格结构加固。

（2）材料要求

①护坡石料应选用石质良好、质地坚硬、不易风化的新鲜石料，不得选用页岩作为护坡块石；石料几何尺寸应根据大坝所在地区的风浪大小和冰冻程度确定。

②垫层材料应选用具有良好的抗水性、抗冻性、耐风化和不易被水溶解的砂砾石、卵石或碎石，粒径和级配应根据坝壳土料性质而定。

③浆砌材料中的水泥标号不得低于325号；砂料应选用质地坚硬、清洁、级配良好的天然砂或人工砂；天然砂中含泥量要小于5%，人工砂中石粉含量要低于12%。

（3）坡面处理要求

①当清除需要翻修部位的块石和垫层时，应保护好未损坏的部分砌体。

②修整坡面，要求无坑凹，坡面密实平顺；如有坑凹，应用与坝体相同的材料回填夯实，并与原坝体接合紧密、平顺。

③严寒冰冻地区应在坝坡土体与砌石垫层之间增设一层用非冻胀材料铺设的防冻保护层；防冻保护层厚度应大于当地冻层深度。

④西北黄土地区粉质壤土坝体，回填坡面坑凹时，必须选用重黏性土料回填。

（4）垫层铺设规定

①垫层厚度必须根据反滤层的原则设计，一般厚度为0.15~0.25m；严寒冰冻地区的垫层厚度应大于冻层的深度。

②根据坝坡土料的粒径和性质，按照碾压式土石坝设计规范设计垫层的层数及各层的粒径，由小到大逐层均匀铺设。

（5）铺砌石料要求

①砌石材质应坚实新鲜，无风化剥落层或裂纹，水泥材料符合相关技术条款规定。砌石应以原坡面为基准，在纵、横方向挂线控制，自下而上，错缝竖砌，紧靠密实，塞垫稳固，大块封边。

②砌体表面应保持平整、美观，嵌缝饱满。灰缝厚度为20~30mm。勾缝砂浆单独搅拌，灰砂比在1:1~1:2之间；勾缝前将槽缝冲洗干净，清缝应在料石砌筑24h后进行；勾缝完成后用浸湿物覆盖21d，加强养护，确保质量。

③浆砌块石采用铺浆法砌筑，先坐浆，后砌石，砂浆稠度为30~50mm。在水泥砂浆标号选用上，无冰冻地区不低于50号，冰冻地区根据抗冻要求选择，一般不低于80号；

砌缝内砂浆应饱满，缝口应用比砌体砂浆高一等级的砂浆勾平缝；修补的砌体，必须洒水养护。

（6）采用浆砌框格或增建阻滑齿墙的规定

①浆砌框格护坡一般应做成菱形或正方形，框格用浆砌石或混凝土浇筑，其宽度一般不小于 0.5m，深度不小于 0.6m，冰冻地区按防冻要求加深，框格中间砌较大石块，框格间距视风浪大小确定，一般不小于 4m，并每隔 3~4 个框格设置变形缝，缝宽 1.5~2.0cm。

②阻滑齿墙应沿坝坡每隔 3~5m 设置一道，平行坝轴线嵌入坝体；齿墙尺寸一般宽为 0.5m，深度为 1m（含垫层厚度）；沿齿墙长度方向每隔 3~5m 留有排水孔。

（7）细石混凝土灌缝要求

灌缝前，应清除块石缝隙内的泥沙、杂物，并用水冲洗干净；灌缝时，缝隙内要灌满捣实，缝口抹平。每隔适当距离，留有一狭长缝口不进行灌注，作为排水出口。

（8）混凝土盖面方法修理要求

护坡表面及缝隙应洗刷干净；混凝土盖面厚度根据风浪大小确定，一般厚度为 5~7cm；在混凝土标号选用上，无冰冻地区不低于 100 号，严寒冰冻地区根据抗冻要求，一般不低于 150 号；盖面混凝土应自下而上浇筑，仔细捣实，每隔 3~5m 分缝；如原护坡垫层遭到破坏，应补做垫层，修复护坡，再加盖混凝土。

2. 混凝土护坡的修理

（1）修理方法：混凝土护坡包括现浇混凝土护坡和预制混凝土块护坡。根据护坡损坏情况，可采用局部填补、翻修加厚、增设阻滑齿墙和更换预制块等方法进行修理。

（2）当护坡发生局部断裂破碎时，可采用现浇混凝土局部填补，填补修理时应满足以下要求：在凿除破损部分时，应保护好完好的部分，严格按设计要求处理好伸缩缝和排水孔。在新旧混凝土接合处，应进行凿毛处理，清洗干净。新填补的混凝土标号应不低于原护坡混凝土的标号。严格按照混凝土施工规范制造混凝土，接合处先铺设 1~2cm 厚的砂浆，再填筑混凝土；填补面积大的混凝土应自下而上浇筑，仔细捣实。新浇筑混凝土表面应收浆抹平，洒水养护。垫层遭受淘刷以致护坡损坏的，修补前应按照设计要求将垫层修补好，严寒冰冻地区垫层下还应增设防冻保护层。

（3）当护坡破碎面积较大、混凝土厚度不足、抗风浪能力较差时，可采用翻修加厚混凝土护坡的方法，但应符合以下规定：按满足承受风浪和冰层压力的要求重新设计，确定护坡尺寸和厚度；原混凝土板面应进行凿毛处理，并清洗干净，先铺设一层 1~2cm 厚的水泥砂浆，再浇筑混凝土盖面；严格按设计要求处理好伸缩缝和排水孔。

（4）当护坡出现滑移现象或基础淘空、上部混凝土板坍塌下滑时，可采用增设阻滑齿墙的方法修理，但应符合以下规定：阻滑齿墙应平行坝轴线布置，并嵌入坝体；齿墙尺寸参照砌石护坡修理相同标准执行。对于严寒冰冻地区，应在齿墙底部及两侧增设防冻保护层。齿墙两侧应按照原坡面平整夯实，铺设垫层后重新浇筑混凝土护坡板，同时处理好与原护坡板的接缝。

（5）更换预制混凝土板时，应满足以下要求：在拆除破损部分预制板时，应保护好完好的部分；垫层应按符合防止淘刷的要求铺设；更换的预制混凝土板必须铺设平稳、接缝紧密。

3. 草皮护坡的修理

（1）当护坡的草皮遭到雨水冲刷流失和干旱枯死时，可采用填补、更换的方法进行修理；修理时，应按照准备草皮、整理坝坡、铺植草皮和洒水养护的流程进行施工。

（2）添补更换草皮时，应满足以下要求：

①添补的草皮应就近选用，草皮种类应选择低茎蔓延的盘根草，不得选用茎高叶疏的草。补植草皮时，应带土成块移植，移植时间以春、秋两季为宜。移植时，应定期洒水，确保成活。坝坡若是沙土，则先在坡面铺设一层土壤，再铺植草皮。

②当护坡的草皮中有大量的茅草、艾蒿、霸王苑等高茎杂草或灌木时，可采用人工挖除或化学药剂除杂草的方法（可喷洒草甘膦或其他化学除草药剂）；使用化学药剂时，切不可污染库区水质。

（三）混凝土面板坝的修理

1. 修理方法

根据面板裂缝和损坏情况，可分别采用表面涂抹、表面粘补、凿槽嵌补等方法进行修理。

（1）当面板出现局部裂缝或破损时，可采用水泥砂浆、环氧砂浆等防渗堵漏材料进行表面涂抹。

（2）当面板出现的裂缝较宽或伸缩缝止水带遭到破坏时，可采用表面粘补或者凿槽嵌补方法进行修理。

2. 表面涂抹技术要求

（1）采用水泥砂浆进行表面涂抹修理裂缝时，应满足以下要求：

①一般情况下，应将裂缝凿成深 2cm、宽 20cm 的毛面，清洗干净并洒水保持湿润。

②处理时，应先用纯水泥浆涂刷一层底浆，再涂抹水泥砂浆，最后压实、抹光。

③涂抹后，应及时进行洒水养护，并防止阳光暴晒或冬季冰冻。

④所用水泥标号不低于 325 号，水泥砂浆配比可采用 $1:1 \sim 1:2$。

（2）采用环氧砂浆进行表面涂抹修理裂缝时，应满足以下要求：

①沿着裂缝凿槽，一般槽深 $1.0 \sim 2.0cm$，槽宽 $5 \sim 10cm$，槽面应尽量平整，并清洗干

净，要求无粉尘，无软弱带，坚固密实，待干燥后用丙酮擦一遍。

②涂抹环氧砂浆前，先在槽面用毛刷涂刷一层环氧基液薄膜，要求涂刷均匀，无浆液流淌堆积现象；已经涂刷基液的部位，应注意保护，严防灰尘、杂物落入；待基液中的气泡消除后，再涂抹环氧砂浆，间隔时间一般为 30~60min。

③涂抹环氧砂浆，应分层均匀铺摊，每层厚度一般为 0.5~1.0cm，反复用力压抹使其表面翻出浆液，如有气泡必须刺破压实；表面用烧热（不要发红）的铁抹压实抹光，应与原混凝土面齐平，接合紧密。

④环氧砂浆涂抹完后，应在表面覆盖塑料布及模板，再用重物加压，使环氧砂浆与混凝土接合完好，并应注意养护，控制温度，一般养护温度以 20±5℃ 为宜，避免阳光直射。

⑤环氧砂浆涂抹施工应在气温 15~40℃ 的条件下进行。环氧砂浆应根据修理对象和条件按照设计要求配制。环氧砂浆每次配制的数量应根据施工能力确定，做到随用随配。

⑥施工现场必须通风良好；施工人员必须戴口罩和橡皮手套作业，严禁皮肤直接接触化学材料；使用工具及残液残渣不得随便抛弃，防止污染水质和发生中毒事故。

（3）采用 H52 系列防渗堵漏涂料处理面板裂缝时，应满足以下要求：

①混凝土表面处理。应清除疏松物、污垢，沿着裂缝凿成深 0.5cm、口宽 0.5cm 的"V"形槽，对裂缝周围 0.2m 范围内的混凝土表面进行轻微粗糙化处理。

②涂料配制。将甲、乙两组原料混合，并搅拌均匀，若发现颗粒和漆皮，要用 80~120 目的铜丝网或者不锈钢丝网进行过滤。

③涂料涂抹。用毛刷将配制好的涂料直接分次分层均匀涂刷于裂缝混凝土表面，每次间隔 1~3h。

④涂料配制数量。应根据施工能力，用量按每次配料 1h 内用完的原则配制。

⑤涂抹后的养护。在涂料未实干前，应避免受到雨水或其他液体冲洗和人为损坏。

⑥涂料应存放于温度较低、通风干燥之处，远离火源，避免阳光直射；涂料配制地点和施工现场应通风良好；施工人员操作时，应戴口罩和橡皮手套。

3. 表面粘补技术要求

（1）表面粘补材料

应根据具体情况和工艺水平，选用橡皮、玻璃布等止水材料，以及相应的胶黏剂进行表面粘补。

（2）采用橡皮进行表面粘补的要求

①粘贴前应凿槽

一般槽宽 14~16cm，槽深 2cm，长度超过损坏部位两端各 15cm，并清洗干净，保持干燥。

②基面找平

在干燥后的槽面内，先涂刷一层环氧基液，再用膨胀水泥砂浆找平，待表面凝固后，洒水养护 3d。

③粘贴前橡皮的处理

按需要尺寸准备好橡皮，先放入比重为 1.84 的浓硫酸溶液中浸泡 5～10min，再用水冲洗干净，待晾干后才能粘贴。

④粘贴橡皮

先在膨胀水泥砂浆表面涂刷一层环氧基液，再沿伸缩缝走向放一条高度与宽度均为 5mm 的木板条，其长度与损坏长度一致；再按板条高度铺填一层环氧砂浆，将橡皮粘贴面涂刷一层环氧基液，从伸缩缝处理部位的一段开始将橡皮铺贴在刚铺填好的环氧砂浆上，铺贴时要用力压实，直到将环氧砂浆从橡皮边缘挤出。

⑤加重压力

在粘贴好的橡皮表面盖上塑料布，再堆沙加重加压，增强粘补效果。

⑥护面

待粘贴的环氧砂浆固化后，撤除加压物料，沿着橡皮表面再涂抹一层环氧基液，上面再铺填一层环氧砂浆，并用铁抹压实抹光，表面与原混凝土面齐平。

（3）采用玻璃布进行表面粘补的要求

①粘补前，应对玻璃布进行除油蜡处理。可将玻璃布放入碱水中煮沸 0.5～1h，用清水漂系干净，然后晾干待用。

②先将混凝土表面凿毛，冲洗干净。凿毛面宽 40cm，长度应超过裂缝两端各 20cm；凿毛面干燥后，用环氧砂浆抹平。

③玻璃布粘贴层数视具体情况而定，一般 2～3 层即可。事先按照需要的尺寸将玻璃布裁剪好，第一层宽 30cm，长度按裂缝实际长度加两端压盖长各 15cm，第二、第三层每层长度递增 4cm，以便压边。

④玻璃布的粘贴，应先在粘贴面均匀刷一层环氧基液，然后将玻璃布展开拉直，放置于混凝土面上，用刷子抹平玻璃布使其贴紧，并使环氧基液浸透玻璃布，接着在玻璃布上刷环氧基液，按同样方法粘贴第二、第三层。

4. 凿槽嵌补技术要求

（1）嵌补材料：根据裂缝和伸缩缝的具体情况，可选用 PV 密封膏、聚氯乙烯胶泥、沥青油膏等材料。

（2）凿槽处理：嵌补前应沿着混凝土裂缝或伸缩缝凿槽，槽的形状和尺寸根据裂缝位置和所选用的嵌补材料而定；槽内应冲洗干净，再用高标号水泥砂浆抹平，干燥后进行嵌补。

（3）采用 PV 密封膏嵌补时，应满足以下要求：混凝土表面必须干燥、平整、密实、干净。嵌填密封膏前，先用毛刷薄薄涂刷一层 PV 黏结剂，在黏结剂基本固化（时间一般不超过 1d）后，即可嵌填密封膏。密封膏分为 A、B 两组，各组先搅拌均匀，按照需要的数量分别称量，导入容器中搅拌，搅拌时速度不宜太快，并要按同一方向旋转。搅拌均匀后（2~5min），即可嵌填。嵌填时，应将密封膏从下至上挤压入缝内；待密封膏固化后，再于密封膏表面涂刷一层面层保护胶。

（四）坝体裂缝的修理

1. 坝体出现裂缝时的修理原则

（1）对表面干缩、冰冻裂缝以及深度小于 1m 的裂缝，可只进行缝口封闭处理。

（2）对深度不大于 3m 的沉陷裂缝，待裂缝发展稳定后，可采用开挖回填的方法修理。

（3）对非滑动性质的深层裂缝，可采用充填式黏土灌浆或采用上部开挖回填与下部灌浆相结合的方法进行处理。

（4）对土体与建筑物之间的接触缝，可采用灌浆处理。

2. 采用开挖回填方法处理裂缝时的要求

（1）裂缝的开挖长度应超过裂缝两端 1m，深度超过裂缝尽头 0.5m；开挖坑槽底部的宽度至少 0.5m，边坡应满足稳定要求，且通常开挖成台阶型，保证新旧填土紧密接合。

（2）坑槽开挖应做好安全防护工作；防止坑槽进水、土壤干裂或冻裂；挖出的土料要远离坑口堆放。

（3）回填的土料应符合坝体土料的设计要求；对沉陷裂缝应选择塑性较大的土料，并控制含水量大于最优含水量的 1%~2%。

（4）回填时应分层夯实，特别注意坑槽边角处的夯实质量，要求压实厚度为填土厚度的 2/3。

（5）对贯穿坝体的横向裂缝，应沿裂缝方向每隔 5m 挖"十"字形接合槽一个，开挖的宽度、深度与裂缝开挖的要求一致。

3. 采用充填式黏土灌浆处理裂缝时要求

（1）根据隐患探测和坝体土质钻探资料分析成果做好灌浆设计。

（2）布孔时，应在较长裂缝两端、转弯处及缝宽突变处布孔；灌浆孔与导渗、观测设施的距离不少于 3m；灌浆孔深度应超过隐患 1~2m。

（3）造孔应采用干钻等方式按序进行；造孔应保证铅直，偏斜度不大于孔深的 2%。

（4）配制浆液的土料应选择具有失水性快、体积收缩小的中等黏性土料。一般黏粒含量在 20%~45% 为宜；在保持浆液对裂缝具有足够的充填能力条件下，浆液稠度越大越好，泥浆的比重一般控制在 1.45~1.7 之间；为使大小缝隙都能充填密实，可在浆液中掺入干料重的 1%~3% 的硅酸钠溶液（水玻璃）或采用先稀后浓的浆液；浸润线以下可在浆液中掺入干料重的 10%~30% 的水泥，以便加速凝固。浆液各项技术指标应按照设计要求控制。灌浆过程中，浆液容重和灌浆量每小时测定一次并记录。

（5）灌浆压力应在保证坝体的安全前提下，通过试验确定，一般灌浆管上端孔口压力采用 0.05~0.3mPa；施灌时应逐步由小到大，不得突然增加；灌浆过程中，应维持压力稳定，波动范围不超过 5%。

（6）施灌时，应采用"由外到里、分序灌浆"和"由稀到稠、少灌多复"的方式进行，在设计压力下，灌浆孔段经连续 3 次复灌不再吸浆时，灌浆即可结束。

（7）封孔应在浆液初凝后（一般为 12h）进行。封孔时，先扫孔到底，分层填入直径 2~3cm 的干黏土泥球，每层厚度一般为 0.5~1.0m，或灌注最优含水量的制浆土料，填灌后均应捣实，也可向孔内灌注浓泥浆。

（8）雨季及库水位较高时，不宜进行灌浆。

（五）坝体渗漏修理

处理方法：坝体渗漏修理应遵循"上截下排"的原则。上游截渗通常采用抽槽回填、铺设土工膜、冲抓套井回填和坝体劈裂灌浆等方法，有条件的地方也可采用混凝土防渗墙和倒挂井混凝土圈墙等方法；下游导渗排水可采用导渗沟、反滤层导渗等方法。

1. 采用抽槽回填截渗处理渗漏时的要求

（1）适用于渗漏部位明确且高程较高的均质坝和斜墙坝。

（2）库水位应降至渗漏通道高程 1m 以下。

（3）抽槽范围应超过渗漏通道高程以下 1m 和渗漏通道两侧各 2m，槽底宽度不小于 0.5m，边坡应满足稳定及新旧填土接合的要求，必要时应加支撑，确保施工安全。

（4）回填土料应与坝体土料一致；回填土应分层夯实，每层厚度 10~15cm，压实厚度为填土厚度的 2/3；回填土夯实后的干容重不低于原坝体设计值。

2. 采用土工膜截渗时的要求

（1）土工膜厚度应根据承受水压大小确定。承受 30m 以下水头的，可选用非加筋聚合物土工膜，铺膜总厚度 0.3~0.6mm。

（2）土工膜铺设范围应超过渗漏范围四周各 2~5m。

（3）土工膜的连接一般采用焊接，热合宽度不小于 0.1m；采用胶合剂黏接时，黏接宽度不小于 0.15m；黏接可用胶合剂或双面胶布，黏接处应均匀、牢固、可靠。

（4）铺设前应先拆除护坡，挖除表层土 30~50cm，清除树根杂草，坡面修整平顺、密实，再沿坝坡每隔 5~10m 挖一道防滑槽，槽深 1.0m，底宽 0.5m。

（5）土工膜铺设时应沿坝坡自下而上纵向铺放，周边用"V"形槽埋固好；铺膜时不能拉得太紧，以免受压破坏；施工人员不允许穿带钉鞋进入现场。

（6）回填保护层可采用沙壤土或沙，施工要与土工膜铺设同步进行，厚度不小于 0.5m；在施工顺序上，应先回填防滑槽，再填坡面，边回填边压实；保护层上面再按设计恢复原有护坡。

3. 采用劈裂灌浆截渗时的要求

（1）根据隐患探测和坝体土质钻探资料分析成果做好灌浆设计。

（2）灌浆后形成的防渗泥墙厚度一般为 5~20cm。

（3）灌浆孔一般沿坝轴线（或略偏上游）位置单排布孔，填筑质量差、渗漏水严重的坝段，可双排或三排布置；孔距、排距根据灌浆设计确定。

（4）灌浆孔深度应大于隐患深度 2~3m。

（5）造孔、浆液配制及灌浆压力与坝体裂缝修理的要求一致。

（6）灌浆应先灌河槽段，后灌岸坡段和弯曲段，采用"孔底注浆、全孔灌注"和"先稀后稠、少灌多复"的方式进行。每孔灌浆次数应在 5 次以上，两次灌浆间隔时间不少于 5d。当浆液升至孔口，经连续复灌 3 次不再吃浆时，即可终止灌浆。

（7）有特殊要求时，浆液中可掺入占干土重的 0.5%~1% 水玻璃或 15% 左右的水泥，最佳用量可通过试验确定。

（8）雨季及库水位较高时，不宜进行灌浆。

4. 采用导渗沟处理渗漏时的要求

（1）导渗沟的形状可采用"Y""W""I"等形状，但不允许采用平行于坝轴线的纵向沟。

（2）导渗沟的长度以坝坡渗水出逸点至排水设施为准，深度为 0.8~1.0m，宽度为 0.5~0.8m，间距视渗漏情况而定，一般为 3~5m。

（3）沟内按滤层要求回填砂砾石料，填筑顺序按粒径由小到大、由周边到内部，分层填筑成封闭的棱柱体；也可用无纺布包裹砾石或砂卵石料，填成封闭的棱柱体。

（4）导渗沟的顶面应铺砌块石或回填黏土保护层，厚度为 0.2~0.3m。

5. 采用贴坡式砂石反滤层处理渗漏时的要求

（1）铺设范围应超过渗漏部位四周各 1m。

（2）铺设前应清除坡面的草皮杂物，清除深度为 0.1~0.2m。

（3）滤料按砂、小石子、大石子、块石的次序由下至上逐层铺设；砂、小石子、大石子各层厚度为 0.15~0.2m，块石保护层厚度为 0.2~0.3m。

（4）经反滤层导出的渗水应引入集水沟或滤水坝趾内排出。

6. 采用土工织物反滤层导渗处理渗漏时的要求

（1）铺设前应清除坡面的草皮杂物，清除深度为 0.1~0.2m。

（2）在清理好的坡面上满铺土工织物。铺设时，沿水平方向每隔 5~10m 做一道"V"形防滑槽加以固定，以防滑动；再满铺一层透水砂砾料，厚度为 0.4~0.5m，上压 0.2~0.3m 厚的块石保护层。铺设时，严禁施工人员穿带钉鞋进入现场。

（3）土工织物的连接可采用缝接、搭接或黏结等方式。缝接时，土工织物重压宽度 0.1m，用各种化纤线手工缝合 1~2 道；搭接时，搭接面宽度 0.5m；黏时，黏结面宽度 0.1~0.2m。

（4）导出的渗水应引入集水沟或滤水坝趾内排出。

（六）坝基渗漏和绕坝渗漏修理

根据地基工程地质和水文地质、渗漏、当地砂石、土料资源等情况，进行渗流复核计算后，选择采用加固上游黏土防渗铺盖、建造混凝土防渗墙、灌浆帷幕、下游导渗及压渗、高压喷射灌浆等方法进行修理。

1. 采用加固上游黏土防渗铺盖时的要求

（1）水库具有放空条件，当地有做防渗铺盖的土料资源。

（2）黏土铺盖的长度应满足渗流稳定的要求，根据地基允许的平均水力坡降确定，一般大于 5~10 倍的水头。

（3）黏土铺盖的厚度应保证不致因受渗透压力而破坏，一般铺盖前端厚度 0.5~1.0m；与坝体相接处为 1/6~1/10 水头，一般不小于 3m。

（4）对于砂料含量少、层间系数不合乎反滤要求、透水性较大的地基，必须先铺筑滤水过渡层，再回填铺盖土料。

2. 采用建造混凝土防渗墙处理坝基渗漏时的要求

（1）防渗墙的施工应在水库放空或低水位条件下进行。

（2）防渗墙应与坝体防渗体连成整体。

（3）防渗墙的设计和施工应符合有关规范规定。

3. 采用灌浆帷幕防渗时要求

（1）非岩性的砂砾石坝基和基岩破碎的岩基可采用此法。

（2）灌浆帷幕的位置应与坝身防渗体相结合。

（3）帷幕深度应根据地质条件和防渗要求确定，一般应落到不透水层。

（4）浆液材料应通过试验确定。一般可灌比 $M \geqslant 10$，地基渗透系数超过每昼夜 $40 \sim 50m$ 时，可灌注黏土水泥浆，浆液中水泥用量占干料的 $20\% \sim 40\%$；可灌比 $M \geqslant 15$，渗透系数超过每昼夜 $60 \sim 80m$ 时，可灌注水泥浆。

（5）坝体部分应采用干钻、套管跟进方法造孔；在坝体与坝基接触面没有混凝土盖板时，坝体与基岩接触面先用水泥砂浆封固套管管脚，待砂浆凝固后再进行钻孔灌浆工序。

4. 采用下游导渗及压渗方法时的要求

（1）坝基为双层结构，坝后地基湿软，可开挖排水明沟导渗或打减压井；坝后土层较薄、有明显翻水冒沙及隆起现象时，应采用压渗方法处理。

（2）导渗明沟可采用平行坝轴线或垂直坝轴线布置，保持与坝趾排水体连接；垂直坝轴线布置的导渗沟的间距一般为 $5 \sim 10m$，在沟的尾端设横向排水干沟，将各导渗沟的水集中排走；导渗沟的底部和边坡均应采用滤层保护。

（3）压渗平台的范围和厚度应根据渗水范围和渗水压力确定，其填筑材料可采用土料或石料。填筑时，应先铺设滤料垫层，再铺填石料或土料。

5. 采用高压喷射灌浆处理坝基渗漏时的要求

（1）适用于最大工作深度不超过 $40m$ 的软弱土层、砂层、砂砾石层地基渗漏的处理，也可以用于含量不多的大粒径卵石层和漂石层地基的渗漏处理，在卵石或漂石层过厚、含量过多的地层不宜采用。

（2）灌浆处理前，应详细了解地基的工程地质和水文地质资料，选择相似的地基做灌浆围井试验，取得可靠技术参数后，再进行灌浆设计。

（3）灌浆孔的布置。灌浆孔轴线一般沿坝轴线偏上游布置；有条件放空的水库，灌浆孔位也可以布置在上游坝脚部位；凝结的防渗板墙应与坝体防渗体连成整体，伸入坝体防渗体内的长度不小于 $1/10$ 的水头；防渗板墙的下端应落到相对不透水层的岩面。

（4）孔距和喷射形式。根据各地喷射灌浆的经验，单排孔孔距一般为 $1.6 \sim 1.8m$，双排孔孔距可适当加大，但不能超过 $2.5m$；喷射形式一般采用摆喷、交叉折线连接形式；喷射角度一般为 $20° \sim 30°$。

（5）喷射设备应选用带有质量控制自动检测台的三管喷射装置。主要技术参数为水压力 $25 \sim 30mPa$，水量 $60 \sim 80L/min$，气压 $0.6 \sim 0.8mPa$，气量 $3 \sim 6m^3/min$，灌浆压力 $0.3mPa$ 以上，浆量 $70 \sim 80m^3/min$，喷射管提升速度 $6 \sim 10cm/min$，摆角 $20° \sim 30°$，喷嘴直径 $1.9 \sim 2.2mm$，气嘴直径 $9mm$，水泥浆比重 1.6 左右。

（6）坝体钻孔应采用套管跟进方法进行，在管口位置应设浆液回收装置，防止灌浆时浆液破坏坝体；地基灌浆结束后，坝体钻孔应按照相关标准进行封孔。

（7）高喷灌浆的施工应按照相应的工艺流程进行。

（8）检查验收。质量检查一般采用与墙体形成三角形的围井，布置在施工质量较差的孔位处，做压水试验，测定相关数据。

（七）坝体滑坡修理

根据滑坡产生的原因和具体情况，应采用开挖回填、加培缓坡、压重固脚、导渗排水等方法进行综合处理。因坝体渗漏引起的滑坡应同时进行防渗漏处理。

1. 采用开挖回填方法时的要求

（1）彻底挖除滑坡体上部已松动的土体，再按设计坝坡线分层回填夯实。

（2）开挖时，应对未滑动的坡面按边坡稳定要求放足开口线；回填时，应保证新老土接合紧密。

（3）恢复或修好坝坡的护坡和排水设施。

2. 采用加培缓坡方法时的要求

（1）根据坝坡稳定分析结果确定放缓坝坡的坡比。

（2）将滑动土体上部进行削坡，按确定的坡比加大断面，分层回填夯实。夯实后的土壤干容重应达到原设计标准。

（3）回填前，应先将坝趾排水设施向外延伸或接通新的排水体。

（4）回填后，应恢复和接长坡面排水设施和护坡。

3. 采用压重固脚方法时的要求

（1）压重固脚常用的有镇压台（戗台）和压坡体两种形式，应视当地土料、石料资源和滑坡的具体情况采用。

（2）镇压台（戗台）或压坡体应沿滑坡段进行全面铺筑，须伸出滑坡段两端 5~10m，其高度和长度应通过稳定分析后才能确定。一般石料镇压台的高度是 3~5m；压坡体的高度一般为滑坡体高度的一半左右，边坡为 1：3.5~1：5。

（3）采用土料压坡体时，应先满铺一层厚度为 0.5~0.8m 的砂砾石滤层，再回填压坡体土料。

（4）镇压台和压坡体的布置不得影响坝容坝貌，应恢复或修好原有排水设施。

4. 采用导渗排水方法时的要求

（1）除了按照坝体渗漏修理要求的内容布置外，导渗沟的下部还应延伸到坝坡稳定的部位或坝脚，并与排水设施相通。

（2）导渗沟之间滑坡体的裂缝应进行表层开挖、回填封闭处理。

（八）排水设施修理

1. 排水沟（管）的修理要求

（1）部分沟（管）段发生破坏或堵塞时，应将破坏或堵塞的部分挖除，按原设计标准进行修复。

（2）修理时，应根据沟（管）的结构类型（浆砌石、砖砌、预制或现浇混凝土），分别按照相应的材料及施工规范进行施工。

（3）沟（管）基础（坝体）遭到冲刷破坏时，应使用与坝体同样的土料，先修复坝体，后修复沟（管）。

2. 减压井、导渗体的修理要求

（1）减压井发生堵塞或失效时，应按照掏淤清孔、洗孔冲淤、安装滤管、回填滤料、安设井帽、疏通排水道等程序进行修理。

（2）导渗体发生堵塞或失效时，应先拆除堵塞部位的导渗体，清洗疏通渗水通道，重新铺设反滤料，并按原断面恢复导渗体。

3. 贴坡式和堆石坝趾的修理要求

贴坡式和堆石坝趾滤水体的顶部应封闭，或沿着与坝体接触部位设截流沟或矮挡土墙，防止坝坡土粒进入并堵塞滤水体。

4. 其他要求

完善坝下游周边的防护工程，以防山坡雨水倒灌影响导渗排水效果。

（九）输、泄水建筑物修理

1. 砌石（干砌石和浆砌石）建筑物的修理要求

（1）砌石体大面积松动、塌陷、淘空时，应翻修或重修至原设计标准。

（2）浆砌石墙身渗漏严重时，可采用灌浆处理；墙身发生滑动或倾斜时，可采用墙后减载或墙前加撑处理；墙基出现冒水、冒沙时，应立即采用墙后降低地下水位和墙前增设反滤设施进行综合处理。

（3）防冲设施（防冲槽、海漫等）遭冲刷破坏时，一般可采用加筑消能设施或抛石笼和抛石等方法进行处理。

（4）导渗、排水设施（反滤体、减压井、导渗沟、排水沟管等）堵塞损坏时，应及时疏通修复。

2. 混凝土建筑物的修理要求

（1）钢筋混凝土保护层冻蚀、碳化损坏时，应选用涂料封闭和高标号砂浆、环氧砂浆抹面或喷浆等修补方法。

（2）混凝土结构脱壳、剥落或机械损坏时，可采用下列措施进行修补：损伤面积小，可采用砂浆或聚合物砂浆抹补；局部损坏，有防腐、抗冲要求的重要部位，可用环氧砂浆或高标号水泥砂浆等修补；损坏面积和深度大，可用混凝土、喷混凝土或喷浆等修理；修补前，应对混凝土表面凿毛并清洗干净，有钢筋的应进行除锈。

（3）混凝土建筑物裂缝的修理应符合以下要求：出现裂缝后，应加强检查观测，查明裂缝性质、成因及其危害程度，据以确定修补方案；混凝土的表面裂缝、浅层缝可分别采用表面涂抹、表面粘补玻璃丝布、凿槽嵌补柔性材料后再抹砂浆、喷浆、灌浆、堵漏胶等措施进行修补；裂缝应在基本稳定后修补，并宜在低温、开度较大时进行，不稳定裂缝应采用柔性材料修补；混凝土结构的渗漏应结合表面缺陷或裂缝情况，采用砂浆抹面或灌浆处理；建筑物水下部位发生表面剥落、冲坑、裂缝、止水设施损坏时，应选用钢围堰、气压沉柜等施工设施修补，或由潜水员采用快干混凝土进行水下修复。

3. 闸门的修理要求

（1）修理前，应进行表面预处理。对每孔闸门进行全部冲洗清淤，在闸门关闭位置检查橡胶止水与闸门槽的间隙大小并进行详细记录，同时对有关部位做明显标记，对易损部位进行对比分析。

（2）钢闸门防腐蚀处理，可采用涂装涂料和喷涂金属等措施。采用涂料作为防腐涂层时，面（中）、底层应配套且性能良好，涂层干膜厚度不小于 $200\mu m$；采用喷涂金属作为防腐涂层时，喷涂材料宜选用锌，喷涂层厚度一般为 $120\sim150\mu m$，金属涂层表面应采用涂料封闭，其干膜厚度不小于 $60\mu m$。

（3）钢闸门表面涂膜（包括金属涂层表面封闭涂层）出现普遍剥落、鼓泡、龟裂、明显粉化时，应全部重新做防腐层或封闭涂层。钢筋混凝土闸门表面损坏时，应采用涂料封闭、高标号砂浆或环氧砂浆抹面或喷浆等措施进行修理。

（4）止水装置应经常维修，发现损坏时，应立即更换。根据闸门槽间隙安装橡胶止水，并按止水受力部位加密止水夹板固定螺栓。止水夹板固定螺栓的最佳间距为 $70\sim100mm$。为使止水夹板受力一致，利用公斤扭力表对夹板固定螺栓进行紧固，扭力 $9\sim12kg$ 为最佳。增加止水夹板厚度，从原来的 $0.4mm$ 增至 $0.6mm$，并在止水夹板孔四周加焊4mm的稳钉，从而增加了止水橡胶与夹板的结构性、稳定性及耐磨性。

（5）钢闸门门叶及梁系结构、臂杆局部发生变形、扭曲、下垂时，应及时矫正、补强或更换。闸门的连续坚固件松动、缺失时，应紧固、更换、补全。焊缝脱落、锈损开裂时，应及时补焊。吊耳、吊座、绳套出现变形、裂纹或锈损严重时，应更换。

（6）闸门行走支撑装置的零部件出现下列情况时，应予更换：压合胶木滑道损伤或滑动面磨损严重；轴和轴套出现裂纹、压陷、变形、磨损严重；滚轮出现裂纹、磨损严重或锈死不转；主轨道变形、断裂、磨损严重或瓷砖轨道掉块、裂缝、釉面剥落。

（7）对四个角的稳定轮进行调整，找一个最有代表性的点，即以闸门与闸门槽相互同心的轮做基准点，其余的轮调整与基准轮一致。调整闸门主要部件间隙，对闸门吊耳与闸门吊耳销间隙过大或孔径椭圆的进行修补和加钢套，吊耳偏离中心的增加钢垫进行调整，最大限度地缩小闸门的倾斜度。

4. 启闭机的修理要求

（1）启闭机滚动轴承的滚子及配件出现磨损变形时，应及时更换。启闭机外部机架出现变形、裂缝时，也要及时更换。

（2）制动带磨损严重，制动带的铆钉脱落、断裂，主弹簧失去弹性，制动轮出现裂缝时，均应及时更换。

（3）卷扬式启闭机卷筒表面、轮缘、幅板等处出现损坏或裂缝，开式轮毂出现锈蚀、破损时，应及时更换。

5. 钢丝绳的修理要求

（1）更换钢丝绳时，预绕圈数应符合最初设计要求。如果没有具体的规定，应不少于4圈，其中2圈为安全圈、2圈用于固定。

（2）钢丝绳在闭门状态下应保持松紧适宜，排列整齐。

（3）钢丝绳绳套所在的浇筑体有松动迹象时，必须对浇筑体进行重新浇筑，防止事故发生。

（4）弧形闸门钢丝绳与面板连接的铰链能够灵活转动，不阻滞、不卡顿。

6. 螺杆启闭机的修理要求

（1）当螺杆出现弯曲或变形等异常状况时，应及时矫正或更换。矫正方法有压重物矫正、杠杆矫正、千斤顶矫正、手动螺杆式矫正器矫正、压力机矫正及加热矫正。

（2）承重螺母、齿轮出现裂纹、断齿或螺纹齿宽磨损量超过20%时，应予更换。

7. 液压启闭机的修理要求

（1）当活塞环和油封出现断裂、变形及磨损严重时，应予更换。

（2）高压管路出现管壁裂纹、焊缝脱落时，应及时修理或更换。

（3）油缸检修组装、管路零部件更换和漏油缺陷排除后，均应进行耐压实验。

8. 启闭机设备的修理要求

启闭机设备无法正常工作时，应安排技术人员进行修理；不能修理的，要及时更换。

第二节　水利工程的调度运用技术

在水利工程调度过程中，难免伴随着一定的风险。采用科学合理的调度技术，不仅能够有效降低风险，还能提高工作效率，达到提高水利工程调度安全的目的，这对现代水利工程治理至关重要。

一、水库的调度运用

（一）水库调度运用的原则

水库调度运用的原则是在保证水库工程安全的前提下，结合下游河道安全泄量的实际情况，根据水库工程任务，按照局部服从整体、兴利服从防洪的原则进行调度。

（二）防汛工作

1. 按照"以防为主，防重于抢"的方针，落实防汛工作。

2. 每年汛前（6月1日前），管理单位应做好以下主要工作。

（1）健全防汛组织机构（防汛领导组织机构、防汛责任部门、抢险队伍等），保持指挥调度顺畅。

（2）制定防汛制度、措施和防汛应急预案。

（3）检查有关建筑物（施工围堰、防洪墙等），以满足度汛要求。

（4）检查动力、通信、交通、供水、排水、消防等设施，同时保证抢险物资准备到位。

（5）对有可能诱发山体滑坡、泥石流、雷击等灾害的作业点，提前撤离人员并制定应急措施。

（6）对受洪水影响的营地和大型设备采取相应的措施。

（7）在受洪水危害的施工道路上设立警示标志。

3. 汛期（6月1日—9月30日），管理单位应做好以下主要工作。

（1）掌握雨情、水情及天气情况。保持信息畅通，及时发布有关洪水的气温、风、降水、冰雪、水位、潮位、流量等气象水文情况，对可能产生的洪峰、增水、洪量等水情进行预报。视水情严重程度，必要时可发布警报。

（2）调度洪水。依据水情、工程情况及防汛调度方案，运用已建的各种防洪工程进行防洪调度。在需要运用分洪、蓄洪、滞洪措施时，及时果断做出决定，下达命令，按时、按量分洪、蓄洪。

（3）工程守护。管理单位组织防汛人员不间断地巡查和防守堤、坝、涵闸等工程，及时发现险情，分析原因，正确判断，拟订抢护方案，组织抢护；加强对工程和水流情况的巡视检查，安排专人值班防守；警戒水位以下，一般由专业人员防守；超出警戒水位，组织防汛人员防守。

（4）应急措施。遇有超标准洪水，在人力不能抗御时，管理单位应请示上级同意，按照批准的紧急措施方案和规定的程序，及时执行临时扒口等分洪紧急措施。泄洪时，应提前通知下游，对淹没区或可能被淹区内的居民进行转移安置，尽量减少损失，避免人员伤亡。

（5）抢险。对于险情，要早发现、早解决。大多数险情都是由小变大的，应防患于未然。对已经影响到工程安全的险情，要立刻上报上级主管部门，并组织抢险工作，尽力减少险情带来的危害。

4. 汛后（10月1日后），管理单位应做好以下主要工作。

（1）全面检查防洪工程，对防汛工作中的不足之处或教训进行检讨，认真总结经验教训。

（2）由于时间紧、任务重，汛期抢险工程多为临时性质的工程。为确保安全，一些地段需要重新维修加固，避免灾害发生。

5. 当水库遭遇超标准洪水或重特大险情时，管理单位应立即采取行动，按照之前制订的防洪预案组织开展抢险工作，同时向下游发出警报，使地方上能快速采取有效措施，转移群众，紧急避险。

（三）防洪调度

1. 水库防洪调度的概念：利用水库的调蓄作用和控制能力，有计划地控制调节洪水，以避免下游防洪区的洪灾损失。不承担防洪任务的水库为保证工程本身的防洪安全而采取的调度措施，通常也称为水库防洪调度。

2. 水库防洪调度应遵循下列原则：处理好防洪与兴利之间的关系，平时防洪兼顾兴利，汛期兴利服从防洪；防洪时，必须重视工程安全；编制、执行防洪调度方案，严格按照流程办理；由于基本资料、水情预报、调度决策等可能存在误差，运行时更应谨慎处理。

3. 防洪调度方式：当水库对下游无防洪任务时，只需处理好水库安全度汛事宜，在水库水位达到一定高程后可以泄洪；当水库对下游有防洪任务时，除了考虑水库安全度汛外，还要考虑下游地区的防洪安全；在水库防洪标准以下时，按下游防洪要求进行调度；当水量太大超过水库防洪标准时，应以水库安全为先，在保证大坝安全的前提下进行调度。

4. 防洪调度方案应包括明确各防洪特征水位、制定实时调度运用方式、制定防御超标洪水的非常措施、明确实施水库防洪调度计划的组织措施和调度权限等方面。

5. 水库管理单位应根据雨情、水情的变化及时修正和完善洪水预报方案。水库管理单位应按照批准的防洪调度方案科学、合理实施调度。

6. 当入库洪峰没有达到最高标准时，应提前降低库内水位，预留足够的防洪库容，以保证水库安全。

(四) 兴利调度

1. 水库兴利调度应遵循以下原则。

(1) 在满足城乡居民生活用水的基础上，同时兼顾工业、农业、生态环保等其他方面的需求，最大限度地合理、综合利用水资源。

(2) 计划用水、节约用水。

2. 兴利调度方式包括灌溉、发电、供水、航运等方面，一般要求尽量提高需水期的供水量，常采用以实测入库径流资料为依据绘制的水库调度图进行调度，以具体控制水库的供水量。调度图由调度线划分为若干个运行区，具体如下。

(1) 以保证正常供水为目标的保证运行区。

(2) 以充分利用多余水量扩大效益为目标的加大供水区。

(3) 遇枯水年降低供水量幅度以尽量减少损失的降低供水区。在运行中由库水位所在运行区决定水库的运行方式及供水量。对于发电方面，除了尽可能减少弃水、充分利用水量以外，还要十分注意利用水头的问题。

3. 兴利调度方案应包括以下内容。

(1) 当年水库蓄水及来水的预测。

(2) 进行协调后，初定各用水单位对水库供水的要求。

(3) 拟定水库各时段的水位控制指标。

(4) 制订年 (季、月) 的具体供水计划。

4. 实施兴利调度时，管理单位应实时调整兴利调度计划，并报主管部门备案。

当遭遇特殊干旱年，应重新调整供水量，报主管部门核准后执行。

(五) 控制运用

1. 水库管理单位应按照已批准的防洪和兴利调度计划，或者是上级主管部门下达的指令，实施涵闸的控制运用。执行完毕后，应向上级主管部门报告。

2. 溢洪闸须超标准运用时，应按批准的防洪调度方案执行。

3. 汛期内，除设计上兼有泄洪功能的输水涵洞可用来泄洪外，其他输水涵洞不得进行泄洪操作。

4. 闸门操作运用应符合下列要求：

（1）当初始开闸或较大幅度增加流量时，应采取分次开启的方法，使过闸流量与下游水位相适应。

（2）闸门开启高度应避免处于发生振动的位置。

（3）过闸水流应保持平稳，避免发生集中水流、折冲水流、回流、漩涡等不利流态。

（4）关闸或减少泄洪流量时，应避免下游河道水位降落过快。

（5）输水涵洞应避免洞内长时间处于明满流交替状态。

5. 闸门开启前应做好下列准备工作。

（1）检查闸门启闭状态有无卡阻。

（2）检查启闭设备、仪表是否正常运行，是否符合安全运行要求。

（3）了解闸门的开度位置及水闸内外水位情况。

（4）检查两侧闸槽内有无异物，检查闸下溢洪道及下游河道有无阻水障碍。

6. 采用计算机自动监控的水闸应根据工程的具体情况，制定相应的运行操作和管理规程。

（六）冰冻期间运用

1. 闸门防冰冻是指防止冰盖的静压力、水流的冲击力作用在闸门上；防止冰团、冰凌、冰块堵塞闸门；防止闸门活动部分与埋固部分冻结在一起，以及闸门埋固件工作表面结冰等，影响闸门在冬季的正常运行。在寒冷地区，无论露顶闸门还是潜孔闸门，在冰冻区都需要采取有效的闸门防冰冻措施，以保证闸门正常的启闭。水库管理单位应在每年11月底前制订冬季保护计划，做好防冰冻的准备工作。

2. 冰冻期间应因地制宜地采取有效的防冻措施，防止建筑物及闸门受冰压力损坏和冰块撞击。一般可采取在建筑物及闸门周围凿1m宽的不冻槽，内置软草或柴捆的防冻措施。闸门启闭前，应消除闸门周边和运转部位的冻结。

3. 解冻期间溢洪闸如须泄水，应将闸门提出水面或小开度泄水。

4. 雨雪过后应立即清除建筑物表面及其机械设备上的积雪和积水，防止设备受损。备用发电机组在不使用时，应采取防冻措施。

二、水闸的控制运用

（一）一般规定

1. 水闸管理单位应根据水闸规划设计要求和本地区防汛抗旱调度方案制订水闸控制

运用原则或方案，报上级主管部门批准。水闸的控制运用应服从上级防汛指挥机构的调度。

2. 水闸的控制运用应符合下列原则。

（1）局部服从全局，兴利服从抗灾，统筹兼顾。

（2）综合利用水资源。

（3）按照有关规定和协议合理运用。

（4）与上下游和相邻有关工程密切配合运用。

3. 水闸控制运用管理内容如下。

（1）水闸调度模式

在控制运用方法的基础上，在汛期，调度工作要由省级防汛部门对整个省的防洪调度工作负责，而在非汛期，则需要由水闸所在地市防汛部门负责。如果有防污调度相关任务，则需要由当地水务（水利）局直接向水闸单位进行调度。

（2）控制运用原则

水闸单位要按照局部服从全局、全局照顾局部的原则开展工作，保证在统筹兼顾的基础上实现本地区水资源的综合利用。同时，要按照上级批准的协议以及控制运用方式对措施进行科学的选择和应用，保证在实际工作开展中水闸能够同上下游水利工程进行密切的配合性应用。此外，水闸调度需要综合分析河道上下游等方面的需求，按照排污调污、泄洪排涝的原则进行水源排放，而在蓄水方面则需要能够对当地灌溉、工业生产及居民的日常生活进行充分考虑。

（3）控制运用指标

在水闸控制运用中，控制运用指标不仅是重要的控制条件，还是在实际工作开展中对工程安全性进行判别，保证其效益能够获得充分发挥的重要依据。在水闸调度中，用作控制条件的一系列特征水位与流量主要有上游最高、最低水位，最大过闸流量及相应单宽流量，最大水位差，正常引水流量及蓄水位。

（4）控制运用计划

在每年年初，水闸单位都需要联系控制运用指标和工程相关合理要求及具体情况，在对当地工程运用经验、历史水文规律及水情预报进行参照的基础上，上报上级单位批准实施控制运用计划。计划中包括的内容有不同时期流量、运行方式及控制水位等。

4. 水闸管理单位应根据规划设计的工程特征值，结合工程现状确定下列有关指标，作为控制运用的依据。

（1）上下游最高水位、最低水位。

（2）最大过闸流量、相应单宽流量及上下游水位。

（3）最大水位差及相应的上下游水位。

（4）上下游河道的安全水位和流量。

（5）兴利水位和流量。

5. 必须确定控制运用计划的水闸管理单位，应按年度或分阶段制订控制运用计划，报上级主管部门批准后执行。

6. 水闸的控制运用应按照批准的控制运用原则、用水计划或上级主管部门的指令进行，不得接受其他任何单位和个人的指令。对上级主管部门的指令应详细记录、复核；执行完毕后，应向上级主管部门报告。承担水文测报任务的管理单位还应及时发送水情信息。

7. 当水闸确需超标准运用时，水闸管理单位应进行充分的分析论证和复核，提出可行的运用方案，报上级主管部门批准后施行。运用过程中应加强工程观测，发现问题及时处置。

8. 有淤积的水闸应优化调度水源，扩大冲淤水量，并采取妥善的方式防淤减淤。

9. 水闸泄流时，应防止船舶和漂浮物影响闸门启闭或危及闸门、建筑物安全。

10. 通航河道上的水闸管理单位应及时向有关单位通报有关水情。

（二）各类水闸的控制运用

1. 节制闸的控制运用的要求

（1）根据河道来水情况和用水需要，适时调节上下游水位和下泄流量。

（2）当出现洪水时，及时泄洪；适时拦蓄尾水。

2. 分洪闸的控制运用的要求

（1）当接到分洪预备通知后，应立即做好开闸前的准备工作。

（2）当接到分洪指令后，必须按时开闸分洪。开闸前，应鸣笛预警。

（3）分洪初期，应严格按照实施细则的有关规定进行操作，并严密监视消能防冲设施的安全。

（4）分洪过程中，应做好巡视检查工作，随时向上级主管部门报告工情、水情变化情况，及时执行调整水闸泄量的指令。

3. 排水闸的控制运用的要求

（1）春季应控制适宜于农业生产的闸上水位；多雨季节遇有降雨天气预报时，应适时预降内河水位；汛期应充分利用外河水位回落时机排水。

（2）双向运用的排水闸在干旱季节应根据用水需要适时引水。

（3）蓄、滞洪区的退水闸应按上级主管部门的指令按时退水。

4. 引水闸的控制运用的要求

（1）根据需水要求和水源情况，有计划地进行引水；如外河水位上涨，应防止超标准引水。

（2）水质较差或河道内含沙量较高时，应减少引水流量直至停止引水。

5. 挡潮闸的控制运用的要求

（1）水应在潮位落至与闸上水位相平后开闸，在潮位涨至接近闸上水位时关闸，防止海水倒灌。

（2）根据各个季节供水与排水等不同要求，应控制适宜的内河水位，汛期有暴雨预报，应适时预降内河水位。

（3）应充分利用泄水冲淤；非汛期有冲淤水源的，宜在大潮期冲淤。

6. 橡胶坝的控制运用的要求

（1）严禁坝袋超高超压运用，即充水（充气）不得超过设计内压力，单向挡水的橡胶坝，严禁双向运用。

（2）坝顶溢流时，可通过改变坝高来调节溢流水深，从而避免坝袋发生振动。

（3）充水式橡胶坝冬季宜坍坝越冬；若不能坍坝越冬，应在临水面采取防冻破冰措施；冬季冰冻期间，不得随意调节坝袋；冰凌过坝时，对坝袋应采取保护措施。

（4）橡胶坝挡水期间，在高温季节为降低坝袋表面温度，可将坝高适当降低，在坝顶上面短时间保持一定的溢流水深。

（三）闸门操作运用

1. 闸门操作运用应符合下列基本要求。

（1）过闸流量应与下游水位相适应，使水跃发生在消力池内；当初始开闸或较大幅度增加流量时，应采取分次开启办法，每次泄放的流量应根据"始流时闸下安全水位—流量关系曲线"确定，并根据"闸门开高—水位—流量关系曲线"确定闸门开高；每次开启后须等闸下水位稳定后才能再次增加开启高度。

（2）过闸水流应平稳，避免发生集中水流、折冲水流、回流、漩涡等不良流态。

（3）关闸或减少过闸流量时，应避免下游河道水位降落过快。

（4）应避免闸门开启高度在发生振动的位置。

2. 闸门启闭前应做好下列准备工作。

（1）检查上下游管理范围和安全警戒区内有无船只、漂浮物或其他阻水障碍，并进行妥善处理。

（2）闸门开启泄流前，应及时发出预警，通知下游有关村庄和单位。

（3）检查闸门启闭状态，有无卡阻。

（4）检查机电等启闭设备是否符合安全运行要求。

（5）观察上下游水位、流态，查对流量。

3. 闸门操作应遵守下列规定。

（1）应由熟练人员进行操作、监护，做到准确及时。

（2）电动、手摇两用启闭机人工操作前，必须先断开电源；关闭闸门时严禁松开制动器使闸门自由下落；操作结束，应立即取下摇柄。

（3）有锁定装置的闸门，关闭闸门前应先打开锁定装置；闸门开启时，待锁定可靠后，才能进行下一孔操作。

（4）两台启闭机控制一扇闸门的，应严格保持同步；一台启闭机控制多扇闸门的，闸门开高应保持相同。

（5）闸门正在启闭时，不得按反向按钮；如需反向运行，应先按停止按钮，然后才能反向运行。

（6）运行时如发现异常现象，如沉重、停滞、卡阻、杂声等，应立即停止运行，待检查处理后再运行。

（7）使用液压启闭机，当闸门开启到达预定位置而压力仍然升高时，应立即控制油压。

（8）当闸门开启接近最大开度或关闭接近底板门槛时，应加强观察并及时停止运行；遇有闸门关闭不严现象，应查明原因进行处理；使用螺杆启闭机的，禁止强行顶压。

4. 闸门启闭结束后，应核对启闭高度、孔数，观察上下游流态，并填写启闭记录，内容包括启闭依据、操作人员、操作时间、启闭顺序及历时、水位、流量、流态、闸门开高、启闭设备运行情况等。

5. 采用计算机自动监控的水闸，应根据本工程的具体情况，制定相应的运行操作和管理规程。

三、现代水网的调度

现代水网的诞生是人类社会进步的产物，也是水利事业发展的结果。为解决我国部分区域供水紧张的问题，诸多跨流域调水工程相继建设。进入 21 世纪后，南水北调东线、中线工程相继完工，这不仅改变了我国水利工程的格局，还凸显了水资源网络思想。更多具有网状结构的水利工程被规划出来，大小河流、湖泊、水库、调水工程、输水渠道、供水管道等交错连接，预示着水资源系统已经步入现代化的网络时代，也奠定了现代化水网系统的工程基础。

（一）现代水网的概念

现代水网是指在现有水利工程架构的基础上，以现代治水理念为指导，以现代先进技术为支撑，通过建设一批控制性枢纽工程和河湖库渠连通工程，将水资源调配网、防洪调度网和水系生态保护网"三网"有机融合，使之形成集防洪、供水、生态等多功能于一体的复合型水利工程网络体系。以往采用单一的工程调度难以有效实现洪水资源化，而通过现代水网调度则可以扬长避短，使这种特殊的水资源在短时间内融入水资源调配体系，得到有效利用。由此可见，现代化水网调度是最大限度实现洪水资源化最根本、最重要的途径之一。

一个完整的现代化水网体系包括水源、工程、水传输系统、用户、水资源优化配置方案和法律法规六大要素，其中水源、工程、水传输系统和用户是"外在形体"，水资源优化配置方案和法律法规是"内在精神"，水资源优化配置方案是现代化水网效益发挥的关键所在。该系统所依托的工程涉及为实现水资源引、提、输、蓄、供、排等环节所建设的所有单项工程，包括饮水工程（闸、坝等）、提水工程（泵站、机井、大口井等）、输水工程（河道、渠道、隧洞、渡槽等）、蓄水工程（水库、塘坝、拦河闸坝、湖泊等）、供水工程、排水工程等所有工程网络架构，具有实现水资源最优化配置的优势。水资源优化配置方案即所有调水规则的总和。

（二）现代水网的内涵

1. 现代水网是水资源供给网络、防洪工程网络、水系生态网络的综合体。在水网系统中，供水保障体系、防洪减灾体系、生态保障体系是其构成单元，河道、渠道、水库、灌区、海堤等工程是各单元的组成要素，要素之间相互关联，充分发挥水功能、突出水生态、提升水管理、融合水信息、实现水安全、体现水景观、弘扬水文化、服务水经济，建设具有地方特色的现代水网。

2. 现代水网以统筹解决水资源短缺、水生态脆弱、水灾害威胁三大问题为目标。现代水网着重统筹解决水资源时空分布和社会需求不匹配的矛盾，解决大量洪水资源得不到利用与水资源短缺之间的矛盾，解决人水争地、人地争水造成河湖萎缩、生态恶化的矛盾。

3. 现代水网在保障防洪安全的基础上，突出生态环境的修复和改善。水资源是一切生命和生态环境演化所依赖的基本要素，"三网融合"的现代水网便是通过建立长效的生态用水保障机制，维持生态环境的良性循环，从而支撑经济社会的可持续发展的。

4. 现代水网具有水资源综合利用的多目标关联特性。现代水网通常具有供水、防洪、排涝、发电、航运、生态环境保护、观光旅游等多目标特性。同时，这些目标之间存在着相互关联、相互促进及相互竞争的关系。"三网融合"的现代水网涉及水资源、经济、社会和生态环境领域，其规划和管理的是复杂大系统的多层次、多目标决策问题。

5. 现代水网注重水利工程多功能的特点，充分发挥其综合功能、复合效益。所有水利工程都是网络的一个组成部分，其功能要着眼于它在整个网络中的地位进行通盘考虑，不能就供水说供水、就防洪说防洪、就生态说生态，不能只看局部不看整体、只看眼前不看长远，而应该在每一项水利工程的规划、设计、建设、管理等各个环节都要从总体上进行定位，要尽可能兼顾供水、生态、景观、交通、城市建设等多方面的要求，实现一渠多用、一河多用、一库多用，把人工工程和自然水系紧密结合起来。

6. 现代水网在水利建设上，要做到统一规划设计、统一建设管理、统一调度运行。在规划上，要加强顶层设计，统筹规划，把水利发展的蓝图谋划好，重点把那些在水网布局中起到关键作用的控制性水利枢纽、骨干调水工程定好位，确立其功能要求。在调度管理上，要充分利用先进的科技手段和管理手段，在防洪调度、水资源配置、生态修复上有所突破。

（三）现代水网的特征

与传统意义上的水网相比，现代水网具有六个特征：一是多功能性。现代水网集防洪、发电、供水、航运、水土保持等多种功能于一身。二是系统性。现代水网系统内各组成部分联系紧密，统一规划，统筹安排。三是安全性。现代水网在应对自然灾害时，能充分利用资源，提供可靠的工程保障体系。四是互通性。现代水网通过连通水利枢纽工程与河湖水系，实现多部门互通。五是智能性。现代水网利用先进科学技术，迈入了数字化时代，被打造成智慧水网。六是开放性。作为一个开放性系统，现代水网服务于全流域的人民群众，对外公开。

（四）现代化水网调度

现代化水网调度是指现代化水网系统中的水资源优化配置，就是在全社会范围内通过水资源在不同时间、不同地域、不同部门间的科学、合理、实时调度，以尽可能小的代价获得尽可能大的利益。对洪水资源化而言，现代化水网正好提供了一个解决水多与水少矛盾的最佳平台。在确保防洪安全的前提下，改变以往将洪水尽快排走、入海为安的做法，将其纳入整个现代化水网体系中，运用既定的水资源优化配置方案进行科学调度，逐级调配、吸纳、消化，既将洪水进行削峰、错时、阻滞，又将洪水资源进行调配、利用，一举两得。

现代水网是一个立体的系统工程，若与水行政管理统一起来，可分为省级水网、市级水网和县级水网。省级现代化水网利用大中型水库、闸坝等工程设施对水量进行调蓄，实现水资源优化配置和调度。市级现代化水网主要是实现县区间的水资源配置，根据市级自身特点，推行多样化网络构建形式，一方面，合理分配省级网络确定的外调水资源；另一方面，科学调度本市自身的各类水资源。县级现代化水网主要是实现县域范围内各部门间的水资源优化配置和调度，在工程上可不拘泥于形式，一切以水资源的优化利用为导向。各级水网均具有各自的功能与定位，着眼大局和长远利益，实现水资源的优化调度。

此外，在现代化水网调度中，水库河道联合调度尤为重要，以便在优先保障防洪安全的前提下，尽量做到雨洪资源的最大利用。

第六章　水利水电工程招投标管理

招投标是一种国际上普遍应用的、有组织的市场行为，是建筑工程项目、设备采购及服务中广泛使用的买卖交易方式。随着经济体制改革的不断深入，为适应市场经济的需要，我国从 20 世纪 80 年代初期，便率先在建筑工程领域开始引进竞争机制，目前招标与投标已经成为我国建筑工程项目，服务和设备采购中采用的最普遍、最重要的方式。《中华人民共和国招标投标法》（以下简称《招标投标法》）的颁布，标志着我国招标投标活动从此走上法制化的轨道。

第一节　水利水电工程招标

一、招标的概念

招标是指在一定范围内公开货物、工程或服务采购的条件和要求，邀请众多投标人参加投标，并按照规定程序从中选择交易对象的一种市场交易行为。

招标项目按照国家有关规定需要履行项目审批手续的，应当先履行审批手续，取得批准。

招标人应当有进行招标项目的相应资金或者资金来源已经落实，并应当在招标文件中如实载明。

招标分为公开招标和邀请招标。公开招标是指招标人以招标公告的方式邀请不特定的法人或者其他组织投标；邀请招标是指招标人以投标邀请书的方式邀请特定的法人或者其他组织投标。

招标代理是指招标人有权自行选择招标代理机构，委托其办理招标事宜。

招标代理机构是依法设立从事招标代理业务并提供服务的社会中介组织。

二、招标人的概念

招标人就是指依照法律规定提出招标项目、进行招标的法人或者其他组织。

（一）招标人必须是法人或者其他组织

法人是指具有民事权利能力和民事行为能力，并依法享有民事权利和承担民事义务的组织，包括企业法人、机关法人和社会团体法人。法人必须具备以下条件。

1. 必须依法成立

这一条件有两重含义。一是其设立必须合法，设立目的和宗旨要符合国家和社会公共利益的要求，组织机构、设立方式、经营范围、经营方式等要符合法律的要求；二是法人成立的审核和登记程序必须合乎法律的要求，即法人的设立程序必须合法。根据现行规定，企业经主管部门批准，工商行政管理部门核准登记，方可取得法人资格。有独立经费的机关从成立之日起，具有法人资格。事业单位、社会团体依法不需要办理法人登记的，从成立之日起具有法人资格；依法需要办理法人登记的，经核准登记后取得法人资格。

2. 必须具有必要的财产或经费

这是作为法人的社会组织能够独立参加经济活动，享有民事权利和承担民事义务的物质基础，也是其承担民事责任的物质保障。除法律另有规定外，全民所有制企业法人以国家授予其经营管理的财产承担民事责任，集体所有制企业法人、中外合资（合作）经营企业法人和外资企业法人以企业所有的财产承担民事责任。有限责任公司、股份有限公司均以其全部资产对公司的债务承担责任。

3. 有自己的名称、组织机构和场所

法人的名称是其拥有独立法人资格的标志，也是其商誉的载体，应包括权力机关、执行机关和监察机关等，互相配合，使法人的意思能够产生并得到正确执行。应确立一个活动中心为自己的场所，包括住所（主要为其机构所在地）。

4. 能够独立承担民事责任

在经济活动中发生纠纷或争议时，法人能以自己的名义起诉或应诉，并以自己的财产作为自己债务的担保手段。

其他组织，指不具备法人条件的组织。主要包括：法人的分支机构；企业之间或企业、事业单位之间联营，不具备法人条件的组织；合伙组织；个体工商户等。

（二）招标人必须提出招标项目、进行招标

所谓"提出招标项目"，即根据实际情况和《招标投标法》的有关规定，提出和确定拟招标的项目，办理有关审批手续，落实项目的资金来源等。"进行招标"，指提出招标方案，撰写或决定招标方式，编制招标文件，发布招标公告，审查潜在投标人资格，主持开标，组建评标委员会，确定中标人，订施工合同等。这些工作既可由招标人自行办理，也

可委托招标代理机构代而行之。即使由招标机构办理，也是代表了招标人的意志，并在其授权范围内行事，仍被视为是招标人"进行招标"。

三、实行招投标的目的

实行招标投标的目的，对于招标方（发包方）是为计划兴建的工程项目选择适当的承包商，将全部工程或其中的某一部分委托给该承包商负责完成，并且取得工程质量、工期、造价、安全文明及环境保护都令人满意的效果；对于投标方（承包方）则是通过投标报价，确定自己的生产任务和施工对象，使其本身的生产活动满足发包方及政府部门的要求，并从中获得利益的一系列活动。

四、公开招标程序

（一）招标

招标是指发包方根据已经确定的需求，提出招标项目的条件，向潜在的承包商发出投标邀请的行为。招标是招标方单独所作为的行为。步骤主要包括：确定招标代理机构和招标需求，编制招标文件，确定标底，发布招标公告或发出投标邀请，进行投标资格预审，通知投标方参加投标并向其出售标书，组织召开标前会议等。

（二）投标

投标是指投标人接到招标通知后，根据招标通知的要求填写招标文件，并将其送交招标方（或招标代理机构）的行为。此阶段，投标方所进行的工作主要包括：申请投标资格，购买标书，考察现场，办理投标保函，编制和投送标书等。

（三）开标

开标是招标方在预先规定的时间和地点将投标人的投标文件正式启封揭晓的行为。开标由招标方（或招标代理机构）组织进行，但必须邀请投标方代表参加。招标方（或招标代理机构）要按照有关要求，逐一揭开每份标书的封套，开标结束后，还应由开标组织者编写一份开标会纪要。

（四）评标

评标是招标方（或招标代理机构）根据招标文件的要求，对所有的标书进行审查和评比的行为。评标是招标方的单独行为，由招标方或其代理机构组织进行。

招标方要进行的工作主要包括：审查标书是否符合招标文件的要求和有关规定，组织人员对所有的标书按照一定方法进行比较和评审，就初评阶段被选出的几份标书中存在的某些问题要求投标人加以澄清，最终评定并写出评标报告等。

（五）决标

决标也即授予合同，是招标方（或招标代理机构）决定中标人的行为。决标是招标方（或招标代理机构）的单独行为。招标方所要进行的工作包括：决定中标人，通知中标人其投标已经被接受，向中标人发出中标意向书，通知所有未中标的投标方，并向未中标单位退还投标保函等。

（六）授予合同

授予合同习惯上也称签订合同，因为实际上它是由招标人将合同授予中标人并由双方签署的行为。在这一阶段，通常双方对标书中的内容进行确认，并依据标书签订正式合同。为保证合同履行，签订合同后，中标的承包商还应向招标人或业主提交一定形式的担保书或担保金。

五、招标文件的概念

招标文件是招标人向投标人提供的，为进行投标工作所必需的文件。招标文件的作用在于阐明需要拟建工程的性质，通报招标程序将依据的规则和程序，告知订立合同的条件。招标文件既是投标人编制投标文件的依据，又是招标人与中标承包商签订合同的基础。因此，招标文件在整个招投标过程中起着至关重要的作用。招标人应高度重视编制招标文件的工作，并本着公平互利的原则，务必使招标文件严密、周到、细致、内容正确。编制招标文件是一项十分重要而又非常烦琐的工作，应有有关专家参加，必要时还要聘请咨询专家参加。招标文件的编制要特别注意以下四个方面：①所有拟建工程的内容，必须详细地一一说明，以构成竞争性招标的基础；②制定技术规格和合同条款不应造成对有资格投标的任何供应商或承包商的歧视；③评标的标准应公开和合理，对偏离招标文件另行提出新的技术规格的标书的评审标准，更应切合实际，力求公平；④符合我国政府的有关规定，如有不一致之处要妥善处理。

六、招标文件的构成

除了招标邀请书以外，招标文件还包括：投标人须知；投标资料表；通用合同条款；专用合同条款及资料表；产品需求一览表；技术规格；投标函格式和投标报价表；投标保证金格式；合同格式；履约保证金格式；预付款银行保函格式；制造厂家授权格式；资格文件；投标人开具的信用证样本。

招标文件作为招投标工作的纲领性文件，其详细程度和复杂程度随着招标项目和合同的大小、性质的不同而有所变化。一般来讲，招标文件必须包含充分的资料，使投标人能够提交符合采购实体需求并使采购实体能够以客观和公平方式进行比较的投标。大体上招标文件应包含的内容通常有三类：一类是关于编写和提交投标书的规定，包括招标通告、投标须知、投标书的形式和签字方法等；另一类是合同条款和条件，包括一般条款和特殊条款、技术规格和图纸、工程量的清单、开工时间和竣工时间表及必要的附件，比如各种保证金的格式等；第三类是评标和选择最优投标的依据，通常在投标须知中和技术规格中明确规定下来。

七、招标公告应载明的内容

招标公告应当载明招标人的名称和地址、招标项目的性质、数量、实施地点和时间，以及获取招标文件的办法等事项。

招标公告的主要目的是发布招标信息，使有兴趣的供应商或承包商知悉，前来购买招标文件、编制投标文件并参加投标。因此，招标公告包括哪些内容，或者至少应包括哪些内容，对潜在的投标企业来说是至关重要的。一般而言，在招标公告中，主要内容应为对招标人和招标项目的描述，使潜在的投标企业在掌握这些信息的基础上，根据自身情况，做出是否购买招标文件及参与投标的决定。

招标公告应具备以下内容。

1. 招标人的名称和地址。

2. 招标项目的性质、数量、实施地点和时间。①招标项目的性质，指项目属于基础设施、公用事业的项目，或使用国有资金投资的项目，或利用国际组织或外国政府贷款、援助资金的项目；是土建工程招标，或是设备采购招标，或是勘察设计、科研课题等服务性质的招标。②招标项目的数量，指把招标项目具体地加以量化，如设备供应量、土建工程量等。③招标项目的实施地点，指材料设备的供应地点、土建工程的建设地点、服务项目的提供地点等。④招标项目的实施时间，指设备、材料等货物的交货期，工程施工期，服务项目的提供时间等。

3. 获取招标文件的办法。指发售招标文件的地点、负责人、标准，招标文件的邮购地址及费用，招标人或招标代理机构的开户银行及账号等。

第二节　水利水电工程投标

一、投标人的概念

投标人是响应招标、参加投标竞争的法人或者其他组织。依法招标的科研项目允许个人参加投标的，投标的个人适用本法有关投标人的规定。

招标公告或者投标邀请书发出后，所有对招标公告或投标邀请书感兴趣的并有可能参加投标的人，称为潜在投标人。那些响应招标并购买招标文件，参加投标的潜在投标人称为投标人。这些投标人必须是法人或者其他组织。

所谓响应招标，是指潜在投标人获得了招标信息或者投标邀请书以后，购买招标文件，接受资格审查，并编制投标文件，按照投标人的要求参加投标的活动。

参加投标竞争，是指按照招标文件的要求并在规定的时间内提交投标文件的活动。投标人可以是法人也可以是其他非法人组织。

按照《招标投标法》规定，投标人必须是法人或者其他组织，不包括自然人。但是，考虑到科研项目的特殊性，本条增加了个人对科研项目投标的规定，个人可以作为投标主体参加科研项目投标活动。这是对科研项目投标的特殊规定。

招标投标制作为市场经济条件下一种重要的采购及竞争手段，在科学技术的研究开发及成果推广中也越来越多地为人们所采用。长期以来，我国的科技工作主要是依靠计划和行政的手段来进行管理的，从科研课题的确定，到研究开发、试验生产直至推广应用，都是由国家指令性计划安排。国家用于发展科学技术事业特别是科研项目的经费，主要来自财政拨款，并且通过指令性计划的方式来确定经费的投向和分配。科研项目及其经费的确定，往往是采用自上而下或自下而上的封闭方式，这一做法在计划经济体制下曾经发挥重大的作用，但已不再适应当前市场经济体制的要求。科研单位缺乏竞争意识和风险意识，不仅在决策上具有一定的盲目性，而且在具体实施过程中，还存在着项目重复、部门分割、投入分散、信息闭塞、人情照顾等弊端，使有限的科技资源难以发挥最优的功效。

二、投标人应注意的事项

投标人购买标书后，应仔细阅读标书的投标项目要求及投标须知。在获得招标信息，同意并遵循招标文件的各项规定和要求的前提下，提出自己的投标文件。

投标文件应对招标文件的要求做出实质响应，符合招标文件的所有条款、条件和规定且无重大偏离与保留。

投标人应对招标项目提出合理的价格。高于市场的价格难以被接受，低于成本报价将被作为废标。因唱标一般只唱正本投标文件中的"开标一览表"，所以投标人应严格按照招标文件的要求填写"开标一览表""投标价格表"等。

投标人的各种商务文件、技术文件等应依据招标文件要求备全，缺少任何必需文件的投标将被排除在中标人之外。一般的商务文件包括资格证明文件（营业执照、税务登记证、企业代码，以及行业主管部门颁发的等级资格证书、授权书、代理协议书等）、资信证明文件（包括保函、已履行的合同及商户意见书、中介机构出具的财务状况书等）。

技术文件一般包括投标项目施工组织设计及企业相关资料等。

除此之外，投标人还应有整套的售后服务体系、其他优惠措施等。

上述是投标人投标时制作投标文件应注意的基本问题。投标人另外还需按招标人的要求进行密封、装订，按指定的时间、地点、方式递交标书，迟交的投标文件将不被接受。

投标人应以合理的报价、优质的产品或服务、先进的技术、良好的售后服务为成功中标打好基础。而且投标人还应学会包装自己的投标文件。标书的印刷、装订、密封等均应给评委以良好的印象。

三、投标人应当如何编制投标文件

（一）投标人应当按照招标文件的要求编制投标文件

投标文件应当对招标文件提出的实质性要求和条件做出响应。

（二）投标人要到指定的地点购买招标文件，并准备投标文件

在招标文件中，通常包括招标须知，以及合同的一般条款、特殊条款、价格条款、技术规范及附件等。投标人在编制投标文件时必须按照招标文件的要求编写投标文件。

（三）投标人应认真研究、正确理解招标文件的全部内容，并编制投标文件

投标文件应当对招标文件提出的实质性要求和条件做出响应。"实质性要求和条件"是指招标文件中有关招标项目的价格、项目的计划、技术规范、合同的主要条款等，投标文件必须对这些条款做出响应。这就要求投标人必须严格按照招标文件填报，不得对招标文件进行修改，不得遗漏或者回避招标文件中的问题，更不能提出任何附带条件。投标文件通常可分为一下三种。

1. 商务文件

这类文件是用以证明投标人履行了合法手续及使招标人了解投标人商业资信、合法性

的文件。一般包括投标保函、投标人的授权书及证明文件、联合体投标人提供的联合协议、投标人所代表的公司的资信证明等，如有分包商，还应出具资信文件供招标人审查。

2. 技术文件

如果是建设项目，则包括全部施工组织设计内容，用以评价投标人的技术实力和经验。技术复杂的项目对技术文件的编写内容及格式均有详细要求，投标人应当认真按照规定填写。

3. 价格文件

这是投标文件的核心，全部价格文件必须完全按照招标文件的规定格式编制，不允许有任何改动，如有漏填，则视为其已经包含在其他价格报价中。

招标项目属于建设施工的，投标文件的内容应当包括拟派出的项目负责人与主要技术人员的简历、业绩和拟用于完成招标项目的机械设备等。这样的规定有利于招标人控制工程发包以后所产生的风险，保证工程质量，因为项目负责人和主要技术人员在项目施工中起到关键的作用，而机械设备是完成任务的重要工具，这一工具的技术装备直接影响了工程的施工工期和质量。所以，在本条中要求投标人在投标文件中要写明计划用于完成招标项目的机械设备。

四、投标书的编制

（一）投标的语言

投标人提交的投标书及投标人与买方就有关投标的所有来往函电均应使用"投标资料表"中规定的语言书写。投标人提交的支持文件的另制文献可以用另一种语言，但相应内容应附有"投标资料表"中规定语言的翻译本，在解释投标书时以翻译本为准。

（二）投标书的构成

投标人编写的投标书应包括以下四部分：①按照投标人须知的要求填写的投标函格式、投标报价表；②按照投标人须知要求出具的资格证明文件，证明投标人是合格的，而且中标后有能力履行合同；③按照要求出具的证明文件，证明投标人提供的货物及其辅助服务是合格的货物和服务，且符合招标文件规定；④按照规定提交的投标保证金。

（三）投标函格式

1. 投标人应完整地填写招标文件中提供的投标函格式和投标报价表，说明所提供的货物、货物简介、来源、数量及价格。

2. 为便于给予国内优惠，投标书将分为以下三类。

A 组：投标书提供的货物在买方本国制造，其中要求：来自买方本国劳务、原材料、部件的费用占出厂价的 30% 以上；制造和组装该货物的生产设施至少从递交投标书之日起已开始制造或组装该类货物。

B 组：所有其他的从买方本国供货的投标。

C 组：提供要由买方从国外直接进口或通过卖方的当地代理进口的外国货物。

3. 投标分类

为了便于买方进行以上分类，投标人应填写招标文件中提供的相应组别的投标报价表，如果投标人填写的投标报价表不是相应组别的投标报价表，其投标书不会被拒绝，但是买方将把其投标书归入相应类别的投标组别中。

第三节　投标人资格预审

一、投标资格审查的方式及规则

投标人是响应招标、参加投标竞争的法人或者其他组织。投标人应当具备承担招标项目的能力，国家有关规定对投标人资格条件或招标文件对投标人资格条件有规定的，投标人应当具备规定的资格条件。投标人资格审查是由招标人、招标代理机构、评标委员会根据资格审查的不同方式发起的对上述资格条件进行审查，其最终目的是通过审查方式筛选出符合国家规定资格或招标文件要求资格的合格投标人，保障项目评标委员会能够在具备承揽该项目资质条件的投标人中优选，评出最佳投标人。资格审查是中标人选择的必经程序，是评、定标前的关键环节。

（一）资格审查的方式

根据招标文件相关要求不同，投标人资格审查方式可分为资格预审、资格后审两种方式。资格预审是招标人通过发布资格预审公告，向不特定的潜在投标人发出投标邀请，由招标人或者由其依法组建的资格审查委员会按照资格预审文件确定的审查方法、资格条件及审查标准，对资格预审申请人的经营资格、专业资质、财务状况、类似项目业绩、履约信誉等条件进行评审，以确定通过资格预审的申请人。未通过资格预审的申请人，将不具有投标的资格。资格预审的方法包括合格制和有限数量制。一般情况下应采用合格制，潜在投标人过多的，可采用有限数量制。

资格后审是在开标后由评标委员会对投标人进行的资格审查。采用资格后审时，招标人应当在开标后由评标委员会按照招标文件规定的标准和方法对投标人的资格进行审查。

资格后审是评标工作的一个重要内容。对资格后审不合格的投标人，评标委员会应否决其投标，其将判定为不具备中标资格。

（二）资格预审标准设定规则

法人或其他组织响应招标、参加投标竞争，是成为投标人的一般条件。要成为合格投标人，还必须满足两项资格条件：一是国家规定的对不同行业、不同主体的投标人的一般资格条件；二是招标人根据项目本身要求，在招标文件或资格预审文件中规定的投标人的特定资格条件。面对当前招投标领域监管日益严峻，投标人法治理念、维权意识不断增强，投标人资格审查投诉纠纷不断上升的趋势下，投标人资格审查条件设定、资格审查程序运用是引发投诉纠纷的关键所在。

1. 法定强制规则

投标人资格审查首要条件为法定规则。简单地讲，投标人资格审查应具备的资质条件以合法资质要求为根本，违法资质条件不应作为资格审查设定标准。在依法必须招标的工程建设项目及与建设相关的货物、服务项目中，因其全部或部分项目实施涉及公共安全性、社会稳定性、国家信用等重要因素，其服务商资格条件必然要求符合国家法定资质要求。

2. 科学适用规则

投标人资格审查标准设定必须符合科学适用性规则。资格审查标准是为满足项目实际需求，招标人依据国家及项目要求而设定的投标企业质量、人员技能要求、商务履约的综合性基本标准。在满足国家法定强制要求条件下，更要起到项目实际履行的服务质量保障、合同商务履行保障作用。因此，项目资格审查中设立的标准包括企业施工服务资质标准、履约能力标准、业绩验收标准等系列内容，其目的仍是以达到项目实际需求为根本目标。一旦违反项目科学适用原则，标准设计过高或标准设计过低，与项目实际需求脱节，极易造成投标商数量不足或投标商数量过多。

（三）资格审查标准执行规则

宝剑配英雄，方能仗剑走天涯。规则与运行，是实现结果的两大不可缺的关键因素。

依法使用是前提。依据项目法定属性，按照项目招标方式，依法确定资格审查方式。国家法定的工程建设及与建设相关的货物、服务项目，采用公开招标方式的，资格预审方式为首选。这主要是因为国家法定招标项目的公共利益性、社会影响性，尤其涉及国有资本支出与使用的招标项目，为保障工程服务达到质量标准、履约标准、运营安全标准。因此通过建立资格预审委员会，结合项目法定资格条件，严格执行资格预审标准无疑是最经济、最高效、最规范的选择。这一点在企业自主招标采用公开招标方式时，面对供大于求、投标人众多的买方市场，无疑是最佳选择。采用经审批的邀请招标方式的项目，资格审查则可根据项目需求，采用资格后审方式进行。无论何种方式选择均需要依据《招标投标法》及其实施条例相关条款要求由特定人员执行，而非随意指定人员进行。如采用资格预审方式的由资格预审委员会执行资质审查权，采用资格后审方式的由评标委员会执行资格审查权；资格审查标准制定与执行权限法定划分，如资格审查标准制定权由招标人享有，资格审查委员会、评标委员会只享有执行权。

资格审查应严格按照既定的资格评审标准平等对待每一位潜在投标人、投标人。审查时使用资格标准不以潜在投标人、投标人外部条件、实际客观条件为限，仅对潜在投标人、投标人提交的资格预审文件、投标文件资质要件等书面文件的展现内容，进行统一审核（不受企业内在的实际经营现象干扰，仅对书面形式审核要公平，简称"对象公平"）；资格审查标准应严格按照既定标准执行，不得通过变通、误读、曲解等方式达到变更既定标准之目的（指资格预审委员会、评标委员会仅享有执行权而无修订、解释权，避免出现尺度不一情况，简称"标准公平"）。资格审查实施赋予每位潜在投标人、投标人平等澄清权，资格审查委员会、评标委员会享有同一问题条件下平等处理义务，发现资质审查过程中存在前后表述不一致、影响正常评定情况下，每位潜在投标人、投标人均享有平等澄清权（简称"权利义务公平"）。

资格审查作为招标人为保证项目实施符合国家、项目质量及履行标准强制要求而实施的强制程序，其资格审查的内容以符合项目需求为根本，避免出现资质要求过低和资质要求过高的情况。

我国当前经济发展已从高速发展阶段进入高质发展阶段，市场经济环境日趋向稳，规范、健康、科学的市场竞争环境正逐步走向完善。国内市场经济体制建设规范化与国际市场运行规律科学化的要求，必然让企业对外经济往来更加规范、高效。随着国有资本做大做强、深化国有企业改革、打破市场垄断、实现市场化资源配置的一系列要求，资格审查意义重大、作用关键，标准制定与标准执行是资格审查能否成功的关键环节，也是投标群体利益聚集点。

在全面推进依法治国的国家方略下，招投标领域的监管将不断从形式化向实体化转变，标准将从合格向优秀提升，从严管理将成为常态化。"为政之要，惟在得人"。资格审查标准制定者与执行者法治素养则显得尤为重要。"公生明、廉生正"，资格审查标准制定者与执行者要有依法控权的自觉，从思想上信仰法治，从行动上践行公平，遵从市场竞争法律规范。

二、投标人资格审查方式分析及应用建议

在项目招标流程中，对投标人的资格审查是不可或缺的一个重要阶段。资格审查方式包括资格预审和资格后审，两种资格审查方式各有优点和缺点，分别适用于不同类型的招标项目。招标人或招标代理机构应当对资格预审和资格后审进行充分的对比分析，并在实际的招标项目中选择恰当适用的资格审查方式。

（一）资格预审

资格预审，指的是招标人在发布招标公告或投标邀请之前，先行发布资格预审公告，向不特定的潜在投标人发出资格预审邀请，并在收到资格预审申请人的响应之后，由招标人或者由其依法组建的资格审查委员会按照资格预审文件确定的资格审查方式，对资格预审申请人的资格条件进行评审，最终确定通过资格预审的申请人。资格预审在大型、技术复杂或者潜在投标人数量较多的项目招标中具有明显的优势。

1. 减少投标人的数量，降低评标工作量，避免不合格潜在投标人的无效劳动

通常情况下，投标人数量越多，评标工作的强度就越大，招标的成本也就越高。实施资格预审，可以提前淘汰不合格的潜在投标人，使之不能进入投标阶段，从而降低评标强度和费用，降低社会成本。资格预审对那些不具备投标资格的潜在投标人也是有利的，可以使他们及时退出没有中标希望的招标活动，避免投入过多的无效劳动。

2. 避免履约能力不佳的潜在投标人中标，降低履约风险

投标报价是非常重要的竞争力因素，一个履约能力欠佳的投标人如果报价适当，有可能获得较高的价格分，并最终以总分优势中标，这样一来，招标人在合同执行阶段将面临很高的风险，包括但不限于中标人偷工减料带来的质量下降和安全风险，中标人以较低的投标报价谋取中标后又以各种方式抬高结算价格，导致招标人投资预算失控，等等。实施资格预审，可以减少潜在投标人数量，确保进入投标阶段的都是已证明确有能力执行特定的质量标准的潜在投标人，所以，对潜在投标人实施资格预审可以防范合同执行阶段可能发生的风险。资格预审通常适合大型、技术复杂项目的招标。

（二）资格后审

资格后审，顾名思义，是在开标后进行的资格审查，这也是应用较多的一种资格审查方式。执行资格后审的是评标委员会，审查的依据是招标文件规定的资格审查标准和方法。有些招标项目是不设置资格预审的，因而，资格后审就成为评标阶段的一项重要内容。资格后审常用于技术难度不高、潜在投标人数量有限、通用型或标准化的招标项目。

1. 避免招标人排斥潜在投标人

如果招标人有意排斥部分潜在投标人，那么对资格预审的滥用就是其常用手段之一。比如，招标人可以在资格预审文件中设置明显过高、过于苛刻的资质等级要求或者与招标项目的实际要求不相符的各种条件，达到排斥部分潜在投标人的目的。也可能反过来，为某个或某几个潜在投标人"量身定制"资格预审标准，达到排斥其他潜在投标人的目的。采用资格后审对此有明显的改善效果。

2. 防止投标人信息被泄露，防范串通投标

采用资格后审，可以避免潜在投标人的数量、身份，以及其他敏感信息在投标之前即处于公开状态，也可以避免实际投标人数量过少，从而降低招标人和投标人之间、投标人和投标人之间串通投标的可能性。

3. 减少招标时间，降低招投标费用，有利于压缩工程工期和成本

招标制度的核心价值之一是解决价格问题。很多项目工期紧迫，中标人在竣工时间不变的大前提下，只得对工期进行压缩，这就推高了赶工成本。在这种情况下，投标人出于自身利益的考虑，必然会将赶工成本追加进投标报价中，从而推高了最后的中标价，实际上弱化了招投标机制的核心价值。

资格预审和资格后审各有利弊。从减少投标人数量、降低评标工作量、避免不合格的潜在投标人的无效劳动、避免履约能力不佳的企业中标及从符合国际惯例的角度考虑，宜采用资格预审。从避免招标人排斥潜在投标人、降低串通投标的可能性、防止投标人信息泄露的角度，以及从控制招标周期、降低社会成本的角度来看，资格后审具有明显的优势。

第四节　投标文件的编制

一、投标文件编制前的准备工作

（一）取得招标信息

及时定期关注招投标信息网站，获取能够满足投标单位资质业绩及人员资质业绩的招标信息，认真阅读招标信息（资格预审文件）所提供的各项资料，并分析此次投标的工程地点对投标单位是否有利；投标成本是否在投标单位的预算之内；投标关键节点时间投标单位能否安排妥当及投标能够带来的利益等多方面考虑是否参加本次投标。

（二）确定参加投标，准备资料

经分析投标单位各项指标都能够达到招标信息（资格预审文件）要求，有资格预审要求

的招标项目。投标单位要根据资格预审文件中投标人须知、合同通用及专用条件、评标办法及资格预审申请文件格式等信息，编制详细的资格预审申请书。在资格预审申请书中重点点明投标单位亮点及优势等有利于通过资格预审的优越条件，确保能够通过资格预审。

（三）通过资格预审，取得招标文件

投标单位有了投标资格（无资格预审要求的招标项目，投标单位可直接进入投标阶段），得到招标文件之后的首要工作就是组建编制投标文件班子成员，且认真细致地研究招标文件，领会招标文件的要求和内容，这样才能熟悉掌握招标文件，才可以更好、更严密地安排投标文件的编制工作。

（四）着重研究招标文件

投标单位首先应注意招标公告，再重点注意招标文件中投标人须知部分，因为这部分内容是招标人要给投标人传递最基础、最重要的信息文件，主要包括招标人信息、投标代理人信息、项目建设地点、招标内容（招标工程的详细施工内容和范围）、工期、质量要求、技术标准和要求、投标单位资质要求、投标单位人员执业资格，以及相关业绩要求、投标保证金事项、投标阶段招标答疑时间、投标截止时间等重要时间安排；其次，还要注意评分标准，评分标准部分是对递交的投标文件最直接的分值划分说明；最后，要特别注意的是投标文件的组成部分，应严格按照招标文件中投标文件组成的要求完善编制投标文件，避免因提供的资料不全面或者格式不规范没有引用招标文件格式等而被作为废标处理。

（五）进行现场各项调查及研究

投标单位在组织投标班子研究招标文件时，投标人还必须配备高质量、强能力的调查研究组，即对招标工程项目所在地的自然条件、经济状况和社会条件等进行调研，包括工程施工项目所在地的各项经济及人力和财力状况。综合评价一下影响工程的因素是不是满足施工的各项要求和标准，以及在施工中应该考虑的风险因素。环境考察（如地质情况、地形地貌的明显特征、水文气象、气候条件因素、交通是否达到使用标准、水电通信是否能够正常使用等其他资源情况）、工程项目的招标方及参与投标的竞争对手的调查（如参加现场踏勘与标前会议了解实项目的资金到位情况、参加投标竞争的其他公司各项情况等）都和工程施工紧密联系，了解不全面或者控制措施不当等都会影响到工程的实际成本及投标报价的高低，都是投标报价中必须且慎重考虑的，所以在投标前必须了解清楚，正确平衡报价。正所谓知己知彼才能百战不殆。

二、投标文件的编制内容

（一）商务资信部分的编制

投标单位在编制商务资信部分时，要对企业的资质信息较为了解，能够正确地在投标文件中插入资质资料，确保图片的清晰度及证书在有效期限内能够正常使用。企业的财务报表要熟悉，能够正确填写财务状况情况并附资信证明及经会计事务所或其他审计机构审计过的财务报表中的资产负债表、现金流量表、利润表等相关证明。企业的施工业绩（合同额、项目特征、工程特性、施工年限要求等）包括已经完工的业绩要有业主开具的完工证明或者竣工报告，正在施工的业绩要有中标通知书和合同协议书，能够响应招标文件的要求，严格按照招标文件中的评标办法收集得分率高的业绩。配备适宜的组织管理机构，根据投标项目的具体情况，配备不同数量和技术的人员。并保证人员的执业资格（身份证、毕业证、职称证、岗位证、资格证、工作年限、工作经历、专业能力、人员素养等）满足招标文件要求，还有企业的荣誉和奖项都要在商务资信部分体现出来，以及拟投入项目人员的社保缴纳情况一定要具备社保局和医保局的相关证明。施工单位还应该将"信用中国""中国裁判文书网"、被执行记录等，在不同的网站上的查询截图也加入投标文件。

（二）施工组织设计部分的编制

在编制施工组织设计前，要充分了解投标项目所在地的环境特征及地理位置，根据其季节特征和施工内容进行合理的安排施工进度，确保进度计划的合理性和科学性，工期合理，能够在招标文件要求的时间内按时完成，在资源及各项条件充足的情况下，也可提前完工，则更是一大亮点。

施工方案的编制应合理，施工组织设计完整、科学、严密并具有相应的保证措施。施工技术方案的编制还要充分考虑当地的劳动力及物资的供应情况，不同的施工技术方案所需要配合的人材机也是不一样的，因此，在编制施工方案的时候要根据施工现场的实际情况及投标项目施工的工程内容和主要的工程量确定。投标人的质量管理体系健全，并且具有可行性的质量保证措施。防止质量通病的措施及满足施工要求的质量检测设备。有较为周密的施工安全保证体系及针对性的安全预防措施，有环境保护体系与相应的措施。施工所要配备的设备数量要能保证顺利施工，配备的实验及检测仪器要满足国家标准，有相应的合格及使用证书。

工期的合理制定及环保和水保达到国家要求的标准，都是施工组织设计中不可或缺的，如果再加上控制成本、有效降低成本的措施，则更加有吸引力。

施工组织设计中还要将进度计划排列合理，用清晰完整的进度图展现整个工程的计划及工期，最好能让人眼前一亮，在评标时也具有优势。现场拟投入的设备具有详细的清单，均能够满足工程使用，拟投入的人员要有相应的资格，并且持证上岗，保证工程的质量和安全，对于分包项目要严格核查其资质，保证分包单位能够在工程的质量和安全及进度满足合同的要求。

（三）投标报价部分的编制

投标报价部分是投标人对招标文件中招标工程施工所要发生的各项费用的计算。在进行投标报价计算时，首先根据招标文件中提供的资料及现场踏勘情况。进行复核或核算招标文件中提供的工程量，确保报价时能够平衡单价。

投标报价部分在投标文件中起着非常重要的作用，它主要根据编制依据、取费标准、计算依据和计算数量，按照招标文件中提供的工程量清单结合实际现场情况、施工图纸、招标文件及相关的造价文件的规定进行编制。投标报价中工程量清单里的工程单价还要反映的主要内容有人工费、材料费、机械费、管理费、利润、税金，以及一定的风险费等，其中人工费是根据施工项目所在地在定额中被划分的区域，以及该工程的工程特性提取相关数值，计算出工长、高级工、中级工、初级工的费用。机械费按照当地的定额要求取费，机械费的组成包括一类费和二类费。一类费主要为折旧费（是指在机械设备寿命期内收回原值的台时折旧摊销费用）、修理及替换设备费（是指机械设备在使用过程中，为了能够使机械设备正常使用所需要的修理费用）、安装拆卸费（机械的正常安装及正常拆卸所需的费用）。二类费主要为机械在正常的施工使用时所要消耗的其他费用，包括机械设备操作人员的人工费用、机械正常施工使用时消耗的动力、燃料或其他消耗材料等。材料费要根据投标当时施工项目所在地的市场价进行调整，在报价前要到施工项目所在地询价，主要材料的价格要正确掌握，因材料价格的高低会直接影响到投标报价的高低及成本的管控，管理费和利润按照企业或者定额推荐的要求提取，税金则按照最新出台的文件提取。投标人如果要调整报价总额，应该反映在各分项表中。投标报价汇总表的数据应是其他分项表中数据的总和，不能只在总价中调整。最后要根据招标文件中投标文件的格式一一对应检查，对工程量清单中的序号、项目名称、计量单位、工程量对照一致，工程量清单中的项目单价要和单价汇总表及单价计算表一致，并根据工程数量算出合价，并且要确保均已填写，否则对投标人是不利的。因招标文件中会规定未填写的单价和合价视为包括在工程量清单中的其他单价和合价中。当然还有措施项目清单、其他项目清单及零星工作项目清单等都要按照招标文件的要求进行编制，只能增加附页，不可改变格式要求。大型的水利枢纽类的招标文件清单中还包括了机电设备和安装工程量清单、机电设备工程量清单，这部分内容更要充分考虑中标以后供应厂家的选择，结合项目成本选择出性价比较高的供应合作商，并且能够在投标阶段就充分了解设备的性能及设备价格和安装的费用。还要检查造价师签字盖章是否符合招标文件要求、是否有计算错误或者漏项等情况。

投标策略的正确判断不仅能够提高中标率，还在某些方面能够降低成本，提高利润。比如，可以提高报价的几种情况有：能够早日结账的项目可以提高报价；经过现场勘测，预计今后在施工中工程量可能会增加的项目可以提高报价；工程所在地的施工条件较差的项目可以提高报价；有特殊要求的或者工期紧的项目可以提高报价；投标时竞争对手较少或者经核查工程款支付不理想的项目可以提高报价。可以降低报价的几种情况有：施工所在地的施工条件较好，工作内容也简单，工程量很大，则可以降低报价；在工程所在地附近的工程面临结束，大型的机械设备无工地转移时，可降低报价；投标时竞争对手较多时，可以降低报价；投标工程工期较为宽松或者支付条件较为理想的项目，可以降低报价。

投标的取胜办法还有其他很多种，包括：①企业的良好信誉；②报价较低（不低于成本）；③缩短合同约定的工期；④施工方案新颖；⑤新技术、新设备、新工艺。所以，正确的投标策略有时候不仅能够有效降低成本，而且可能会得到更大的利润空间，故能够正确体现投标策略也是投标中的一大技巧。

三、水利工程投标文件编制工作的具体流程

（一）购买招标文件

在投标工作开始之前，应先准确购买招标文件，以投标单位实际需求选择合适的招标文件，从而稳定投标单位后续工作方向。招标文件作为投标单位的首要工作之一，相关购买人应充分了解投标单位的具体优势，根据单位自身强项施工技术选取合适的招标项目，进而提高投标单位施工质量，发挥技术长处，实现企业的良好效益。同时，在竞争招标时，应科学规避实力较强的对手，充分了解对手情况，以此制定合理的投标战略。

（二）研究招标文件

招标文件作为投标编制工作的重要引导，是编制内容严格遵守的依据与原则。因此，在进行投标编制工作之前，应充分了解招标文件具体内容，派遣专业人士掌握文件实际信息，了解招标内部各项规则，包含工程概况、名称、质量、合同编号、开标地点、物料清单等。另外，针对性开展招标内容重点方向研究，将招标内容多种可能性逐一举例，以此保障招标文件信息质量，为后续投标编制工作奠定良好铺垫。

（三） 实际现场考察

在编写投标文件之前，应及时进行实际现场考察，以招标文件资料为主展开现场勘测，进而保障投标报价及施工方案，为投标文件编制工作奠定有效参考。在实际现场考察当中，主要勘测施工区的水文、地质、地形、气候；现场的电网、占地、水网、交通；建材的质量、价格、场地、运距，以及市场物价平均消费、社会经济状况、治安管理等情况。进而保障考察工作的全面性，为后续投标文件编写提供有力依据。

（四） 投标文件的编写

投标文件的编写作为项目施工的基础保障，其方向主要分为商务标与技术标两种。商务标以工程报价为主，在进行报价前，首先要了解水利项目的最新定额与项目单价分析单，以此保障商务标编写质量，满足项目实际需求。技术标以施工设计为主，是一种用来表明施工过程技术、组织、经济的综合性文件，进而实现科学合理的投标编写，为水利项目实际施工提供有力依据。

（五） 审核投标文件

投标文件上交之前，应对其进行充分审核，仔细检查内部信息，核对现场实际需求，尽可能杜绝影响投标文件错误的出现，以此保障投标编制质量，实现稳定的投标招标活动，为具体施工提供有力依据。在投标编制工作过后，至少要派遣两人进行分流审核，逐一校对，尤其针对重点项目，校对过后再交上级领导进行二次复审，以此保障投标文件内容质量。同时，在审核投标文件期间，对其内容应做好汇总工作，将目录信息编制在内，核对是否存有页码不清、错印、漏印等现象，核对无误后盖章、装订。

四、做好水利工程施工投标文件编制的措施

（一） 合理选用招标文件范本

水利工程建设具有周期长、规模大、地质条件复杂等特点。因此，要实现良好的水利施工投标、降低工程项目投资、提高项目收益就要在投标编制上进行多方研究，以此实现水利项目的整体提升。投标编制工作质量往往取决于招标文件内容，因此对于招标文件的范本选用就尤为重要。相关企业应不断完善招标文件范本，提高范本内容质量，将企业优势特点代入其中，以此为基础选择合适的项目招标，进而提高水利项目整体质量，为投标编制工作提供良好参考。同时，在制作投标文件时，必须了解项目的具体施工特性，选择

与其相近的招标文件范本，以此优化招标内容条款，规范招标活动方向，为投标的质量编写提供有力依据，进而实现双方公平、公正、公开的合作关系。

（二）正确处理好工程量清单与其他文件间的关系

在进行投标文件编制工作时，首先要充分了解编写的具体内容，尤其针对工程量清单。工程量清单作为水利项目物资设备的总体投入，对项目质量、效益具有关键影响。虽然工程清单不作为单独文件，但是对于企业标价计算、单位投标评审、施工企业优选等具有重要作用，是其关键性文件之一。因此，在编写投标文件时，要争取处理好工程量清单与其他文件间的关系，充分表明表单单位、数据、格式，严格针对招标现场实际清单进行逐一对比，进而提高工程清单质量，使其发挥应有的作用，完成高质量投标文件编制工作。另外，水利施工项目现场工具材料繁多，良好的工程量清单可以有效地提高物资材料现场应用，降低物资损耗，进而提高建筑工程质量。同时，在制作投标文件编制时，要避免工程量清单与其他资料出现内容重复等问题，以此提高工程量清单真实性，使投标文件编制取得跨越式提升。

（三）准确确定承包方式

大多数水利工程项目都存在周期性长、施工内容多、工程设计复杂等特点，加之从组建到施工时间过短，由此导致工程开工准备不全，缺少相应设备，难以发挥投标编制的准确应用。在具体施工之前，首先要准确确定承包方式，尤其对于地形过度复杂的水利项目，充分调查承包方具体实力，考查承包方前期施工内容，并展开逐一评估，选取符合实际现场需求的承包方进行施工工作，进而完善施工流程，巩固施工质量，对发包方和承包方提供有力保障。同时，承包方式要选择多样化、范围广，不仅要选取适用于目前项目的承包方式，更要选择利于后续施工的承包模式，进而完成承包方的准确利用，实现投标编制内容的具体工作，为项目企业发展提供良好帮助。

由此可见，工程投标的编制工作对水利工程项目具有重要影响。相关企业应准确了解投标编制的重要性，合理选用招标范本、正确处理投标编制内容、准确确定承包方式，才能从根本上提高水利项目施工质量，加强投标编制工作流程，进而发挥投标编制应有的作用，为企业长久发展奠定有力基础。

第七章　水利工程安全管理

近年来，水利施工企业的安全生产水平虽然有了很大的提高，但在工程建设过程中，时有人身伤亡事故、机械损坏事故的发生。而这些事故的发生多数是由违规操作和管理缺陷造成的。因此，提高对施工安全风险的认知能力，加强对现场的安全管理，落实各项安全技术规程、规范和标准，是保证安全效果的关键。

第一节　水利工程施工安全管理

一、安全生产事故的应急救援

（一）基本概念

1. 应急预案

应急预案是指针对可能发生的事故，为迅速、有序地开展应急行动而预先制订的行动方案。

2. 应急准备

应急准备是指针对可能发生的事故，为迅速、有序地开展应急行动而预先进行的组织准备和应急保障。

3. 应急响应

应急响应是指事故发生后，有关组织或人员采取的应急行动。

4. 应急救援

应急救援是指在应急响应过程中，为消除、减少事故危害，防止事故扩大或恶化，最大限度地降低事故造成的损失或危害而采取的救援措施或行动。

5. 恢复

恢复是指事故的影响得到初步控制后，为使生产、工作、生活和生态环境尽快恢复到正常状态而采取的措施或行动。

6. 综合应急预案

综合应急预案是从总体上阐述处理事故的应急方针、政策，应急组织结构及相关应急职责，应急行动、措施和保障等基本要求和程序的预案，是应对各类事故的综合性文件。

7. 专项应急预案

专项应急预案是针对具体的事故类别（如煤矿瓦斯爆炸、危险化学品泄漏等事故）、危险源和应急保障而制订的计划或方案，是综合应急预案的组成部分，应按照综合应急预案的程序和要求组织制定，并作为综合应急预案的附件。专项应急预案应制定明确的救援程序和具体的应急救援措施。

8. 现场处置方案

现场处置方案是针对具体的装置、场所或设施、岗位所制定的应急处置措施。现场处置方案应具体、简单、针对性强。现场处置方案应根据风险评估及危险性控制措施逐一编制，做到事故相关人员应知应会，熟练掌握，并通过应急演练，做到迅速反应、正确处置。

（二）综合应急预案的主要内容

1. 总则

（1）编制目的

简述应急预案编制的目的、作用等。

（2）编制依据

简述应急预案编制所依据的法律法规、规章，以及有关行业管理规定、技术规范和标准等。

（3）适用范围

说明应急预案适用的区域范围，以及事故的类型、级别。

（4）应急预案体系

说明本单位应急预案体系的构成情况。

（5）应急工作原则

说明本单位应急工作的原则，内容应简明扼要、明确具体。

2. 生产经营单位的危险性分析

（1）生产经营单位概况

主要包括单位地址、从业人数、隶属关系、主要原材料、主要产品、产量等内容，以及周边重大危险源、重要设施、目标、场所和周边布局情况。必要时可附平面图进行说明。

（2）危险源与风险分析

主要阐述本单位存在的危险源及风险分析结果。

3. 组织机构及职责

（1）应急组织体系

明确应急组织形式，构成单位或人员，并尽可能以结构图的形式表示出来。

（2）指挥机构及职责

明确应急救援指挥机构总指挥、副总指挥、各成员单位及其相应职责。

应急救援指挥机构根据事故类型和应急工作需要，可以设置相应的应急救援工作小组，并明确各小组的工作任务及职责。

4. 预防与预警

（1）危险源监控

明确本单位对危险源监测监控的方式、方法，以及采取的预防措施。

（2）预警行动

明确事故预警的条件、方式、方法和信息的发布程序。

（3）信息报告与处置

按照有关规定，明确事故及未遂伤亡事故信息报告与处置办法。

①信息报告与通知

明确 24h 应急值守电话、事故信息接收和通报程序。

②信息上报

明确事故发生后向上级主管部门和地方人民政府报告事故信息的流程、内容和时限。

③信息传递

明确事故发生后向有关部门或单位通报事故信息的方法和程序。

5. 应急响应

（1）响应分级

针对事故危害程度、影响范围和单位控制事态的能力，将事故分为不同的等级。按照分级负责的原则，明确应急响应级别。

（2）响应程序

根据事故的大小和发展态势，明确应急指挥、应急行动、资源调配、应急避险、扩大应急等响应程序。

（3）应急结束

明确应急终止的条件。事故现场得以控制，环境符合有关标准，导致次生、衍生事故的隐患消除后，经事故现场应急指挥机构批准后，现场应急可以结束。

应急结束后，应明确以下三项工作。

①事故情况上报事项。

②须向事故调查处理小组移交的相关事项。

③事故应急救援工作总结报告。

6. 信息发布

明确事故信息发布的部门及发布原则。事故信息应由事故现场指挥部及时准确向新闻媒体通报事故信息。

7. 后期处置

后期处置主要包括污染物处理、事故后果影响消除、生产秩序恢复、善后赔偿、抢险过程和应急救援能力评估及应急预案的修订等内容。

8. 保障措施

（1）通信与信息保障

明确与应急工作相关联的单位或人员通信联系方式和方法，并提供备用方案。建立信息通信系统及维护方案，确保应急期间信息通畅。

（2）应急队伍保障

明确各类应急响应的人力资源，包括专业应急队伍、兼职应急队伍的组织与保障方案。

（3）应急物资装备保障

明确应急救援需要使用的应急物资和装备的类型、数量、性能、存放位置、管理责任人及其联系方式等内容。

（4）经费保障

明确应急专项经费来源、使用范围、数量和监督管理措施，保障应急状态时生产经营单位应急经费的及时到位。

（5）其他保障

根据本单位应急工作需要而确定的其他相关保障措施（如交通运输保障、治安保障、技术保障、医疗保障、后勤保障等）。

9. 培训与演练

（1）培训

明确对本单位人员开展的应急培训计划、方式和要求。如果预案涉及社区和居民，要做好宣传教育和告知等工作。

（2）演练

明确应急演练的规模、方式、频次、范围、组织、评估、总结等内容。

10. 奖惩

明确事故应急救援工作中奖励和处罚的条件和内容。

11. 附则

（1）术语和定义

对应急预案涉及的一些术语进行定义。

（2）应急预案备案

明确本应急预案的报备部门。

（3）维护和更新

明确应急预案维护和更新的基本要求，定期进行评审，实现可持续改进。

（4）制订与解释

明确应急预案负责制订与解释的部门。

（5）应急预案实施

明确应急预案实施的具体时间。

（三）现场处置方案的主要内容

1. 事故特征

事故特征主要包括以下四点。

（1）危险性分析，可能发生的事故类型。

（2）事故发生的区域、地点或装置的名称。

（3）事故可能发生的季节和造成的危害程度。

（4）事故前可能出现的征兆。

2. 应急组织与职责

应急组织与职责主要包括以下内容。

（1）基层单位应急自救组织形式及人员构成情况。

（2）应急自救组织机构、人员的具体职责，应同单位或车间、班组人员工作职责紧密结合，明确相关岗位和人员的应急工作职责。

3. 应急处置

应急处置主要包括以下内容。

（1）事故应急处置程序。根据可能发生的事故类别及现场情况，明确事故报警、各项应急措施启动、应急救护人员引导、事故扩大及同企业应急预案衔接的程序。

（2）现场应急处置措施。针对可能发生的火灾、爆炸、危险化学品泄漏、坍塌、水患、机动车辆伤害等，从操作措施、工艺流程、现场处置、事故控制、人员救护、消防、现场恢复等方面制定明确的应急处置措施。

（3）报警电话及上级管理部门、相关应急救援单位联络方式和联系人员，事故报告的基本要求和内容。

4. 注意事项

注意事项主要包括以下七项。

（1）佩戴个人防护器具方面的注意事项。

（2）使用抢险救援器材方面的注意事项。

（3）采取救援对策或措施方面的注意事项。

（4）现场自救和互救注意事项。

（5）现场应急处置能力确认和人员安全防护等事项。

（6）应急救援结束后的注意事项。

（7）其他需要特别警示的事项。

（四）应急预案的评审和发布

应急预案编制完成后，应进行评审。

1. 要素评审

评审由本单位主要负责人组织有关部门和人员进行。

2. 形式评审

外部评审由上级主管部门或地方政府负责安全管理的部门组织审查。

3. 备案和发布

评审后，按规定报有关部门备案，并经生产经营单位主要负责人签署发布。

建筑施工企业的综合应急预案和专项应急预案，按照隶属关系报所在地县级以上地方人民政府安全生产监督管理部门和有关主管部门备案。

建筑施工企业申请应急预案备案，应当提交以下材料。

（1）应急预案备案申请表。

（2）应急预案评审或者论证意见。

（3）应急预案文本及电子文档。

（五）预案的修订

1. 生产经营单位制订的应急预案应当至少每三年修订一次，预案修订情况应有记录并归档。

2. 下列情形之一的，应急预案应当及时修订。

（1）生产经营单位因兼并、重组、转制等导致隶属关系、经营方式、法定代表人发生变化的。

（2）生产经营单位生产工艺和技术发生变化的。

（3）周围环境发生变化，形成新的重大危险源的。

（4）应急组织指挥体系或者职责已经调整的。

（5）依据的法律法规、规章和标准发生变化的。

（6）应急预案演练评估报告要求修订的。

（7）应急预案管理部门要求修订的。

（六）法律责任

1. 生产经营单位应急预案未按照相关规定备案的，由县级以上安全生产监督管理部门给予警告，并处 3 万元以下罚款。

2. 生产经营单位未制订应急预案或者未按照应急预案采取预防措施，导致事故救援不力或者造成严重后果的，由县级以上安全生产监督管理部门依照有关法律法规和规章的规定，责令停产停业整顿，并依法给予行政处罚。

二、水利工程重大质量安全事故应急预案

为提高应对水利工程建设重大质量与安全事故的能力，做好水利工程建设重大质量与安全事故应急处置工作，有效预防、及时控制和消除水利工程建设重大质量与安全事故的危害，最大限度地减少人员伤亡和财产损失，保证工程建设质量与施工安全及水利工程建设顺利进行，根据相关法律法规和有关规定，结合水利工程建设实际，水利部制订了《水利工程建设重大质量与安全事故应急预案》。

《水利工程建设重大质量与安全事故应急预案》属于部门预案，是关于事故灾难的应急预案，其主要内容包括以下几个方面。

1.《水利工程建设重大质量与安全事故应急预案》适用于水利工程建设过程中突然发生且已经造成或者可能造成重大人员伤亡、重大财产损失，有重大社会影响或涉及公共安全的重大质量与安全事故的应急处置工作。按照水利工程建设质量与安全事故发生的过程、性质和机理，水利工程建设重大质量与安全事故主要包括：

（1）施工中土石方塌方和结构坍塌安全事故。

（2）特种设备或施工机械安全事故。

（3）施工围堰坍塌安全事故。

（4）施工爆破安全事故。

（5）施工场地内道路交通安全事故。

（6）施工中发生的各种重大质量事故。

（7）其他原因造成的水利工程建设重大质量与安全事故。水利工程建设中发生的自然灾害（如洪水、地震等）、公共卫生事件、社会安全事件等，依照国家和地方相应应急预案执行。

2. 应急工作应当遵循"以人为本，安全第一；分级管理，分级负责；属地为主，条块结合；集中领导，统一指挥；信息准确，运转高效；预防为主，平战结合"的原则。

3. 水利工程建设重大质量与安全事故应急组织指挥体系由水利部及流域机构、各级水行政主管部门的水利工程建设重大质量与安全事故应急指挥部、地方各级人民政府、水利工程建设项目法人及施工等工程参建单位的质量与安全事故应急指挥部组成。

4. 在本级水行政主管部门的指导下，水利工程建设项目法人应当组织制订本工程项目建设质量与安全事故应急预案（水利工程项目建设质量与安全事故应急预案应当报工程所在地县级以上水行政主管部门以及项目法人的主管部门备案）。建立工程项目建设质量与安全事故应急处置指挥部。工程项目建设质量与安全事故应急处置指挥部的组成如下。

（1）指挥：项目法人主要负责人。

（2）副指挥：工程各参建单位主要负责人。

（3）成员：工程各参建单位有关人员。

5. 承担水利工程施工的施工单位应当制订本单位施工质量与安全事故应急预案，建立应急救援组织或者配备应急救援人员，配备必要的应急救援器材、设备，并定期组织演练。水利工程施工企业应明确专人维护救援器材、设备等。在工程项目开工前，施工单位应当根据所承担的工程项目施工特点和范围，制订施工现场施工质量与安全事故应急预案，建立应急救援组织或配备应急救援人员并明确职责。在承包单位的统一组织下，工程施工分包单位（包括工程分包和劳务作业分包）应当按照施工现场施工质量与安全事故应急预案，建立应急救援组织或配备应急救援人员并明确职责。施工单位的施工质量与安全事故应急预案、应急救援组织或配备的应急救援人员和职责应当与项目法人制订的水利工程项目建设质量与安全事故应急预案协调一致，并将应急预案报项目法人备案。

6. 重大质量与安全事故发生后，在当地政府的统一领导下，应当迅速组建重大质量与安全事故现场应急处置指挥机构，负责事故现场应急救援和处置的统一领导与指挥。

7. 预警预防行动。施工单位应当根据建设工程的施工特点和范围，加强对施工现场易发生重大事故的部位、环节进行监控，配备救援器材、设备，并定期组织演练。

8. 按事故的严重程度和影响范围，将水利工程建设质量与安全事故分为Ⅰ、Ⅱ、Ⅲ、

Ⅳ四级。对应相应事故等级，采取Ⅰ级、Ⅱ级、Ⅲ级、Ⅳ级应急响应行动。其中：

（1）Ⅰ级（特别重大质量与安全事故）。已经或者可能导致死亡（含失踪）30人以上（含本数，下同），或重伤（中毒）100人以上，或需要紧急转移安置10万人以上，或直接经济损失1亿元以上的事故。

（2）Ⅱ级（特大质量与安全事故）。已经或者可能导致死亡（含失踪）10人以上、30人以下（不含本数，下同），或重伤（中毒）50人以上、100人以下，或需要紧急转移安置1万人以上、10万人以下，或直接经济损失5 000万元以上、1亿元以下的事故。

（3）Ⅲ级（重大质量与安全事故）。已经或者可能导致死亡（含失踪）3人以上、10人以下，或重伤（中毒）30人以上、50人以下，或直接经济损失1 000万元以上、5 000万元以下的事故。

（4）Ⅳ级（较大质量与安全事故）。已经或者可能导致死亡（含失踪）3人以下，或重伤（中毒）30人以下，或直接经济损失1 000万元以下的事故。

9. 水利工程建设重大质量与安全事故报告程序如下。

（1）水利工程建设重大质量与安全事故发生后，事故现场有关人员应当立即报告本单位负责人。项目法人、施工单位应当立即将事故情况按项目管理权限如实地向流域机构或水行政主管部门和事故所在地人民政府报告，最迟不得超过4h。流域机构或水行政主管部门接到事故报告后，应当立即报告上级水行政主管部门和水利部工程建设事故应急指挥部。水利工程建设过程中发生生产安全事故的，应当同时向事故所在地安全生产监督局报告；特种设备发生事故，应当同时向特种设备安全监督管理部门报告。接到报告的部门应当按照国家有关规定，如实上报。报告的方式可先采用电话口头报告，随后递交正式书面报告。在法定工作日向水利部工程建设事故应急指挥部办公室报告，夜间和节假日向水利部总值班室报告，总值班室归口负责向国务院报告。

（2）各级水行政主管部门接到水利工程建设重大质量与安全事故报告后，应当遵循"迅速、准确"的原则，立即逐级报告同级人民政府和上级水行政主管部门。

（3）对于水利部直管的水利工程建设项及跨省（自治区、直辖市）的水利工程项目，在报告水利部的同时应当报告有关流域机构。

（4）特别紧急的情况下，项目法人和施工单位及各级水行政主管部门可直接向水利部报告。

10. 事故报告内容分为事故发生时报告的内容及事故处理过程中报告的内容，主要包括以下两点。

（1）事故发生后及时报告以下内容：发生事故的工程名称、地点、建设规模和工期，事故发生的时间、地点、简要经过、事故类别和等级、人员伤亡及直接经济损失初步估算；有关项目法人、施工单位、主管部门名称及负责人联系电话，施工等单位的名称、资质等级；事故报告的单位、报告签发人及报告时间和联系电话等。

（2）根据事故处置情况及时续报以下内容：有关项目法人、勘察、设计、施工、监理等工程参建单位名称、资质等级情况，单位及项目负责人的姓名及相关执业资格；事故原因分析；事故发生后采取的应急处置措施及事故控制情况；抢险交通道路可使用情况；其他需要报告的有关事项等。

11. 事故现场指挥协调和紧急处置包括以下内容。

（1）水利工程建设发生质量与安全事故后，在工程所在地人民政府的统一领导下，迅速成立事故现场应急处置指挥机构负责统一领导、统一指挥、统一协调事故应急救援工作。事故现场应急处置指挥机构由到达现场的各级应急指挥部和项目法人、施工等工程参建单位组成。

（2）水利工程建设发生重大质量与安全事故后，项目法人和施工等工程参建单位必须迅速、有效地实施先期处置，防止事故进一步扩大，并全力协助开展事故应急处置工作。

12. 各级应急指挥部应当组织好三支应急救援基本队伍。

（1）工程设施抢险队伍，由工程施工等参建单位的人员组成，负责事故现场的工程设施抢险和安全保障工作。

（2）专家咨询队伍，由从事科研、勘察、设计、施工、监理、质量监督、安全监督、质量检测等工作的技术人员组成，负责事故现场的工程设施安全性能评价与鉴定，研究应急方案，提出相应应急对策和意见；并负责从工程技术角度对已发事故还可能引起或产生的危险因素进行及时分析预测。

（3）应急管理队伍，由各级水行政主管部门的有关人员组成，负责接收同级人民政府和上级水行政主管部门的应急指令，组织各有关单位对水利工程建设重大质量与安全事故进行应急处置，并与有关部门进行协调和信息交换。

经费与物资保障应当做到地方各级应急指挥部确保应急处置过程中的资金和物资供给。

13. 宣传、培训和演练。

其中，公众信息交流应当做到：

第一，水利部应急预案及相关信息公布范围至流域机构、省级水行政主管部门。

第二，项目法人制订的应急预案应当公布至工程各参建单位及相关责任人，并向工程所在地人民政府及有关部门备案。

培训应当做到：

（1）水利部负责对各级水行政主管部门及国家重点建设项目的项目法人应急指挥机构有关工作人员进行培训。

（2）项目法人应当组织水利工程建设各参建单位人员进行各类质量与安全事故及应急预案教育，对应急救援人员进行上岗前培训和常规性培训。培训工作应结合实际，采取多种形式，定期与不定期相结合，原则上每年至少组织一次。

14. 监督检查。水利部工程建设事故应急指挥部对流域机构、省级水行政主管部门应急指挥部实施应急预案进行指导和协调。按照水利工程建设管理事权划分，由水行政主管部门应急指挥部对项目法人及工程项目施工单位应急预案进行监督检查。项目法人应急指挥部对工程各参建单位实施应急预案进行督促检查。

三、水利工程施工安全管理

（一）施工安全管理的目的和任务

施工项目安全管理的目的是最大限度地保护生产者的人身安全，控制影响工作环境内所有员工（包括临时工作人员、合同方人员、访问者和其他有关人员）安全的条件和因素，避免因使用不当对使用者造成安全危害，防止安全事故的发生。

施工安全管理的任务是建筑生产安全企业为达到建筑施工过程中安全的目的，所进行的组织、控制和协调活动，主要内容包括制定、实施、实现、评审和保持安全方针所需的组织机构、策划活动、管理职责、实施程序、所需资源等。施工企业应根据自身实际情况制订方案，并通过实施、实现、评审、保持、改进来建立组织机构、策划活动、明确职责、遵守安全法律法规、编制程序控制文件、实施过程控制，提供人员、设备、资金、信息等资源，按国家标准对安全与环境管理体系进行评审，按计划、实施、检查、总结循环过程进行提高。

（二）施工安全管理的特点

1. 安全管理的复杂性

水利工程施工具有项目固定性、生产的流动性、外部环境影响的不确定性，决定了施工安全管理的复杂性。

（1）生产的流动性主要是指生产要素的流动性，它是指生产过程中人员、工具和设备的流动，主要表现有以下四个方面。

①同一工地不同工序之间的流动。

②同一工序不同工程部位之间的流动。

③同一工程部位不同时间段之间流动。

④施工企业向新建项目迁移的流动。

（2）外部环境对施工安全影响因素很多，主要表现在以下几个方面。

①露天作业多。

②气候变化大。

③地质条件变化。

④地形条件影响。

⑤地域、人员交流障碍影响。

以上生产因素和环境因素的影响，使施工安全管理变得复杂，考虑不周会出现安全问题。

2. 安全管理的多样性

受客观因素影响，水利工程项目具有多样性的特点，使得建筑产品具有单件性，每一个施工项目都要根据特定条件和要求进行施工生产，安全管理具有多样性特点，表现有以下四个方面。

（1）不能按相同的图纸、工艺和设备进行批量重复生产。

（2）因项目需要设置组织机构，项目结束组织机构不存在，生产经营的一次性特征突出。

（3）新技术、新工艺、新设备、新材料的应用给安全管理带来新的难题。

（4）人员的改变、安全意识不强、经验不足带来安全隐患。

3. 安全管理的协调性

施工过程的连续性和分工决定了施工安全管理的协调性。水利施工项目不能像其他工业产品一样可以分成若干部分或零部件同时生产，必须在同一个固定的场地按严格的程序连续生产，上一道工序完成才能进行下一道工序，上一道工序生产的结果往往被下一道工序所掩盖，而每一道工序都是由不同的部门和人员来完成的，这样，就要求在安全管理中，不同部门和人员做好横向配合和协调，共同注意各施工生产过程接口部分的安全管理的协调，确保整个生产过程和安全。

4. 安全管理的强制性

工程建设项目建设前，已经通过招标投标程序确定了施工单位。由于目前建筑市场供大于求，施工单位大多以较低的标价中标，实施中安全管理费用投入严重不足，不符合安全管理规定的现象时有发生，从而要求建设单位和施工单位重视安全管理经费的投入，达到安全管理的要求，政府也要加大对安全生产的监管力度。

（三）施工安全控制的特点、程序、要求

1. 基本概念

（1）安全生产的概念

安全生产是指施工企业使生产过程避免人身伤害、设备损害及其不可接受的损害风险的状态。

不可接受的损害风险通常是指超出了法律法规和规章的要求，超出了方针、目标和企业规定的其他要求，超出了人们普遍接受的要求（通常是隐含的要求）。

安全与否是一个相对的概念，根据风险接受程度来判断。

（2）安全控制的概念

安全控制是指企业通过对安全生产过程中涉及的计划、组织、监控、调节和改进等一系列致力于满足施工安全措施所进行的管理活动。

2. 安全控制的方针与目标

（1）安全控制的方针

安全控制的目的是安全生产，因此安全控制的方针是"安全第一，预防为主"。

安全第一是指把人身的安全放在第一位，安全为了生产，生产必须保证人身安全，充分体现以人为本的理念。

预防为主是实现安全第一的手段，采取正确的措施和方法进行安全控制，从而减少甚至消除事故隐患，尽量把事故消除在萌芽状态，这是安全控制最重要的思想。

（2）安全控制的目标

安全控制的目标是减少和消除生产过程中的事故，保证人员健康安全，避免财产损失。安全控制目标具体包括以下四点。

①减少和消除人的不安全行为的目标。

②减少和消除设备、材料的不安全状态的目标。

③改善生产环境和保护自然环境的目标。

④安全管理的目标。

3. 施工安全控制的特点

（1）安全控制面大

水利工程规模大、生产工序多、工艺复杂、流动施工作业多、野外作业多、高空作业多、作业位置多、施工中不确定因素多，因此施工中安全控制涉及范围广、控制面大。

（2）安全控制动态性强

水利工程建设项目的单件性，使得每个工程所处的条件不同，危险因素和措施也会有所不同，员工进驻一个新的工地，面对新的环境，需要时间去熟悉，对工作制度和安全措施进行调整。

工程施工项目施工的分散性，使得现场施工分散于场地的不同位置和建筑物的不同部位，员工面对新的具体的生产环境，除了熟悉各种安全规章制度和技术措施外，还必须做出自己的研判和处理。有经验的人员也必须适应不断变化的新问题、新情况。

（3）安全控制体系交叉性

工程项目施工是一个系统工程，受自然和社会环境影响大，施工安全控制和工程系统、质量管理体系、环境和社会系统联系密切，交叉影响，建立和运行安全控制体系要相互结合。

（4）安全控制的严谨性

安全事故的出现是随机的，偶然中存在必然，一旦失控就会造成伤害和损失，因此对安全状态的控制必须严谨。

4. 施工安全控制程序

（1）确定项目的安全目标

按目标管理的方法，在以项目经理为首的项目管理系统内进行分解，从而确定每个岗位的安全目标，实现全员安全控制。

（2）编制项目安全技术措施计划

对生产过程中的不安全因素，应采取技术手段加以控制和消除，并采用书面文件的形式，作为工程项目安全控制的指导性文件，落实以预防为主的方针。

（3）落实项目安全技术措施计划

安全技术措施包括安全生产责任制、安全生产设施、安全教育和培训、安全信息的沟通和交流，通过安全控制使生产作业的安全状况处于可控制状态。

（4）安全技术措施计划的验证

安全技术措施计划的验证包括安全检查、纠正不符合因素、检查安全记录、安全技术措施修改与再验证。

（5）安全生产控制的持续改进

安全生产控制应持续改进，直到完成工程项目全面工作的结束。

5. 施工安全控制的基本要求

（1）必须取得安全行政主管部门颁发的"安全施工许可证"后方可施工。

（2）总承包企业和每一个分包单位都应持有"施工企业安全资格审查认可证"。

（3）各类人员必须具备相应的执业资格才能上岗。

（4）新员工必须经过安全教育和必要的培训。

（5）特种工种作业人员必须持有特种工种作业上岗证，并严格按期复查。

（6）对查出的安全隐患要做到五个落实：落实责任人、落实整改措施、落实整改时间、落实整改完成人、落实整改验收人。

（7）必须控制好安全生产的六个节点：技术措施、技术交底、安全教育、安全防护、安全检查、安全改进。

（8）现场的安全警示设施齐全、所有现场人员必须戴安全帽，高空作业人员必须系安全带等防护工具，并符合国家和地方的有关安全规定。

（9）现场施工机械尤其是起重机械等设备必须经安全检查合格后方可使用。

（四）施工安全控制的方法

1. 危险源

（1）危险源的定义

危险源是可能导致人身伤害或疾病、财产损失、工作环境破坏或几种情况同时出现的危险和有害因素。

危险因素强调突发性和瞬时作用，有害因素强调在一定时间内的慢性损害和积累作用。

危险源是安全控制的主要对象，也可以将安全控制称为危险源控制或安全风险控制。

（2）危险源分类

施工生产中的危险源是以多种多样的形式存在的，危险源所导致的事故主要有能量的意外释放和有害物质的泄露。根据危险源在事故中的作用，把危险源分为两大类，即第一类危险源和第二类危险源。

①第一类危险源

可能发生能量意外释放的载体或危险物质称为第一类危险源。能量或危险物质的意外释放是事故发生的物理本质，通常把产生能量的能量源或拥有能量的载体作为第一类危险源进行处理。

②第二类危险源

造成约束、限制能量的措施破坏或失效的各种不安全因素称为第二种危险源。

在施工生产中，为了利用能量，使用各种施工设备和机器，让能量在施工过程中流动、转换、做功，加快施工进度。这些设备和设施可以看成约束能量的工具。正常情况下，生产过程中的能量和危险物是受到控制和约束的，不会发生意外释放，也就是不会发生事故。一旦这些约定或限制措施受到破坏或者失效，包括出现故障，则会发生安全事故。这类危险源包括三个方面：人的不安全行为、物的不安全状态、环境的不良条件。

（3）危险源与事故

安全事故的发生是以上两种危险源共同作用的结果。第一类危险源是事故发生的前提，第二类危险源的出现是第一类危险源导致安全事故的必要条件。在事故发生和发展过程中，两类危险源相互依存和作用，第一类是事故的主体，决定事故的严重程度，第二类危险源出现决定事故发生的大小。

2. 危险源控制方法

（1）风险源识别与风险评价

①危险源识别方法

a. 专家调查法

专家调查法是通过向有经验的专家咨询、调查、分析、评价危险源的方法。

专家调查法的优点是简便、易行，缺点是受专家的知识、经验、限制，可能出现疏漏。常用方法是头脑风暴法和德尔菲法。

b. 检查表法

安全检查表法就是运用事先编制好的检查表实施安全检查和诊断项目，进行系统的安全检查，识别工程项目存在的危险源。检查表的内容一般包括项目类型、检查内容及要求、检查后处理意见等。可用回答是、否或做符号标志，注明检查日期，并由检查人和被检查部门或单位签字。

安全检查表法的优点是简明扼要，容易掌握，可以先组织专家编制检查表，制定检查项目，使施工安全检查系统化、规范化，缺点是只做一些定性分析和评价。

②风险评价方法

风险评价是评估危险源所带来的风险大小及确定风险是否允许的过程。根据评价结果对风险进行分级，按不同的风险等级有针对性地采取风险控制措施。

（2）危险源的控制方法

①第一类风险源的控制方法

防止事故发生的方法包括：消除风险源，限制能量，对危险物质隔离。

避免或减少事故损失的方法包括：隔离，个体防护，使能量或危险物质按事先要求释放，采取避难、援救措施。

②第二类风险源的控制方法

减少故障包括：增加安全系数、提高可靠度、设置安全监控系统。

故障安全设计包括：最乐观方案（故障发生后，在没有采取措施前，使用系统和设备处于安全的能量状态之下）、最悲观方案（故障发生后，系统处于最低能量状态下，直到采取措施前，不能运转）、最可能方案（保证采取措施前，设备、系统发挥正常功能）。

（3）危险源的控制策划

①尽可能完全消除有不可接受风险的风险源，如用安全品取代危险品。

②不可能消除时，应努力采取降低风险的措施，如使用低压电器等。

③在条件允许时，应使工作环境适合于人，如考虑降低人的精神压力和体能消耗。

④应尽可能利用先进技术来改善安全控制措施。

⑤应考虑采取保护每个工作人员的措施。

⑥应将技术管理与程序控制结合起来。

⑦应考虑引入设备安全防护装置维护计划的要求。

⑧应考虑使用个人防护用品。

⑨应有可行有效的应急方案。

⑩预防性测定指标要符合监视控制措施计划要求。

⑪组织应根据自身的风险选择适合的控制策略。

(五) 施工安全生产组织机构建立

人人都知道安全的重要性，但是安全事故却又频频发生，为了保证施工过程不发生安全事故，必须建立安全管理的组织机构，健全安全管理规章制度。统一施工生产项目的安全管理目标、安全措施、检查制度、考核办法、安全教育措施等。具体工作如下。

1. 成立以项目经理为首的安全生产施工领导小组，具体负责施工期间的安全工作。

2. 项目副经理、技术负责人、各科负责人和生产工段的负责人作为安全小组成员，共同负责安全工作。

3. 设立专职安全员，聘用有国家安全员职业资格或经培训持证上岗的人员，专门负责施工过程中的安全工作，只要施工现场有施工作业人员，安全员就要上岗值班，在每个工序开工前，安全员要检查工程环境和设施情况，认定安全后方可进行工序施工。

4. 各技术及其他管理科室和施工段队要设兼职安全员，负责本部门的安全生产预防和检查工作，各作业班组组长要兼本班组的安检员，具体负责本班组的安全检查。

5. 工程项目部应定期召开安全生产工作会议，总结前期工作，找出问题，布置落实后面工作，利用施工空闲时间进行安全生产工作培训，在培训工作中和其他安全工作会议上，安全小组领导成员要讲解安全工作的重要意义，学习安全知识，增强员工安全警觉意识，把安全工作落实在预防阶段。根据工程的具体特点，把不安全的因素和相应措施制定成册，使全体员工学习和掌握。

6. 严格按国家有关安全生产规定，在施工现场设置安全警示标志，在不安全因素的部位设立警示牌，严格检查进场人员配戴安全帽、高空作业配系安全带，严格持证上岗工作，风雨天禁止高空作业，施工设备专人使用制度，严禁在场内乱拉乱用电线路，严禁非电工人员从事电工作业。

7. 安全生产工作和现场管理结合起来，同时进行，防止因管理不善产生安全隐患，工地防风、防雨、防火、防盗、防疾病等预防措施要健全，都应有专人负责，以确保各项措施及时落实到位。

8. 完善安全生产考核制度，实行安全问题一票否决制、安全生产互相监督制，增强自检自查意识，开展科室、班组经验交流和安全教育活动。

9. 对构件和设备吊装、爆破、高空作业、拆除、上下交叉作业、夜间作业、疲劳作业、带电作业、汛期施工、地下施工、脚手架搭设拆除等重要安全环节，必须开工前进行技术交底、安全交底、联合检查后，确认安全，方可开工。施工过程中，加强安全员的旁站检查。加强专职指挥协调工作。

（六）施工安全技术措施计划与实施

1. 工程施工措施计划

（1）施工措施计划的主要内容

施工措施计划的主要内容包括工程概况、控制目标、控制程序、组织机构、职责权限、规章制度、资源配置、安全措施、检查评价、激励机制等。

（2）特殊情况应考虑安全计划措施

①对高处作业、井下作业等专业性强的作业，电器、压力容器等特殊工种作业，应制定单项安全技术规程，并对管理人员和操作人员的安全作业资格和身体状况进行检查。

②对结构复杂、施工难度大、专业性较强的工程项目，除制订总体安全保证计划外，还须制定单位工程和分部分项工程安全技术措施。

③制定和完善施工安全操作规程，编制各施工工种，特别是危险性大的工种的施工安全操作要求，作为施工安全生产规范和考核的依据。

④施工安全技术措施包括安全防护设施和安全预防措施，主要有防火、防毒、防爆、防洪、防尘、防雷击、防触电、防坍塌、防物体打击、防机械伤害、防起重机械滑落、防高空坠落、防交通事故、防寒、防暑、防疫、防环境污染等方面的措施。

2. 施工安全措施计划的落实

（1）安全生产责任制

安全生产责任制是指企业对项目经理部各部门、各类人员所规定的在他们各自职责范围内对安全生产应负责任的制度，建立安全生产责任制是施工安全技术措施的重要保证。

（2）安全教育

要树立全员安全意识，安全教育的要求如下。

①广泛开展安全生产的宣传教育，使全体员工真正认识到安全生产的重要性和必要性，掌握安全生产的基本知识，牢固树立安全第一的思想，自觉遵守安全生产的各项法律法规和规章制度。

②安全教育的主要内容有安全知识、安全技能、设备性能、操作规程、安全法规等。

③对安全教育要建立经常性的安全教育考核制度。考核结果要记入员工人事档案。

④一些特殊工种，如电工、电焊工、架子工、司炉工、爆破工、机操工、起重工、机械司机、机动车辆司机等，除一般安全教育外，还要进行专业技能培训，经考试合格后，取得资格，才能上岗工作。

⑤工程施工中采用新技术、新工艺、新设备时，或人员调动新工作岗位，也要进行安全教育和培训，否则不能上岗。

（3）安全技术交底

①基本要求

a. 实行逐级安全技术交底制度，从上到下，直到全体作业人员。

b. 安全技术交底工作必须具体、明确、有针对性。

c. 交底的内容要针对分部分项工程施工中给作业人员带来的潜在危害，应优先采用新的安全技术措施。

d. 应将施工方法、施工程序、安全技术措施等优先向工段长、班级组长进行详细交底。

e. 定期向多工种交叉施工或多个作业队同时施工的作业队进行书面交底，并保持书面交底的交接的书面签字记录。

②主要内容

a. 工程施工项目作业特点和危险点。

b. 针对各危险点的具体措施。

c. 应注意的安全事项。

d. 对应的安全操作规范和标准。

e. 发生事故应及时采取的应急措施。

（七）施工安全检查

施工项目安全检查的目的是消除安全隐患、防止安全事故发生、改善劳动条件及增强员工的安全生产意识。施工安全检查是施工安全控制工作的重要内容，通过安全检查可以发现工程中的危险因素，以便有计划地采取相应措施，保证安全生产的顺利进行。项目的施工生产安全检查应由项目经理组织，定期进行检查。

1. 安全检查的类型

施工项目安全检查类型分为日常性检查、专业性检查、季节性检查、节假日前后检查及不定期检查等。

（1）日常性检查

日常性检查是经常的、普遍的检查，一般每年进行1~4次。项目部、科室每月至少进行一次，施工班组每周、每班次都应进行检查，专职安全技术人员的日常检查应有计划、有部位、有记录、有总结，周期性进行。

（2）专业性检查

专业性检查是指针对特种作业、特种设备、特殊场地进行的检查，如电焊、气焊、起重设备、运输车辆、锅炉压力容器、易燃易爆场所等，由专业检查员进行。

（3）季节性检查

季节性检查是根据季节性的特点，为保障安全生产的特殊要求所进行的检查，如春季空气干燥、风大，重点查防火、防爆；夏季多雨雷电、高温，重点防暑、降温、防汛、防雷击、防触电；冬季防寒、防冻等。

（4）节假日前后检查

节假日前后的检查是针对节假期间容易产生的麻痹思想的特点而进行的安全检查，包括假前的综合检查和假后的遵章守纪检查等。

（5）不定期检查

不定期检查是指在工程开工前、停工前、施工中、竣工、试运转时进行的安全检查。

2. 安全检查的注意事项

（1）安全检查要深入基层，紧紧依靠员工，坚持领导与群众相结合的原则，组织好检查工作。

（2）建立检查的组织领导机构，配备适当的检查力量，选聘具有较高的技术业务水平的专业人员。

（3）做好检查各项准备工作，包括思想、业务知识、法规政策、检查设备和奖励等准备工作。

（4）明确检查的目的、要求，既严格要求，又防止"一刀切"，从实际出发，分清主次，力求实效。

（5）把自查与互查结合起来，基层以自查为主，管理部门之间相互检查，互相学习，取长补短，交流经验。

（6）检查与整改相结合，检查是手段，整改是目的，发现问题及时采取切实可行的防范措施。

（7）建立检查档案，结合安全检查的实施，逐步建立健全检查档案，收集基本数据，掌握基本安全状态，为及时消除隐患提供数据，同时也为以后的职业健康安全检查打下基础。

（8）制定安全检查表时，应根据用途和目的具体确定安全检查表的种类。安全检查表的种类主要有设计用安全检查表、厂级安全检查表、车间安全检查表、班组安全检查表、岗位安全检查表、专业安全检查表，制定检查表要在安全技术部门的指导下，充分依靠员工来进行，初步制定检查表后，经过讨论、试用再加以修订，制定安全检查表。

3. 安全检查的主要内容

安全生产检查主要做好以下五个方面的内容。

（1）查思想

主要检查企业干部和员工对安全生产工作的认识。

（2）查管理

主要检查安全管理是否有效，包括安全生产责任制、安全技术措施计划、安全组织机构、安全保证措施、安全技术交底、安全教育、持证上岗、安全设施、安全标志、操作规程、违规行为、安全记录等。

（3）检隐患

主要检查作业现场是否符合安全生产的要求，存在的不安全因素。

（4）查事故

查明安全事故的原因、明确责任、对责任人做出处理，明确落实整改措施等要求。还要检查对伤亡事故是否及时报告、认真调查、严肃处理。

（5）查整改

主要检查对过去提出的问题的整改情况。

4. 安全检查的主要规定

（1）定期对安全控制计划的执行情况进行检查、记录、评价、考核，对作业中存在的安全隐患，签发安全整改通知单，要求相应部门落实整改措施并进行检查。

（2）根据工程施工过程的特点和安全目标的要求确定安全检查的内容。

（3）安全检查应配备必要的设备，确定检查组成人员，明确检查方法和要求。

（4）检查方法采取随机抽样、现场观察、实地检测等，记录检查结果，纠正违章指挥和违章作业。

（5）对检查结果进行分析，找出安全隐患，评价安全状态。

（6）编写安全检查报告并上交。

5. 安全事故处理的原则

安全事故处理要坚持以下四个原则。

（1）事故原因不清楚不放过。

（2）事故责任者和员工没受教育不放过。

（3）事故责任者没受处理不放过。

（4）没有制定防范措施不放过。

（八）安全事故处理程序

安全事故处理程序如下。

1. 报告安全事故。

2. 处理安全事故，抢救伤员，排除险情，防止事故扩大，做好标志、保护现场。

3. 进行安全事故调查。

4. 对事故责任者进行处理。

5. 编写调查报告并上报。

四、水利系统文明建设工地考核标准

（一）精神文明建设

1. 认真组织学习《中共中央关于加强社会主义精神文明建设若干问题的决议》，坚决贯彻执行党的路线、方针、政策。

2. 成立创建文明建设工地的组织机构，制订创建文明建设工地的规划和办法并认真实行。

3. 有计划地组织广大职工开展爱国主义、集体主义、社会主义教育活动。

4. 积极开展职业道德、职业纪律教育，制订并执行岗位和劳动技能培训计划。

5. 群众文体生活丰富多彩，职工有良好的精神面貌，工地有良好的文明氛围，宣传工作抓得好。

6. 工程建设各方能够遵纪守法，无违法违纪和腐败现象。

（二）工程建设管理水平

1. 工程实施符合基本建设程序

（1）工程建设符合国家的政策、法规，严格按基建程序办事。

（2）按照有关文件实行招标投标制和建设监理制规范。

（3）工程实施过程中，能严格按合同管理，合理控制投资、工期、质量，验收程序符合要求。

（4）建设单位与监理、施工、设计单位关系融洽、协调。

2. 工程质量管理井然有序

（1）工程施工质量检查体系及质量保证体系健全。

（2）工地实验室拥有必要的检测设备。

（3）各种档案资料真实可靠，填写规范、完整。

（4）工程内在、外观质量优良，单元工程优良品率达到 70% 以上，未发生过重大质量事故。

（5）出现质量事故能按"三不放过"原则及时处理。

3. 施工安全措施周密

（1）建立了以责任制为核心的安全管理和保证体系，配备了专职或兼职安全员。

（2）认真贯彻国家有关施工安全的各项规定及标准，并制定了安全保证制度。

（3）施工现场无不符合安全操作规程状况。

（4）一般伤亡事故控制在标准内，未发生重大安全事故。

4. 内部管理制度完善

内部管理制度健全，建设资金使用合理合法。

（三）施工区环境

1. 现场材料堆放、施工机械停放有序、整齐。

2. 施工现场道路平整、畅通。

3. 施工现场排水畅通，无严重积水现象。

4. 施工现场做到工完场清，建筑垃圾集中堆放并及时清运。

5. 危险区域有醒目的安全警示牌，夜间作业要设警示灯。

6. 施工区与生活区应挂设文明施工标牌或文明施工规章制度。

7. 办公室、宿舍、食堂等公共场所整洁卫生、有条理。

8. 工区内社会治安环境稳定，未发生严重打架斗殴事件，无黄、赌、毒等社会丑恶现象。

9. 能注意正确协调处理与当地政府和周围群众关系。

第二节　水利工程环境安全管理

一、环境安全管理的概念及意义

（一）环境安全管理的概念

环境安全是指在工程项目施工过程中保持施工现场良好的作业环境、卫生环境和工作秩序。环境安全主要包括以下四个方面的工作。

1. 规范施工现场的场容，保持作业环境的清洁卫生。

2. 科学组织施工，使生产有序进行。

3. 减少施工对当地居民、过路车辆和人员及环境的影响。

4. 保证职工的安全和身体健康。

环境保护是按照法律法规、各级主管部门和企业的要求，保护和改善作业现场的环境，控制现场的各种粉尘、废水、固体废弃物、噪声、振动等对环境的污染和危害。环境保护也是文明施工的重要内容之一。

（二）环境安全的意义

文明施工能促进企业综合管理水平的提高。保持良好的作业环境和秩序，对促进安全生产、加快施工进度、保证工程质量、降低工程成本、提高经济和社会效益有较大作用。文明施工涉及人、财、物各方面，贯穿施工全过程之中，体现了企业在工程项目施工现场的综合管理水平，也是项目部人员素质的充分反映。

文明施工是适应现代化施工的客观要求。现代化施工更需要采用先进的技术、工艺、材料、设备和科学的施工方案，需要严密组织、严格要求、标准化管理和较好的职工素质等。文明施工能适应现代化施工的要求，是实现优质、高效、低耗、安全、清洁、卫生的有效手段。

文明施工代表企业的形象。良好的施工环境与施工秩序能赢得社会的支持和信赖，提高企业的知名度和市场竞争力。

文明施工有利于员工的身心健康，有利于培养和提高施工队伍的整体素质。文明施工可以提高职工队伍的文化、技术和思想素质，培养尊重科学、遵守纪律、团结协作的大生产意识，促进企业精神文明建设，从而促进施工队伍整体素质的提高。

（三）现场环境保护的意义

保护和改善施工环境是保证人们身体健康和社会文明的需要。采取专项措施防止粉尘、噪声和水源污染，保护好作业现场及其周围的环境是保证职工和相关人员身体健康、体现社会总体文明的一项利国利民的重要工作。

保护和改善施工现场环境是消除外部干扰、保护施工顺利进行的需要。随着人们的法制观念和自我保护意识的增强，尤其对距离当地居民或公路等较近的项目，施工扰民和影响交通的问题比较突出，项目部应针对具体情况及时采取防治措施，减少对环境的污染和对他人的干扰，这也是施工生产顺利进行的基本条件。

保护和改善施工环境是现代化大生产的客观要求。现代化施工广泛应用新设备、新技术、新的生产工艺，对环境质量要求很高，如果粉尘、振动超标就可能损坏设备、影响功能发挥，使设备难以发挥作用。

保护和改善施工环境是现代化大生产的客观要求。现代化施工广泛应用新设备、新技术、新的生产工艺，对环境质量要求很高，如果粉尘、振动超标就可能损坏设备、影响功能发挥，使设备难以发挥作用。

为了保护子孙后代赖以生存的环境条件，每个公民和企业都有责任与义务保护环境。良好的环境和生存条件，也是企业发展的基础和动力。

二、环境安全的组织与管理

（一）组织和制度管理

施工现场应成立以项目经理为第一责任人的文明施工管理组织。分单位应服从总包单位的文明施工管理组织的统一管理，并接受监督检查。

各项施工现场管理制度应有文明施工的规定。包括个人岗位责任制、经济责任制、安全检查制度、持证上岗制度、奖惩制度、竞赛制度和各项专业管理制度等。

加强和落实现场文明检查、考核及奖惩管理，以促进文明施工和管理工作的提高。检查范围和内容应全面周到，包括生产区、生活区、场容场貌、环境文明及制度落实等内容。应对检查发现的问题采取整改措施。

（二）收集环境安全管理材料

环境安全管理材料主要包括以下五项。

1. 上级关于文明施工的标准、规定、法律法规等资料。

2. 施工组织设计（方案）中对施工环境安全的管理规定、各阶段施工现场环境安全的措施。

3. 施工环境安全自检资料。

4. 施工环境安全教育、培训、考核计划的资料。

5. 施工环境安全活动各项记录资料。

（三）加强环境安全的宣传和教育

1. 在坚持岗位练兵的基础上，要采取派出去、请进来、短期培训、上技术课、登黑板报、广播、看录像、看电视等方法狠抓教育工作。

2. 要特别注意对临时工的岗前教育。

3. 专业管理人员应熟练掌握文明施工的规定。

三、现场环境安全的基本要求

现场环境安全管理的基本要求如下所述。

1. 施工现场必须设置明显的标牌，标明工程项目名称、建设单位、设计单位、施工单位、项目经理和施工现场总代理人的姓名、开工日期、竣工日期、施工许可证批准文号等。施工单位负责施工现场标牌的保护工作。

2. 施工现场的管理人员在施工现场应当佩戴证明其身份的证卡。

3. 应当按照施工中平面布置图设置各项临时设施。现场堆放的大宗材料、成品、半成品和机具设备不得侵占场内道路及安全防护设施。

4. 施工现场的用电线路、用电设施的安装和使用必须符合安装规范和安全操作规程，并按照施工组织设计进行架设，严禁任意拉线接电。施工现场必须设有保证施工安全要求的夜间照明；危险潮湿场所的照明及手持照明灯具，必须采用符合安全要求的电压。

5. 施工机械应当按照施工总平面布置图规定的位置和线路设置，不得任意侵占场内道路。施工机械进场须经过安全检查，检查合格的方能使用。施工机械人员必须建立机组责任制，并依照有关规定安全检查，经检查合格的方能使用。施工机械操作人员必须建立机组责任制，并依照有关规定持证上岗，禁止无证人员操作。

6. 应保持施工现场道路畅通，排水系统处于良好使用状态；保持场容场貌的整洁，随时清理建筑垃圾。在车辆、行人通行的地方施工，应当设置施工标志，并对沟井坎穴进行覆盖和铺垫。

7. 施工现场的各种安全设施和劳动保护器具，必须定期检查和维护，及时消除隐患，保证其安全有效。

8. 施工现场应当设置各类必要的职工生活设施，并符合卫生、通风、照明等要求。职工的膳食、饮水供应等应当符合卫生要求。

9. 应当做好施工现场安全保卫工作，采取必要的防盗措施，在现场周边设立围护设施。

10. 应当严格依照《中华人民共和国消防法》的规定，在施工现场建立和执行防火管理制度，设置符合消防要求的消防设施，并保持完好的备用状态。在容易发生火灾的地区施工，或者储存、使用易燃易爆器材时，应当采取特殊的消防安全措施。

11. 对项目部所有人员应进行言行规范教育工作，大力提倡精神文明建设，严禁违法行为的发生，用强有力的制度和频繁的检查教育杜绝不良行为的出现。对经常外出的采购、财务、后勤等人员，应进行专门的用语和礼貌培训，增强交流和协调能力，预防因用语不当或不礼貌、无能力等原因发生争执和纠纷。

12. 大力提倡团结协作精神，鼓励内部工作经验交流和传帮学活动，专人负责并认真组织参建人员业余生活，订购健康文明的书刊，组织职工收看、收听健康活泼的音像节目，定期组织项目部进行友谊联欢和简单的体育比赛活动，丰富职工的业余生活。

13. 重要节假日项目部应安排专人负责采购生活物品，组织轻松活泼的宴会活动，并尽可能提供条件让所有职工与家人进行短时间的通话交流，以改善他们的心情。定期将职工在工地上的良好表现反馈给企业人事部门和职工家属，以激励他们的积极性。

四、现场环境污染防治

要达到环境安全管理的基本要求，主要是应防治施工现场的空气污染、水污染、噪声污染，同时对原有的及新产生的固体废弃物进行必要的处理。

（一）施工现场空气污染的防治

1. 施工现场垃圾、渣土要及时清理出现场。

2. 上部结构清理施工垃圾时，要使用封闭式的容器或者采取其他措施处理高空废弃物，严禁临空随意抛撒。

3. 施工现场道路应指定专人定期洒水清扫，形成制度，防止道路扬尘。

4. 对于细颗粒散体材料（如水泥、粉煤灰、白灰等）的运输、储存要注意遮盖、密封，防止和减少飞扬。

5. 车辆开出工地要做到不带泥沙，基本做到不扬尘，减少对周围环境的污染。

6. 除设有符合规定的装置外，禁止在施工现场焚烧油毡、橡胶、塑料、皮革、树叶、枯草、各种包装物等废弃物品，以及其他会产生有毒、有害烟尘和恶臭气体的物质。

7. 机动车都要安装减少尾气排放的装置，确保符合国家标准。

8. 工地锅炉应尽量采用电热水器。若只能使用烧煤锅炉，应选用消烟除尘型锅炉，大灶应选用消烟节能回风炉灶，使烟尘降至允许排放范围内。

9. 在离村庄较近的工地应当将搅拌站封闭严密，并在进料仓上方安装除尘装置，采取可靠措施控制工地粉尘污染。

10. 拆除旧建筑物时，应适当洒水，防止扬尘。

（二）施工现场水污染的防治

1. 水污染主要来源

（1）工业污染源：指各种工业废水向自然水体的排放。

（2）生活污染源：主要有食物废渣、食油、粪便、合成洗涤剂、杀虫剂、病原微生物等。

（3）农业污染源：主要有化肥、农药等。

（4）施工现场废水和固体废弃物随水流流入水体的部分，包括泥浆、水泥、油罐、各种油类、混凝土外加剂、重金属、酸碱盐和非金属无机毒物等。

2. 施工过程水污染的防治措施

（1）禁止将有毒有害废弃物做土方回填。

（2）施工现场搅拌站废水、现制水磨石的污水、电石（碳化钙）的污水必须经沉淀池沉淀合格后再排放，最好将沉淀水用于工地洒水降尘或采取措施回收利用。

（3）现场存放油料的，必须对库房地面进行防渗处理，如采取防渗混凝土地面、铺油毡等措施。使用时，要采取防止油料跑、冒、滴、漏的措施，以免污染水体。

（4）施工现场100人以上的临时食堂，在污水排放时可设置简易有效的隔油池，定期清理，防止污染。

（5）工地临时厕所、化粪池应采取防渗漏措施。中心城市施工现场的临时厕所可采取水冲式厕所，并有防蝇、灭菌措施，防止污染水体和环境。

（三）施工现场噪声的控制措施

噪声控制技术可以从声源、传播途径、接收者的防护等方面来考虑。

1. 从噪声产生的声源上控制

（1）尽量采用低噪声设备和工艺代替高噪声设备与工艺，如低噪声振捣器、风机、电机空压机、电锯等。

（2）在声源处安装消声器消声，即在通风机、压缩机、燃气机、内燃机及各类排气放空装置等进出风管的适当位置设置消声器。

2. 从噪声传播的途径上控制

在传播途径上控制噪声的方法主要有以下四种。

（1）吸声

利用吸声材料（大多由多孔材料制成）或由吸声结构形成的共振结构（金属或木质薄板钻孔制成的空腔体）吸收声能，降低噪声。

（2）隔声

应用隔声结构，阻碍噪声向空间传播，将接收者与噪声声源分隔。隔声结构包括隔声室、隔声罩、隔声屏障、隔声墙等。

（3）消声

利用消声器阻止传播。允许气流通过消声器降噪是防治空气动力性噪声的主要装置，如控制空气压缩机、内燃机产生的噪声等。

（4）减振降噪

对来自振动引起的噪声，通过降低机械振动减小噪声，如将阻尼材料涂在振动源上，或改变振动源与其他刚性结构的连接方式等。

3. 对接收者的防护

让处于噪声环境下的人员使用耳塞、耳罩等防护用品，减少相关人员在噪声环境中的暴露时间，以减轻噪声对人体的危害。

4. 严格控制人为噪声

进入施工现场不得高声呐喊、无故甩打模板、乱吹口哨，限制高音喇叭的使用，最大限度地减少噪声扰民。

5. 控制强噪声作业的时间

凡在人口稠密区进行强噪声作业时，必须严格控制作业时间，一般晚上10点到次日早上6点之间停止强噪声作业。确系特殊情况必须昼夜施工时，尽量采取降低噪声的措施，并会同建设单位找当地居委会、村委会或当地居民协调，出安民告示，求得群众谅解。

（四）固体废物的处理

1. 建筑工地常见的固体废弃物

（1）建筑渣土，包括砖瓦、碎石、渣土、混凝土碎块、废钢铁、废屑、废弃材料等。

（2）废弃建筑材料，如袋装水泥、石灰等。

（3）生活垃圾，包括炊厨废弃物、丢弃食品、废纸、生活用具、碎玻璃、陶瓷碎片、废电池、废旧日用品、废塑料制品、煤灰渣、废交通工具等。

（4）设备、材料等的废弃包装材料。

（5）粪便。

2. 固体废弃物的处理和处置

（1）回收利用

回收利用是对固体废弃物进行资源化、减量化处理的重要手段之一。建筑渣土可视其情况加以利用，废钢可按需要用作金属原材料，废电池等废弃物应分散回收，集中处理。

（2）减量化处理

减量化是对已经产生的固体废弃物进行分选、破碎、压实浓缩、脱水等减少最终处置量，降低处理成本，减少随环境的污染。减量化处理的过程中，也包括和其他处理技术相关的工艺方法，如焚烧、热解、堆肥等。

（3）焚烧技术

焚烧用于不适合再利用且不宜直接予以填埋处理的废弃物，尤其是对于受到病菌、病毒污染的物品，可以用焚烧进行无害化处理。焚烧处理应使用符合环境要求的处理装置，注意避免对大气的二次污染。

（4）稳定的固化技术

利用水泥、沥青等胶结材料，将松散的废物包裹起来，减少废物的毒性和可迁移，减少二次污染。

（5）填埋

填埋是固体废弃物处理的最终技术，将经过无害化、减量化处理的废弃物残渣集中到填埋场进行处置。填埋场利用天然或人工屏障，尽量使须处理的废弃物与周围的生态环境隔离，并注意废弃物的稳定性和长期安全性。

第八章　水利工程建筑材料

本章主要介绍水利工程施工过程中经常用到的建筑材料，包括建筑材料的基本性质、胶凝材料、混凝土与砂浆、建筑钢材、土工合成材料，旨在解决水利工程建设与管理中的常用建筑材料问题。

第一节　建筑材料的基本性质

水工建筑材料的基本性质，是指材料处于不同的使用条件和使用环境时，通常必须考虑的最基本的、共有的性质。因为建筑材料所处建（构）筑物的部位不同，使用环境不同，人们对材料的使用功能要求不同，所起的作用就不同，要求的性质也就有所不同。

一、材料的物理性质

材料的物理性质是指材料分子结构不发生变化的情况下具有的性质，主要包括密度、密实度、空隙率、亲水性和憎水性、吸水性和吸湿性、耐水性和抗渗性、耐久性和抗冻性、导热性和热容量等。

（一）密度

根据体积的表现形式不同，有绝对密度、表观密度和堆积密度三种概念。

1. 绝对密度

绝对密度是材料在绝对密实状态下，单位体积的质量，其计算公式为

$$\rho = \frac{m}{V} \tag{8-1}$$

式中：ρ ——绝对密度，kg/cm^3 或 g/m^3；

$\quad\quad m$ ——材料的质量，g 或 kg；

$\quad\quad V$ ——材料在绝对密实状态下的体积，m^3 或 cm^3。

材料在绝对密实状态下的体积，是指不包括空隙的体积，材料的密度大小取决于材料的组成与微观结构。

2. 表观密度

体积表观密度是指材料在自然状态下，单位体积的干质量，计算公式为

$$\rho_0 = \frac{m}{V_0} \qquad (8-2)$$

式中：ρ_0——材料的体积密度，g/m^3；

m——材料在自然状态下的质量，g；

V_0——材料在自然状态下的体积，或称表观体积，是指包括内部孔隙的体积，cm^3。

材料在自然状态下的体积是指包括孔隙在内的体积。外形规则的材料可根据其外形尺寸计算出其体积，外形不规则的材料可使用排水法测得其体积。

表观密度是反映整体材料在自然状态下的物理参数。表观密度 ρ_0 一般是指材料在气干状态下的 ρ_0，在烘干状态下的 ρ_0 称为干表观密度。

3. 堆积密度

堆积密度是指疏松状（小块、颗粒、纤维）材料在自然堆积状态下单位体积的质量，计算公式为

$$\rho_0' = \frac{m}{V_0'} \qquad (8-3)$$

式中：ρ_0'——堆积密度，kg/cm^3；

m——材料的质量，kg；

V_0'——材料的堆积体积，m^2。

堆积密度的堆积体积 V_0' 中，既包括了材料颗粒内部的孔隙，也包括了颗粒间的空隙。松散体积用容量筒测定。

（二）密实度

密实度是指材料体积内被固体物质所充实的程度，其计算公式为

$$D = \frac{\rho_0}{\rho} = \frac{V}{V_0} \qquad (8-4)$$

式中：D——密实度，%。

凡含孔隙的固体材料的密实度均小于1，材料的 ρ_0 与 ρ 越接近，说明该材料就越密实。材料的很多其他性质如吸水性、强度、隔热性等都与密实度有关。

1. 孔隙率

孔隙率是指材料内部孔隙的体积占材料总体积的百分率。其计算公式为

$$P = \frac{V_0 - V}{V_0} = \frac{V_孔}{V} = 1 - \frac{V}{V_0} = \left(1 - \frac{\rho_0}{\rho}\right) \times 100\% \qquad (8-5)$$

式中：P ——材料的孔隙率，%；

$\qquad V_孔$ ——材料中孔隙的体积，cm^3；

$\qquad \rho_0$ ——材料的干表观密度。

孔隙率与密实度从两个不同方面反映了材料内部的密实程度。密实度和孔隙率的总和构成了材料的整体体积，即 $D + P = 1$。

一般来说，材料的孔隙率越大，材料的紧密度越小，强度越小；材料的孔隙率越小，紧密度越大，强度越大。

2. 空隙率

空隙率是指散粒状材料堆积体积中，颗粒间空隙体积所占的百分率，其计算公式为

$$P' = \left(1 - \frac{V_0}{V_0'}\right) \times 100\% = \left(1 - \frac{\rho_0'}{\rho_0}\right) \times 100\% \qquad (8-6)$$

P' 和 D' 从两个侧面反映材料颗粒互相填充的疏密程度。空隙率反映了堆积材料中颗粒间空隙的多少，对于研究堆积材料的结构稳定性、填充程度及颗粒间相互接触连接的状态具有实际意义。

（三） 材料与水有关的性质

1. 亲水性与憎水性

材料在空气中与水接触，根据其能否被水润湿，可将材料分为亲水性材料和憎水性材料。

润湿就是水被材料表面吸附的过程。当材料在空气中与水接触时，在材料、空气、水三相交界处，沿水滴表面所引切线，切线与材料表面（水滴一侧）的夹角 θ，称为润湿角。θ 越小，说明润湿程度越大。

大多数建筑材料都属于亲水性材料，如砖、石、混凝土、木材等。有些材料（如沥青、石蜡等）则属于憎水性材料。憎水性材料不仅可做防水防潮材料，而且还可应用于处理亲水性材料的表面，以降低其吸水率，提高材料的防水、防潮性能，提高其抗渗能力。

2. 吸水性（浸水状态下）

吸水性是材料在水中吸收水分的性能，并以吸水率表示此能力。材料的吸水率的表达方式有两个，一个是质量吸水率，另一个是体积吸水率。

质量吸水率是指材料在吸水饱和时，其内部所吸收水分的质量占材料干质量的百分率，并以 $\omega_质$（%）表示。其计算方式为

$$\omega_{质} = \frac{m_2 - m_1}{m_1} \times 100\% \tag{8-7}$$

式中：m_2——材料吸水饱和时的质量，g 或 kg；

$\quad\quad m_1$——材料在干燥状态下的质量，g 或 kg。

体积吸水率是指材料在浸水饱和状态下所吸收的水分的体积与材料在自然状态下的体积之比，并以 $\omega_{体}(\%)$ 表示。

质量吸水率与体积吸水率存在以下关系，即

$$\omega_{体} = \omega_{质} \frac{\rho_0}{\rho_H} \tag{8-8}$$

式中：ρ_H——水的密度，g/m^3。

在多数情况下都是按质量计算吸水率，有时也按体积计算吸水率。材料吸水率主要与材料的孔隙率有关，更与其孔特征有关。材料开口孔隙率越大，吸水性越大，而封闭孔隙则吸水少。对于粗大孔隙，水分虽然容易渗入，但仅能润湿孔壁表面而不易在孔内存留。故封闭孔隙和粗大孔隙材料，其吸水率是较低的。

3. 吸湿性

吸湿性是指材料在潮湿空气中吸收水分的性能。材料在水中能吸收水分，在空气中也吸收水汽，并随着空气湿度大小而变化。空气中的水汽湿度较大时被材料所吸收，在湿度较小时向材料外扩散（此性质也称为材料的还湿性），最后使材料与空气湿度达到平衡。

在多数情况下，材料的吸水性和吸湿性对材料的使用是不利的，这会给工程带来不利的影响。

4. 耐水性

材料耐水性指材料长期在水的作用下不破坏、强度不明显下降的性质。用软化系数 K_R 表示。计算公式为

$$K_R = \frac{f_b}{f_g} \tag{8-9}$$

式中：f_b——材料在水饱和状态下的抗压强度，MPa；

$\quad\quad f_g$——材料在干燥状态下的抗压强度，MPa。

软化系数反映了材料饱水后强度降低的程度，它是材料吸水后性质变化的重要特征之一。在同一条件下，吸水后的材料强度比干燥时材料强度低。软化系数越小，意味着强度降低越多。

材料的软化系数在 0~1 之间，不同材料的值相差颇大，如黏土为 0、金属为 1。一般认为，K_R 值大于 0.85 的材料是耐水性的，它可用于水中或潮湿环境中的重要结构。用于

受潮较轻或次要结构时，材料的 K_R 值也不得小于 0.75，以保证其材料的强度。

耐水性与材料的亲水性、可溶性、孔隙率、孔特征等有关，工程中常从这几个方面改善材料的耐水性。

5. 抗渗性

抗渗性是指材料抵抗压力水（或其他液体）渗透的性质，也叫不透水性。材料的抗渗性通常用渗透系数和抗渗等级表示。

渗透系数的意义是：一定厚度的材料，在单位压力水头作用下，单位时间内透过单位面积的水量。其计算公式为

$$Q = K \frac{H}{d} At \text{ 或 } K = \frac{Qd}{AtH} \tag{8-10}$$

式中：K——材料的渗透系数，cm/s；

Q——透水量，cm^3；

d——试件厚度，cm；

A——透水面积，cm^2；

t——透水时间，s；

H——静水压力水头，cm。

K 值越大，表示渗透材料的水量越多，即抗渗性越差。抗渗性的好坏，主要与材料的孔隙率及孔隙特征有关，并与材料的亲水性和憎水性有关。开口孔隙率越大、大孔含量越多，抗渗性越差；而材料越密实或具有封闭孔隙的，水分不易渗透，抗渗性越好。

6. 抗冻性

抗冻性是材料在水饱和状态下，抵抗多次冻融循环而不破坏，同时强度也不严重降低的性质。

材料的抗冻性用抗冻等级表示。抗冻等级是以规定的试件，在规定的试验条件下，测得其强度降低和重量损失不超过规定值，此时所能经受的冻融循环次数，用符号 Fn 表示，其中 n 即为最大冻融循环次数，如 F25、F50 等。例如 F10，表示在标准试验条件下，材料强度下降不大于 25%，质量损失不大于 5%，所能经受的冻融循环次数最多为 10 次。

材料受冻融破坏主要是由其孔隙中的水结冰所致。另外，材料受冻融破坏的程度，与冻融温度、结冰速度、冻融频繁程度等因素有关，环境温度越低，降温越快，冻融越频繁，则材料受冻融破坏越严重。材料的冻融破坏作用是从外表面开始产生剥落，逐渐向内部深入发展，若材料的变形能力大、强度高、软化系数大，则其抗冻性较高。

二、材料的力学性质

材料的力学性质是指材料抵抗外力的能力及其在外力作用下的表现，通常以材料在外

力作用下所表现的强度或变形特性来表示。

（一）材料的强度与比强度

1. 材料的强度

材料的力学性质指材料在外力作用下所引起变化的性质。在外力作用下，材料抵抗破坏的能力称为强度。根据外力作用方式的不同，材料的强度有抗压强度、抗拉强度、抗弯强度（或抗折强度）及抗剪强度等形式。

材料的抗拉、抗压、抗剪强度计算公式为

$$f = \frac{F}{A} \tag{8-11}$$

式中：f——材料的抗拉、抗压、抗剪强度，MPa；

$\quad\quad F$——材料受拉、压、剪破坏时的荷载，N；

$\quad\quad A$——材料的受力面积，mm^2。

材料的抗弯强度（也称抗折强度）与材料受力情况有关。

强度是材料主要技术性能之一，不同材料或同种材料的强度，可按规定的标准试验方法通过试验规定。材料可根据其强度值的大小划分为若干标号或等级。建筑材料划分强度等级，对生产者和使用者均有重要意义，它可使生产者在控制质量时有据可依，从而保证产品质量；对使用者则有利于掌握材料的性能指标，以便于合理选用材料，正确地进行设计和便于控制工程施工质量。

2. 材料的比强度

材料的比强度是指材料强度与体积密度的比值（f/ρ_0）。比强度是衡量材料轻质高强性能的重要指标，优质的结构材料必须具有较高的比强度。

结构材料在水利工程中的主要作用是承受结构荷载。对多数结构物来说，相当一部分的承载能力用于抵抗本身或其上部结构材料的自重荷载，只有剩余部分的承载能力才能用于抵抗外荷载。为此，提高材料承受外荷载的能力，不仅应提高其强度，还应减轻其本身的自重；材料必须具有较高的比强度值，才能满足结构工程的要求。

（二）材料的弹性与塑性

1. 材料的弹性与弹性变形

材料的弹性是指材料在外力作用下产生变形，当外力消除后，能够完全恢复原来形状的性质称为弹性，这种变形称为弹性变形。

弹性变形的大小与其所受外力的大小成正比，其比例系数对某些弹性材料来说在一定范围内为一常数，这个常数称为材料的弹性模量，并以符号 E 表示，其计算公式为

$$E = \frac{\sigma}{\varepsilon} \qquad\qquad (8-12)$$

式中：σ ——材料所承受的应力，MPa；

ε ——材料在应力 σ 作用下的应变。

材料的弹性模量是衡量材料在弹性范围内抵抗变形能力的指标，E 越大，材料受力变形越小，也就是其刚度越好。弹性模量是结构设计的重要参数。

2. 材料的塑性与塑性变形

材料的塑性是指材料在外力作用下产生变形，当外力去除后，有一部分变形不能恢复，这种性质称为材料的塑性，这种不可恢复的变形称为塑性变形。

许多材料在受力时，弹性变形和塑性变形同时产生，这种材料当外力取消后，弹性变形即可恢复，而塑性变形不能消失，混凝土就是这类材料的代表。

材料的弹性与塑性主要与材料本身的成分、外界条件有关。

（三）材料的韧性与脆性

材料在冲击或振动荷载作用下，能吸收较大的能量，同时产生较大的变形而不破坏，这种性质称为韧性。韧性材料的特点是变形大，特别是塑性变形大，但不容易破坏，如建筑钢材、木材和塑料等。

材料受外力作用，当外力达一定值时，材料发生突然破坏，且破坏时无明显的塑性变形，这种性质称为脆性。一般脆性材料的抗静压强度较高，但抗冲击能力、抗振动能力、抗拉及抗折强度很差，如：砖、石材、陶瓷、玻璃、混凝土和铸铁等。

（四）材料的其他力学性质

材料的其他力学性质有材料的硬度、材料的耐磨性、材料的疲劳极限。

材料的硬度是指材料表面抵抗其他物体压入或刻划的能力，材料的硬度与强度有密切的关系，对于不能直接测得强度的材料，往往采用硬度推出强度的近似值。工程中用于表示材料硬度的指标有很多种，对金属、木材等材料常以压入法检测其硬度，其方法有洛氏硬度、布氏硬度等。天然矿物材料的硬度常用莫氏硬度表示，它是以两种矿物相互对刻的方法确定矿物的相对硬度，并非材料绝对硬度的等级。混凝土等材料的硬度常用肖氏硬度检测（以重锤下落回弹高度计算求得的硬度值）。

材料的耐磨性是指材料表面抵抗磨损的能力，材料的耐磨性与材料的组成结构及强度、硬度有关。在工程中，路面、工业地面等受磨损的部位，选择材料须考虑其耐磨性。一般来说，强度较高且密实的材料，其硬度较大，耐磨性较好。

在交替荷载作用下，应力也随时间做交替变化，这种应力超过某一限度而长期反复会造成材料的破坏，这个限度叫作疲劳极限。

（五）材料的耐久性

材料的耐久性是指材料在使用过程中，能长期抵抗各种环境因素而不被破坏，且能保持原有性质的性能。耐久性是一种复杂、综合的性质，包括材料的抗渗性、抗冻性、大气稳定性和耐腐蚀性等。

影响材料耐久性的因素主要有内因和外因两个方面。内在因素主要有材料的组成与结构、强度、孔隙率、孔特征、表面状态等。外在因素可分为四类：①物理作用，包括光、热、电、湿度变化、温度变化、冻融循环、干湿变化等，这些作用可使材料结构发生变化、体积胀缩、内部产生裂纹等，致使材料逐渐破坏；②化学作用，包括大气和环境水中的酸、碱、盐等溶液或其他有害物质对材料的侵蚀作用，以及日光等对材料的作用，使材料产生本质的变化而导致材料的破坏；③生物作用，包括菌类、昆虫等的侵害作用，导致材料发生腐朽、蛀蚀等，致使材料破坏；④机械作用，包括荷载的持续作用或交变作用引起材料的疲劳、冲击、磨损等破坏。

第二节 胶凝材料

胶凝材料是一种经自身的物理、化学作用，能由浆体（液态或半固态）变成坚硬的固体物质，并能将散粒材料或块状材料黏结成一个整体的物质。

胶凝材料按化学成分可分为无机胶凝材料和有机胶凝材料两大类。无机胶凝材料按凝结的条件不同又可分为气硬性胶凝材料和水硬性胶凝材料。气硬性胶凝材料只能在空气中凝结硬化，并保持和提高自身强度；水硬性胶凝材料不仅能在空气中还能在水中凝结硬化，保持和提高自身强度。工程中常用的石灰、石膏、水玻璃属于气硬性胶凝材料，各种水泥属于水硬性胶凝材料。

一、气硬性胶凝材料

（一）石灰

石灰是一种气硬性无机胶结材料，就硬化条件而言，石灰只能在空气中硬化，其强度也只能在空气中保持并连续增长。

石灰是由以碳酸盐类岩石（石灰石、白云石、白垩、贝壳等）为原料，经 900℃ ~ 1 300℃ 煅烧而成。石灰是人类最早应用的气硬性胶凝材料，其化学成分主要是氧化钙。

1. 石灰的消化与硬化过程

（1）石灰的消化

块状生石灰与水相遇，即迅速水化、崩解成高度分散的氢氧化钙细粒，并放出大量的热，这个过程称为石灰的"消化"，又称水化或熟化。

石灰熟化时放出大量的热，体积增大 1.0~2.0 倍。工地上熟化石灰常用两种方法，即消石灰浆法和消石灰粉法，以适应不同工程需求。石灰中一般都含有过火石灰，过火石灰熟化慢，若在石灰浆体硬化后再发生熟化，会因熟化产生的膨胀而引起隆起和开裂。为了消除过火石灰的危害，石灰在熟化后，还应"陈伏"两周左右。

（2）石灰的硬化

石灰的凝结硬化是干燥结晶和碳酸化两个交错进行的过程。

消石灰浆在使用过程中，因游离水分逐渐蒸发，或为附着基面所吸收，其浆体中的氢氧化钙溶液过饱和而结晶析出，产生"结晶强度"，并具有胶结性。

浆体中的氢氧化钙与空气中的二氧化碳发生化学反应，生成碳酸钙晶体。

由于干燥结晶和碳化过程十分缓慢，且氢氧化钙易溶于水，故石灰不能用于潮湿环境及水下建筑物中。

2. 石灰的技术性质

每批产品出厂时，应向用户提供产品质量证明书。证明书中应注明生产厂家、产品名称、质量等级、试验结果、批量编号、出厂日期及标准编号等。若用户对产品质量产生异议，可以按规定方法取样，送质量监督部门复验。复验有一项指标达不到标准规定时，应降级使用，达不到合格品要求时，判定该产品为不合格品。

石灰与其他材料相比，具有拌和物可塑性好、硬化过程中体积收缩大、硬化慢、强度低、耐水性差的特点。

3. 石灰的用途与储运

建筑石灰主要应用于以下两个方面。

（1）现场配制石灰土与石灰砂浆

石灰和黏土按比例配合形成灰土，再加入砂，可配成三合土。灰土或三合土多用于建筑物的基础或路面垫层。石灰砂浆或水泥石灰砂浆是建筑工程中常用的砌筑、抹面材料。

（2）制作硅酸盐及碳化制品

以生石灰粉和硅质材料（如砂、粉煤灰、火山灰等）为基料，加少量石膏、外加剂，加水拌和成形，经湿热处理而得的制品，统称为硅酸盐制品，如蒸养粉煤灰砖及砌块等。石灰碳化制品是将石灰粉和纤维料（或集料）按规定比例混合，在水湿条件下混拌成形，经干燥后再进行人工碳化而成，如碳化砖、瓦、管材及石灰碳化板等。

石灰硬化后的强度不高，其硬化过程主要依靠水分蒸发促使 Ca（OH）$_2$ 的结晶及碳化作用。但是 Ca（OH）$_2$溶解度较高，在潮湿的环境中，石灰遇水会溶解溃散，强度大大降低，因此，石灰不易在长期潮湿的环境中或有水的环境中使用。

生石灰在运输时应注意防雨，且不得与易燃、易爆及液体物品混运。石灰应存放在封闭严密、干燥的仓库中。石灰存放太久会吸收空气中的水分自行熟化，与空气中的二氧化碳作用生成碳酸钙，失去胶结性。

（二）水玻璃

水玻璃俗称泡花碱，是一种能溶于水、由碱金属和二氧化硅按不同比例化合成的硅酸盐材料。

建筑上用的水玻璃是硅酸钠的水溶液，为无色或淡黄、灰白色的黏稠液体，具有良好的黏结性和很强的耐酸性及耐热性，硬化后具有较高的强度。

水玻璃在工程中常用用途如下。

1. 涂料

用水将水玻璃稀释至密度为 1350kg/m³ 左右的水玻璃溶液，将其喷涂在建筑材料的表面，如天然石材、黏土砖、混凝土、硅酸盐建筑制品等，能提高上述材料的密实度、强度、耐水性和抗风化能力。

注意，水玻璃溶液不得用于喷涂石膏制品，因为水玻璃和石膏会起化学反应，生成体积膨胀的硅酸钠，会导致制品破坏。

2. 耐热砂浆、耐热混凝土和防火漆

水玻璃的耐热性好，能长期承受高温作用而强度不降低。

3. 灌浆材料

将水玻璃溶液与氯化钙溶液通过金属管道轮流交替灌入地层，两种溶液发生化学反应，析出硅酸胶体，将土壤颗粒包裹，并填实其空隙。硅酸胶体为吸水膨胀的冻状胶体，因吸收地下水而经常处于膨胀状态，阻止水分的渗透并使土壤固结。

4. 补缝材料

将液体水玻璃与粒化高炉矿渣粉、砂和硅氟酸钠一起配制成砂浆，压入裂缝，因其胶结强度高、收缩小而成为良好的补缝材料。

5. 促凝剂

水玻璃能加速水泥的凝结和硬化，可做水泥的促凝剂。

6. 防水剂

取蓝矾、明矾、红矾和紫矾各 1 份，溶于 60 份水中，冷却至 50℃时投入 400 份水玻璃溶液中，搅拌均匀，可制成四矾防水剂。四矾防水剂与水泥浆调和，可堵塞建筑物的漏洞、缝隙。

7. 耐酸材料

水玻璃能抵抗大多数无机酸（氢氟酸、过热磷酸除外）的作用，可配制耐酸胶泥、耐酸砂浆及耐酸混凝土。

8. 隔热保温材料

以水玻璃为胶凝材料，膨胀珍珠岩或膨胀蛭石为集料，加入一定量的赤泥或氟硅酸钠，经配料、搅拌、成型、干燥、焙烧而制成的制品，是良好的保温隔热材料。

二、水硬性胶凝材料

水泥浆体不仅能在空气中硬化，而且还能更好地在水中硬化，保持并持续增长其强度，所以水泥属于水硬性胶凝材料。水泥是目前水利工程施工中最重要的材料之一，可用于制作各种混凝土与钢筋混凝土构筑物和建筑物，并可用于配制各种砂浆及其他各种胶结材料等。

目前，我国水利工程中常用的水泥主要是硅酸盐水泥、普通硅酸盐水泥、矿渣硅酸盐水泥、火山灰硅酸盐水泥和粉煤灰硅酸盐水泥。在一些特殊工程中还使用具有特殊性能的水泥，如快硬硅酸盐水泥、高铝水泥、膨胀水泥、低热水泥等。在众多的水泥品种中，硅酸盐水泥是最为常用的一种水泥。

（一）硅酸盐水泥

1. 硅酸盐水泥组成

通用硅酸盐水泥按混合材料的品种和掺量分为硅酸盐水泥、普通硅酸盐水泥、矿渣硅酸盐水泥、火山灰质硅酸盐水泥、粉煤灰硅酸盐水泥和复合硅酸盐水泥。

硅酸盐水泥熟料，指以适当成分的生料烧至部分熔融所得的以硅酸钙为主要成分的产物。硅酸盐水泥熟料的主要矿物成分有四种，此外，还含有少量游离氧化钙、游离氧化镁及碱类物质，其总量不超过水泥熟料的10%。

2. 硅酸盐水泥的凝结硬化

硅酸盐水泥的凝结硬化是一个复杂的物理、化学变化过程。水泥的凝结硬化性能主要取决于其熟料的主要矿物成分及其相对含量。

（1）水泥的凝结硬化过程

硅酸盐水泥的凝结硬化过程主要是随着水化反应的进行，水化产物不断增多，水泥浆体结构逐渐致密，大致可分为以下三个阶段。

①溶解期

水泥加水拌和后，水化反应首先从水泥颗粒表面开始，水化生成物迅速溶解于周围水体。水化后几分钟内就在表面形成凝胶状膜层，新的水泥颗粒表面与水接触，继续水化反应，水化产物继续生成并不断溶解，如此继续，水泥颗粒周围的水体很快达到饱和状态，形成溶胶结构。大约1h即在凝胶膜层外侧及液相中形成粗短的棒状钙矾石。

②凝结期

溶液饱和后，继续水化的产物逐渐增多并发展成为网状凝胶体（水化硅酸钙、水化铁酸钙胶体中分布大量的氢氧化钙、水化铝酸钙及水化硫铝酸钙晶体），在此期间，膜层长大并使部分颗粒间相互靠近而凝结，随着凝胶体逐渐增多，水泥浆体产生絮凝并开始失去塑性。

③硬化期

凝胶体的形成与发展，使水泥的水化反应逐渐减慢。随着水化反应继续缓慢地进行，水化产物不断生成并填充在浆体的毛细孔中，随着毛细孔的减少，浆体逐渐硬化。硬化后的水泥石结构由凝胶体、未完全水化的水泥颗粒和毛细孔组成。

（2）影响水泥凝结硬化的主要因素

影响水泥凝结硬化的因素，除了水泥熟料矿物成分及其含量外，还与下列因素有关。

①水泥细度

细度指水泥颗粒的粗细程度。细度越大，水泥颗粒越细，比表面积越大，与水接触面积也就大，因此，水化反应越容易进行，水泥的凝结硬化越快，早起强度较高，但水泥颗粒过细时，会增加磨细的能耗和提高成本，且不易久存。此外，水泥过细时，其硬化过程中还会产生较大的体积收缩。

②拌和用水量

水泥水化反应理论用水量占水泥重量的23%。加水太少，水化反应不能充分进行；加水太多，难以形成网状构造的凝胶体，延长水泥浆的凝结时间，延缓甚至不能使水泥浆硬化，从而降低其强度。

③养护条件（温度和湿度）

水泥的水化反应随温度升高，反应加快。负温条件下，水化反应停止，甚至水泥石结构有冻坏的可能。水泥水化反应必须在潮湿的环境中才能进行，潮湿的环境能保证水泥浆体中的水分不蒸发，水化反应得以维持。

④养护时间（龄期）

保持合适的环境温度和湿度，使水泥水化反应不断进行的措施，称为养护。水泥凝结硬化的过程实质是水泥水化反应不断进行的过程。水化反应时间越长，水泥石的强度越高。水泥石强度增长在早期较快，后期逐渐减缓，28d 以后显著变慢。据试验资料显示，水泥的水化反应在适当的温度与湿度的环境中可延续数年。

⑤储存条件

由于储存不当，水泥在使用前后可能已经受潮，使其部分颗粒已经发生了水化而形成结块；若直接使用这种水泥就会表现出严重的强度降低。即使在良好的条件下储存，由于空气中水分和 CO_2 的作用，水泥也会产生缓慢水化和碳化，因此，工程实际中不宜久存水泥。

3. 水泥石的侵蚀与防止措施

通常情况下，硬化后的硅酸盐水泥具有较强的耐久性。但在某些含侵蚀性物质（酸、强碱、盐类）的介质中，由于水泥石结构存在开口孔隙，有害介质浸入水泥石内部，水泥石中的水化产物与介质中的侵蚀性物质发生物理、化学作用，反应生成物若易溶解于水，或松软无胶结力，或产生有害的体积膨胀，都会使水泥石结构产生侵蚀性破坏。

根据水泥石侵蚀的原因及侵蚀的类型，工程中针对不同的腐蚀环境可采取下列防止侵蚀的措施。

（1）根据环境介质的侵蚀特点，选择合理水泥品种，以提高水泥的抗腐蚀能力。例如采用水化产物中氢氧化钙含量较少的水泥，可提高对各种侵蚀作用的抵抗能力；掺混合材料的硅酸盐水泥具有较强的抗溶出性侵蚀能力；抗硫酸盐硅酸盐水泥抵抗硫酸盐侵蚀的能力较强。

（2）提高水泥石的密实度可改善水泥石结构的抗腐蚀能力。通过合理的材料配比设计，提高施工质量，均可以获得均匀密实的水泥石结构，避免或减缓水泥石的侵蚀，如降低水灰比、掺加某些可堵塞孔隙的物质、改善施工方法使其结构更为致密等。

（3）对水泥石结构采用隔离防护措施，避免介质对其产生腐蚀作用。当环境介质的侵蚀作用较强时，可在建筑物表面设置保护层，隔绝侵蚀性介质，保护原有建筑结构，使之不遭受侵蚀，如设置沥青防水层、不透水的水泥喷浆层及塑料薄膜防水层等，均能起到保护作用。

（二）其他品种的水泥

为了改善硅酸盐水泥的某些性能或调节水泥强度等级，生产水泥时，在水泥熟料中掺入人工或天然矿物材料，这种矿物材料称为混合材料。混合材料分活性混合材料和非活性混合材料两种。

1. 活性混合材料是磨成细粉加水后本身不能硬化，但在激发剂（石灰加水拌和）的作用下，在常温下能生成水硬性物质的矿物，既能在空气中硬化，又能在水中继续硬化。

混合材料的这种性质，称为火山灰性。常用的激发剂有碱性激发剂（石灰）与硫酸盐激发剂（石膏）两类。工程上常用的活性混合材料有粒化高炉矿渣、火山灰质混合材料。

2. 非活性混合材料不具有活性或活性甚低的人工或天然矿物质材料。非活性混合材料经磨细后，掺加到水泥中，可以调节水泥强度等级，节约水泥熟料，还可以降低水泥的水化热。

硅酸盐水泥掺入不同混合材料后生成普通硅酸盐水泥、矿渣硅酸盐水泥、火山灰硅酸盐水泥、粉煤灰硅酸盐水泥、复合硅酸盐水泥。

除了以上几种通用水泥以外，为了适应特殊的施工环境，保证水泥混凝土的强度，还有快硬硅酸盐水泥、白色硅酸盐水泥、抗硫酸盐硅酸盐水泥、中热硅酸盐水泥及低热矿渣硅酸盐水泥、铝酸盐水泥和膨胀水泥。

三、有机胶凝材料

沥青是典型的有机胶凝材料，在工程中主要用于防水材料，胶凝材料配制沥青混凝土、沥青砂浆。工程中常用的沥青材料主要为石油沥青和煤沥青，石油沥青的技术性质优于煤沥青，在工程中应用更为广泛。因此这里着重介绍石油沥青。

建筑石油沥青是用原油蒸馏后的重油经氧化所得的产物。

（一）石油沥青的技术性质

1. 黏滞性

黏滞性是沥青的一项重要物理力学性质，它是指沥青在外力作用下抵抗发生形变的性能指标。不同沥青的黏滞性变化范围很大，主要由沥青的组分和温度而定，一般沥青黏滞性随地沥青质的含量增加而增大，随温度的升高而降低。黏滞性可用动力黏度或运动黏度来表示，由于动力黏度测量较为复杂，故对沥青材料多采用各种条件黏度来评定其黏滞性。

2. 塑性

塑性是沥青在外力作用下产生不可恢复的变形，而不发生断裂，除去外力后仍保持变形后的形状不变的能力。沥青塑性表示了沥青受力变形而不破坏，开裂后也能自愈的能力及吸收振动的能力。

沥青的塑性一般是随其温度的升高而增大，随温度的降低而减小；地沥青质含量相同时，树脂和油分的比例决定沥青的塑性大小，油分、树脂含量越多，沥青的塑性越大。

沥青的塑性用"延伸度"表示。延伸度测定时，按标准试验方法，制成"8"字形标准试件，试件中间最狭处断面为$1cm^2$，在规定温度（一般为25℃）和规定速度（5cm/s）

的条件下在延伸仪上进行拉伸，延伸度以试件能够拉成细丝的延伸长度 cm 表示。沥青的延伸度越大，沥青的塑性越好。

3. 大气稳定性

大气稳定性是指石油沥青在加热时间过长或在外界阳光、氧气和水等大气因素的长期综合作用下，抵抗老化的性能，也即沥青材料的耐久性。

沥青材料在温度、空气、阳光等因素影响下，会产生轻质油分挥发，更重要的是由于氧化、缩合和聚合的作用，使较低分子量的组分向较高分子量的组分转化。这样，沥青中的油分和树脂的含量逐渐减少，地沥青质的含量逐渐增多，使沥青的塑性、黏结力降低，脆性增加，性能逐渐弱化。矿料中含有铝、铁等盐类时，可加速沥青的老化作用。

沥青的大气稳定性以加热蒸发质量损失百分率和加热前后针入度比来评定。蒸发质量损失百分数越小和蒸发后针入度比越大，则表示沥青的大气稳定性越好，即"老化"越慢。

4. 耐热性

耐热性是指黏稠石油沥青在高温下不软化、不流淌的性能。耐热性常用软化点来表示，软化点是沥青材料由固体状态转变为具有一定流动性的膏体时的温度。沥青受热后逐渐变软，由固态转化为液态时，没有明显的熔点。软化点是沥青达到某种特定黏性流动状态时的温度。不同沥青的软化点不同，大致在 25℃~100℃ 之间。软化点高，说明沥青的耐热性能好，但软化点过高，又不易加工；软化点低的沥青，夏季易产生变形，甚至流淌。

软化点通常用环球法测定，是将熔化的沥青注入标准铜环内制成试件，冷却后表面放置标准小钢球，然后在水或甘油中按标准试验方法加热升温，使沥青软化而下垂，当沥青下垂至与底板接触时的温度，即为软化点。

5. 温度稳定性

温度稳定性是指沥青的黏滞性和塑性在温度变化时不产生较大变化的性能。使用温度稳定性高的沥青，可以保证在夏天不流淌、冬天不脆裂，保持良好的工程应用性能。

温度稳定性包括耐高温的性质及耐低温的性质。耐低温一般用脆化点表示。脆化点是将沥青涂在一标准金属片上（厚度约 0.5mm），将金属片放在脆点仪中，一边降温，一边将金属片反复弯曲，直至沥青薄层开始出现裂缝时的温度（℃）称为脆化点。

6. 加热稳定性

沥青加热稳定性反映了沥青在过热或长时间加热过程中，氧化、裂化等变化的程度。沥青加热稳定性可用测定加热损失及加热前后针入度、软化点等性质的改变值来表示。为了提高沥青加热稳定性，工程中使用沥青时，应尽量降低加热温度和缩短加热时间，应确定合理的加热温度。

7. 施工安全性

为了评定沥青的品质和保证施工安全，还应当了解沥青的闪点、燃点和溶解度。

闪点是指沥青达到软化点后再继续加热，则会发生热分解而产生挥发性的气体，当与空气混合，在一定条件下与火焰接触，初次产生蓝色闪光时的沥青温度。

燃点是指沥青温度达到闪火点，温度如再上升，与火接触而产生的火焰能持续烧 5s 以上时，这个开始燃烧时的温度即为燃点。沥青的闪点和燃点的温度值通常相差 10℃，液体沥青由于轻质成分较多，闪点和燃点的温度值相差很小。

沥青的溶解度是指沥青在溶剂中（苯或二硫化碳）可溶部分质量占全部质量的百分率。沥青溶解度可用来确定沥青中有害杂质含量。沥青中有害物质含量多，主要会降低沥青的黏滞性。一般石油沥青溶解度高达 98% 以上，而天然沥青因含不溶性矿物质，溶解度低。

（二）沥青材料的应用

沥青主要用于沥青混合料和防水材料。

沥青混合料由沥青和矿质材料（砂、石子、填充料等）在加热或常温时按适当比例配制而成的混合料的总称，经成型后则成为沥青混凝土、沥青砂浆、沥青胶等。水利工程中常用的沥青混合料主要包括沥青混凝土和沥青砂浆，因为沥青砂浆的技术性质跟沥青混凝土有相似之处，主要介绍水工沥青混凝土（见第十章）。

沥青防水材料主要有沥青防水卷材、APP 改性沥青防水卷材、改性沥青聚乙烯胎防水卷材、沥青防水涂料等。

沥青防水涂料有水乳型沥青防水涂料、冷底子油、沥青胶和高聚物改性沥青防水涂料。

冷底子油是用稀释剂（汽油、柴油、煤油、苯等）对沥青进行稀释的产物。它多在常温下用于防水工程的底层，故称冷底子油。冷底子油黏度小，具有良好的流动性。涂刷在混凝土、砂浆或木材等基面上，能很快渗入基层孔隙中，待溶剂挥发后，便与基面牢固接合。冷底子油形成的涂膜较薄，一般不单独做防水材料使用，只做某些防水材料的配套材料。施工时在基层上先涂刷一道冷底子油，再刷沥青防水涂料或铺油毡。冷底子油应涂刷于干燥的基面上，不宜在有雨、雾、露的环境中施工。

沥青胶又称沥青玛瑞脂，是沥青与矿质填充料及稀释剂均匀拌和而成的混合物。沥青胶按所用材料及施工方法不同可分为热用沥青胶及冷用沥青胶。热用沥青胶是由加热熔化的沥青与加热的矿质填充料配制而成；冷用沥青胶是由沥青溶液或乳化沥青与常温状态的矿质填充料配制而成。沥青胶应具有良好黏结性、柔韧性、耐热性,还要便于涂刷或灌注。工程中常用的热用沥青胶,其性能主要取决于原材料的性质及其组成。

一般工地施工是热用,配制热用沥青胶,是先将矿粉加热到100℃~110℃,然后慢慢地倒入已熔化的沥青中,继续加热并搅拌均匀,直到具有需要的流动性即可使用,热用沥青胶用于黏结和涂抹石油沥青油毡。冷用时须加入稀释剂将其稀释后于常温下施工运用,可以涂刷成均匀的薄层,但成本较高,不常使用。

热用沥青胶的各种材料用量:一般沥青材料占70%~80%,粉状矿质填充料(矿粉)为20%~30%,纤维状填充料为5%~15%。矿粉越多,沥青胶的耐热性越高,黏结力越大,但柔性降低,施工流动性也较差。

沥青胶的用途较广,可用于黏结沥青防水卷材、沥青混合料、水泥砂浆及水泥混凝土;还可用作接缝填充材料、大坝伸缩缝的止水井等。

第三节　混凝土与砂浆

一、混凝土组成材料

混凝土是以胶凝材料、粗集料、细集料和水,必要时掺入化学外加剂和矿物质混合材料,按适当比例配合,经过均匀拌制、密实成型及养护硬化后得到的人工石材。混凝土是现代工程使用量最大的重要建筑材料之一,无论在水利水电工程、工业与民用建筑、道路桥梁,还是地下工程、国防工程,都发挥着其他材料无法替代的作用。

(一)混凝土特性

混凝土成为当代最大宗、最重要的土建材料,其根本原因是混凝土材料具备许多优点,主要有以下五项。

1. 混凝土拌和物具有可塑性,可以按工程结构要求浇筑成不同形状和尺寸的整体结构和预制构件。

2. 与钢筋等有牢固的黏结力,能在混凝土中配筋或埋设钢件,制作成为强度高、耐久性好的钢筋混凝土构件或整体结构。

3. 其组成材料中砂、石等当地材料占80%以上,来源广、造价低。

4. 改变各材料品种和用量,可以得到不同物理力学性能的混凝土,以满足不同工程的要求,应用范围广泛。

5. 混凝土抗拉强度很低,受拉时抵抗变形能力小,容易开裂。

但混凝土自重大、比强度小、抗拉强度低、变形能力差和易开裂等缺点,也是有待研究改进的。

由于混凝土有上述重要优点，所以它被广泛应用于工业与民用建筑工程、水利工程、地下工程、公路、铁路、桥梁及国防军事等各类工程中。

（二）混凝土的组成材料

混凝土是由水泥、砂、石、水、外加剂和外掺料组成，砂、石起骨架作用，水泥与水形成水泥浆，水泥浆包裹砂子形成砂浆，砂浆包裹并填充石子的空隙，硬化后形成一个宏观匀质、微观非匀质的堆聚结构，混凝土是混合材料，其质量由原材料的性质及其相对含量决定，同时也与施工工艺（拌和、运输、浇筑、养护等）有关。因此，必须了解其原材料的性质、作用及其质量要求，合理地选择原材料，以保证混凝土的质量。

1. 水泥

水泥在混凝土中起胶结作用，水泥的品种和强度等级是影响混凝土强度、耐久性及经济性的重要因素。因此，正确选择水泥的品种和强度等级是很重要的。

（1）品种选择

配制混凝土一般可选用硅酸盐水泥、普通水泥、矿渣水泥、火山灰水泥和粉煤灰水泥，必要时也可以选用快硬水泥或其他水泥。

选用何种水泥，应根据工程特点和所处的环境条件，参照有关规范规定选用，如混凝土重力坝，属大体积混凝土，宜选用水化热低的水泥，可优先考虑矿渣水泥。

（2）强度等级选择

水泥强度等级的选择应与混凝土的设计强度等级相适应。

2. 细集料（砂）

混凝土用集料，按其粒径大小不同分为细集料和粗集料。粒径在 0.15~4.75mm 之间的集料称为细集料（砂）；粒径大于 4.75mm 的称为粗集料。粗、细集料的总体积占混凝土体积的 70%~80%，因此集料的性能对所配制的混凝土性能有很大影响。为保证混凝土的质量，对集料技术性能的要求主要包括：有害杂质含量少；具有良好的颗粒形状，适宜的颗粒级配；表面粗糙，与水泥黏结牢固；性能稳定，坚固耐久等。

混凝土的细集料主要采用天然砂和人工砂。天然砂按其产源不同又可分为河砂、湖砂、山砂及淡化海砂。河砂和海砂由于长期受水流的冲刷作用，颗粒表面比较圆滑、洁净，且产源较广，但海砂中常含有贝壳碎片及可溶盐等有害杂质。山砂颗粒多具棱角，表面粗糙，砂中含泥量及有机质等有害杂质较多。建筑工程中一般多采用河砂做细骨料。

人工砂是由人工采集的块石经破碎、筛分制成，包括机制砂、混合砂（机制砂和天然砂的混合）。一般在当地缺乏天然砂源时，采用人工砂。

3. 粗集料（石子）

混凝土中的粗集料是指粒径大于 4.75mm 的岩石颗粒。粗集料是组成混凝土骨架的主要组分，其质量对混凝土工作性、强度及耐久性等有直接影响。因此，粗集料除应满足集料的一般要求外，还应对其颗粒形状、表面状态、强度、粒径及颗粒级配有一定的要求。

常用的粗集料有碎石和卵石。卵石表面光滑，棱角少，空隙率及表面积小，拌制的混凝土水泥浆用量少，和易性较好，但与水泥石胶结力差。在相同条件下，卵石混凝土的强度较碎石混凝土低。碎石表面粗糙，棱角多，较洁净，与水泥浆黏结比较牢固。

4. 混凝土拌和及养护用水

对混凝土用水的质量要求是：不影响混凝土的凝结和硬化；无损于混凝土强度发展及耐久性；不加快钢筋锈蚀；不引起预应力钢筋脆断；不污染混凝土表面。

混凝土用水。按水源可分为饮用水、地表水、地下水和海水，以及经适当处理或处置过的工业废水，拌制和养护混凝土，宜采用饮用水，地表水和地下水常溶有较多的有机质和矿物盐类，必须按标准规定检验合格后方可使用。海水中含有较多的硫酸盐和氯盐，影响混凝土的耐久性和加速混凝土中钢筋的锈蚀，因此对于钢筋混凝土和预应力混凝土结构，不得采用海水拌制；对有饰面要求的混凝土，也不得采用海水拌制，以免因表面产生盐析而影响装饰效果。工业废水经检验合格后，方可用于拌制混凝土。生活污水的水质比较复杂，不能用于拌制混凝土。

对水质有怀疑时，应将待检水与蒸馏水分别做水泥凝结时间和砂浆或混凝土强度对比试验。对比试验测得水泥初凝时间差、终凝时间差均不大于 30min，且其初凝时间和终凝时间应符合水泥国家标准凝结时间的规定。用待检验水配制的水泥砂浆或混凝土的 28d 抗压强度不得低于用蒸馏水配制的对比砂浆或混凝土强度的 90%。

5. 混凝土外加剂

混凝土外加剂（以下简称外加剂）是一种在混凝土搅拌之前或拌制过程中加入的、用以改善新拌混凝土和（或）硬化混凝土性能的材料。

混凝土外加剂的使用是混凝土技术的重大突破，外加剂的掺量虽然很少，却能显著改善混凝土的某些性能。在混凝土中应用外加剂具有投资少、见效快、技术经济效益显著的特点。混凝土外加剂按其主要功能可分为四类。

第一，改善混凝土拌和物流变性能的外加剂，包括各种减水剂和泵送剂等。

第二，调节混凝土凝结时间、硬化性能的外加剂，包括缓凝剂、促凝剂和速凝剂等。

第三，改善混凝土耐久性的外加剂，包括引气剂、防水剂、阻锈剂和矿物外加剂等。

第四，改善混凝土其他性能的外加剂，包括膨胀剂、防冻剂、着色剂等。

混凝土外加剂虽然具有改善混凝土的性能、节约水泥用量等特点，但其使用方法和掺量有严格的规定，如不按规定施工，后果严重。

6. 混凝土的掺合料（外掺料）

为了节约水泥，改善混凝土性能，在普通混凝土中可掺入一些矿物粉末，称为掺合料，常用的有粉煤灰、硅粉等。

（1）粉煤灰

粉煤灰具有火山灰活性作用，掺入混凝土时，它吸收氢氧化钙后生成水化硅酸钙凝胶，成为胶凝材料的一部分；微珠球状颗粒，具有增大混凝土拌和物流动性、减少泌水、改善混凝土和易性的作用。粉煤灰水化反应很慢，它在混凝土中长期以固体颗粒形态存在，具有填充集料空隙的作用，可提高混凝土密实性。粉煤灰可代替部分水泥，成本低廉，可获得显著的经济效益。

混凝土中掺入粉煤灰时，常与减水剂、引气剂或阻锈剂同时掺用，称为双掺技术。减水剂可以克服某些粉煤灰增大混凝土需水量的缺点；引气剂可以解决粉煤灰混凝土抗冻性能较低的问题；阻锈剂可以改善粉煤灰混凝土抗碳化性能，防止钢筋锈蚀。

（2）硅粉（硅灰）

硅粉也称硅灰，是从冶炼硅铁和其他硅金属工厂的废烟气中回收的副产品。硅粉呈灰白色，颗粒极细，是水泥粒径的 1/100~1/50，比表面积为 $20\sim25\mathrm{m^2/g}$。主要成分为 SiO_2，活性很高，是一种新型改善混凝土性能的掺合料。

硅粉掺入混凝土中，可以改善混凝土拌和物和易性，配制高强混凝土，改善混凝土的孔隙结构，提高耐久性。硅粉混凝土的抗冲磨性随硅粉掺量的增加而提高，硅粉混凝土抗侵蚀性较好。

硅粉掺入混凝土的方法，有内掺法（取代等质量水泥）、外掺法（水泥用量不变）及硅粉和粉煤灰共掺法等多种。无论采用哪种掺法，都必须同时掺入适量的高效减水剂，以使硅粉在水泥浆体内充分分散。

二、其他混凝土

（一）水工沥青混凝土

1. 水工沥青混凝土组成。

水工沥青混凝土是由沥青、石子和砂及填充料按适当比例配制而成。通常情况下由以下三部分组成：

（1）石油沥青

沥青混凝土用的沥青材料，应根据气候条件、建筑物工作条件、沥青混凝土的种类和施工方法等条件选择。水工沥青混凝土多采用道路石油沥青配制。

（2）粗、细骨料

沥青混凝土一般选用质地坚硬、密实、清洁、不含过量有害杂质、级配良好的碱性岩石（如石灰岩、白云岩、玄武岩、辉绿岩等），并且要有良好的黏结性。

细骨料可采用天然砂或人工砂，均应级配良好、清洁、坚固、耐久，不含有害杂质。

（3）外加剂

为改善沥青混凝土的性能而掺入的少量物质，称为外加剂。常用的有石棉、消石灰、聚酰胺树脂及其他物质。例如，掺入石棉可提高沥青混凝土的热稳定性、抗弯强度、抗裂性等，掺入消石灰、聚酰胺树脂可提高沥青与酸性矿料的黏聚性、水稳定性。

2. 技术性质

水工沥青混凝土的技术性质应满足工程的设计要求，具有与施工条件相适应的和易性。其主要技术性质包括和易性、抗渗性、力学性质、热稳定性、柔性和耐久性等。

（1）和易性

和易性是指沥青混凝土在拌和、运输、摊铺及压实过程中具有与施工条件相适应、既保证质量又便于施工的性能。沥青混凝土和易性目前尚无成熟的测定方法，多是凭经验判定。

沥青混凝土的和易性与组成材料的性质、用量及拌和质量等多种因素有关。使用黏滞性较小的沥青，能配制成流动性高、松散性强、易于施工的沥青混凝土，当使用黏滞性大的沥青时，流动性及分散性较差；沥青用量过多时易出现泛油，使运输时卸料困难，并难以铺平。矿质混合料中，粗、细骨料的颗粒大小相差过大，缺乏中间颗粒，则容易产生离析分层；使用未经烘干的矿粉，易使沥青混凝土结块、质地不均匀，不易摊铺；矿粉用量过多，使沥青混凝土黏稠，但矿粉用量过少，则会降低沥青混凝土的抗渗性、强度及耐久性等。

（2）抗渗性

沥青混凝土的抗渗性用渗透系数（cm/s）来表示。

沥青混凝土的抗渗性取决于矿质混合料的级配、填充空隙的沥青用量及碾压后的密实程度。一般情况下，矿料的级配良好、沥青用量较多、密实性好的沥青混凝土，其抗渗性较强。沥青混凝土的抗渗性与孔隙率之间的关系，孔隙率越小其渗透系数就越小、抗渗性越好。一般孔隙率在4%以下时，渗透系数可小于 $7 \sim 10 \, cm/s$。因此，在设计和施工中，常以4%的孔隙率作为控制防渗沥青混凝土的控制指标。

沥青混凝土的抗渗性还与其所受的压力有关。实践证明，抗渗性能随着水压的增加而增强。

（3）力学性质

沥青混凝土的力学性质包括抗压、拉伸、弯曲、剪切强度和变形。一般来说，沥青混凝土的破坏强度和破坏变形是随温度、加荷速度等因素而异。大量试验研究认为，沥青混合料的破坏和变形可分为三种类型：Ⅰ型——脆性破坏、Ⅱ型——过渡性破坏、Ⅲ型——流动性破坏。

影响沥青混合料破坏强度、破坏应变和变形模量的因素除了温度和加荷速度外，还与沥青的针入度、针入度指数、沥青用量有关。在矿料级配相同的条件下，沥青的针入度增大，针入度指数减小，沥青用量增多，沥青混合料的破坏类型就由Ⅰ型逐渐向Ⅲ型转变，其破坏强度降低而破坏应变增加。

沥青混凝土在低温或短时间荷载作用下，它近于弹性；而在高温或长时间荷载下就表现出黏弹性或近于黏性。因此，测定沥青混凝土的力学性能，要特别注意在实际使用条件下的性能。

一般情况下，沥青混凝土的抗拉强度为 $0.5 \sim 5mPa$；抗压强度为 $5 \sim 40mPa$；抗弯强度为 $3 \sim 12mPa$。延性破坏应变为 10^{-2}，脆性破坏应变为 10^{-3}。

（4）热稳定性

热稳定性是指沥青混凝土在高温下，承受外力不断作用，抵抗永久变形、不发生过大的累积塑性变形的能力和抵抗塑性流动的性能。当温度升高时，沥青的黏滞性降低，使沥青与矿料的黏结力下降而导致沥青混凝土的强度降低、塑性增加。因此，沥青混凝土必须具有良好的热稳定性。

影响沥青混凝土热稳定性的因素主要是：沥青的黏度和用量、矿质混合料的性能和级配、填充料的品种及用量。适当的沥青用量可以使矿料颗粒更多地以结构沥青的形式相连接，增加混合料的黏聚力和内摩擦力，增加沥青混合料的抗剪变形能力。在矿料选择上，应挑选粒径大的、有棱角的颗粒，以提高矿料的内摩擦角。另外，还可以加入一些外加剂，来改善沥青混合料的热稳定性。

（5）柔性

柔性是指沥青混凝土在自重或外力作用下，适应变形而不产生裂缝的性质。柔性好的沥青混凝土适应变形能力大，即使产生裂缝，在高水头的作用下也能自行封闭。

沥青混凝土的柔性主要取决于沥青的性质及用量、矿质混合料的级配，以及填充料与沥青用量的比值。采用增加沥青用量并减少填充料（矿粉）用量的方法，是解决用低延伸度沥青配制具有较高柔性沥青混凝土的一种有效方法。同时，沥青混凝土的柔性，可以根据工程中的具体情况，通过弯曲试验或拉伸试验，测出试件破坏时梁的挠跨比或极限拉伸值，予以评定。

（6）耐久性

耐久性是指沥青混凝土在使用过程中抵抗环境因素的能力。它包括沥青混合料的抗老化性、水稳定性和抗疲劳性等综合素质。水工沥青混凝土多处于潮湿环境，因此这里着重关注它的水稳定性。

沥青混凝土水稳定性不足表现在，水分浸入会削弱沥青与骨料之间的黏结力，使沥青与骨料剥离而逐渐破坏，或遭受冻融作用而破坏。因此，沥青混凝土的水稳定性，取决于沥青混凝土的密实程度及沥青与矿料间的黏结力，沥青混凝土的孔隙率越小，水稳定性越高。一般认为孔隙率小于 4% 时，其水稳定性是有保证的。采用黏滞性大的沥青及碱性矿料都能提高沥青混凝土的水稳定性。

（二）高强混凝土

C60 及以上强度等级的混凝土，简称高强混凝土。强度等级超过 C100 的混凝土，称为超高强混凝土。

高强混凝土的特点是抗压强度高，变形小；在相同的受力条件下能减小构件体积，降低钢筋用量；致密坚硬，耐久性能好；脆性比普通混凝土高；抗拉、抗剪强度随抗压强度的提高有所增长，但拉压比和剪压比都随之降低。主要用于混凝土桩基、预应力轨枕、电杆、大跨度薄壳结构、桥梁、输水管等。

（三）泵送混凝土

混凝土拌和物的坍落度不低于 100mm，并在泵压作用下经管道实行垂直及水平输送的混凝土。

泵送混凝土所采用的原材料应符合下列要求：选用硅酸盐水泥、普通硅酸盐水泥、矿渣水泥、粉煤灰水泥，不宜采用火山灰水泥。粗骨料的最大粒径与输送管径之比，当泵送高度在 50m 以下时，对碎石不宜大于 1：3，对卵石不宜大于 1：2.5；泵送高度在 50~100m 时，对碎石不宜大于 1：4，对卵石不宜大于 1：3；泵送高度在 100m 以上时，对碎石不宜大于 1：5，对卵石不宜大于 1：4；粗骨料应采用连续级配，且针片状颗粒含量不宜大于 10%。宜采用中砂，其通过 0.315mm 筛孔的颗粒含量不应小于 15%。泵送混凝土应掺用泵送剂或减水剂，并宜掺用优质粉煤灰或其他活性矿物掺合料。

泵送混凝土的用水量与水泥及矿物掺合料的总量之比不宜大于 0.60，水泥和矿物掺合料的总量不宜小于 300kg/m³，含砂率宜为 35%~45%，掺用引气型外加剂时，其混凝土含气量不宜大于 4%。

泵送混凝土适用于需要采用泵送工艺混凝土的高层建筑，超缓凝泵送剂用于大体积混凝土，含防冻组分的泵送剂适用于冬季施工混凝土。

（四）大体积混凝土

混凝土结构物实体最小尺寸不小于1m，或预计会因水泥水化热引起混凝土内外温差过大而导致裂缝的混凝土，称为大体积混凝土。

大体积混凝土所用原材料应符合下列要求：水泥应选用水化热低、凝结时间长的水泥，如低热矿渣硅酸盐水泥、中热硅酸盐水泥、矿渣硅酸盐水泥、火山灰质硅酸盐水泥、粉煤灰硅酸盐水泥；当采用硅酸盐水泥或普通硅酸盐水泥时，应采取相应措施延缓水化热的释放；粗骨料宜采用连续级配，细骨料宜采用中砂；宜掺用缓凝剂、减水剂和减少水泥水化热的掺合料。

大体积混凝土在保证强度及和易性的前提下，应提高掺合料及骨料的含量，以降低每立方米混凝土的水泥用量，满足低热性要求。

（五）碾压混凝土

碾压混凝土是一种超干硬性混凝土。水灰比可达0.70~0.90，水泥用量少，混凝土放热量低，浇筑时一般不须人工降温，可分层连续浇筑，大大加快了施工进度。适用于大坝及公路等大体积及连续施工的大面积混凝土工程。

（六）轻混凝土

轻混凝土是指干表观密度小于1 950kg/m³的混凝土。

轻骨料具有表观密度小、表面多孔粗糙、吸水性强等特点，因此，其拌和物的和易性与普通混凝土有明显的不同。轻骨料混凝土拌和物的黏聚性和保水性好，但流动性差。因而拌和物的用水量应由两部分组成：一部分为使拌和物获得要求流动性的用水量，称为净用水量；另一部分为轻骨料1h的吸水量，称为附加水量。

轻骨料混凝土的强度，主要取决于轻骨料的强度和水泥石的强度。轻骨料混凝土的弹性模量小。轻骨料混凝土的收缩和徐变，比普通混凝土相应大，热膨胀系数比普通混凝土小20%左右。

轻骨料混凝土主要适用于高层和多层建筑、软土地基、大跨度结构、抗震结构、要求节能的建筑和旧建筑的加层等。

三、砂浆

（一）砂浆的组成材料

1. 胶凝材料

砌筑砂浆常用的胶凝材料有水泥、石灰、石膏等。在选用时应根据使用环境、用途等合理选择，在干燥环境条件下使用的砂浆既可以选用气硬性胶凝材料，又可以选用水硬性胶凝材料；在潮湿环境下或水中使用的砂浆必须选用水硬性胶凝材料。

配制砂浆用的水泥强度一般为砂浆强度的4~5倍为宜。

2. 掺加料及外加剂

为了改善砂浆的和易性，节约水泥用量，在砂浆中常掺入适量的掺加料或外加剂。可在纯水泥砂浆中掺入石灰膏、黏土膏、磨细生石灰粉、粉煤灰等无机塑化剂或皂化松香、微沫剂、纸浆废液等有机塑化剂。

石灰、黏土均应制成稠度为12cm的膏状体掺砂浆中。黏土应选颗粒细、黏性好、含砂量及有机物含量少的为宜。

3. 砂

配制砌筑砂浆用砂应符合砂浆用砂的技术要求，一般宜采用中砂，毛石砌筑则宜选用粗砂。砂的最大粒径因受灰缝厚度的限制，一般不超过灰缝厚度的1/4~1/5。

4. 拌和用水

砂浆拌和用水的技术要求与混凝土拌和用水是相同的。

（二）砂浆技术性质

新拌的砂浆应满足下列性质。

第一，满足和易性要求。

第二，满足设计种类和强度等级要求。

第三，具有足够黏结力。

1. 和易性

砂浆的和易性是指砂浆拌和物在施工中既便于操作，又能保证工程质量的性质。和易性好的砂浆，在运输和施工过程中不易产生分层、泌水现象，能在粗糙的砌筑底面上铺成均匀的薄层，使灰缝饱满密实，且能与底面很好地黏结成整体，既便于施工又能保证工程质量。砂浆的和易性包括流动性和保水性两个方面。

（1）流动性

砂浆流动性表示砂浆在自重或外力作用下流动的性能。用"沉入度"表示。

用砂浆稠度仪通过试验测定沉入度值，以标准圆锥体在砂浆内自由沉入10s，沉入深度用cm数值表示。沉入值大，则砂浆流动性大。流动性过大，硬化后强度将会降低；流动性过小，则不便于施工操作，因此新拌砂浆应具有适宜的流动性。

砂浆流动性的大小与砌体种类、施工条件及气候条件等因素有关。

（2）保水性

砂浆的保水性是指砂浆保持水分的能力。用"分层度"或"泌水率"表示。

保水性可用砂浆分层度测定仪测定。将拌好的砂浆置于容器中，测其沉入度 K_1，静置 30min 后，去掉上面 20cm 厚砂浆，将下面剩余 10cm 砂浆倒出拌和均匀，测其沉入度 K_2，两次沉入度的差（$K_1 - K_2$）称为分层度，以 cm 表示。砂浆分层度 1~3cm 保水性好。《砌筑砂浆配合比设计规程》规定，砌筑砂浆的分层度不应大于 30mm。分层度大于 30mm，砂浆容易离析，不便施工；分层度接近于零的砂浆，易产生裂缝，不宜作为抹面砂浆。

2. 硬化砂浆的技术性质

硬化后的砂浆应满足抗压强度及黏结强度的要求。

（1）强度等级

砂浆硬化后应具有足够的强度。砂浆在砌体中的主要作用是传递压力，所以应具有一定的抗压强度。其抗压强度是确定强度等级的主要依据。

砌筑砂浆强度等级是用尺寸为 70.7mm×70.7mm×70.7mm 立方体试件，在标准温度（20℃±3℃）及规定湿度条件下养护 28d 的平均抗压极限强度（MPa）来确定的。

砌筑砂浆强度等级有 M20、M15、M10、M7.5、M5、M2.5 等 6 个等级。它们的抗压强度依次不低于 20mPa、15mPa、10mPa、7.5mPa、5mPa、2.5mPa。

（2）强度

砌筑砂浆的实际强度与其所砌筑材料的吸水性有关。当用于不吸水的材料（如致密的石材）时，砂浆强度主要取决于水泥的强度和水灰比，即

$$f_{28} = A f_{ce}\left(\frac{C}{W} - B\right) \tag{8-13}$$

式中：f_{28}——砂浆 28d 抗压强度，MPa；

f_{ce}——水泥实测强度，MPa；

$\dfrac{C}{W}$——灰水比。

A、B——经验系数，当用普通水泥时，A 取 0.29，B 取 0.4。

当用于吸水的材料（如烧土砖）时，原材料及灰砂比相同时，砂浆拌和时加入水量虽稍有不同，但经材料吸水，保留在砂浆中的水分仍相差不大，砂浆的强度主要取决于水泥强度和水泥用量，而与用水量关系不大，所以，可用式（8-14）表示，即

$$f_{28} = \frac{\alpha f_{ce} Q_c}{1\,000} + \beta \tag{8-14}$$

式中：f_{28}——砂浆 28d 抗压强度，MPa；

f_{ce}——水泥实测强度，MPa；

Q_c——$1m^3$砂浆中水泥用量，kg；

α、β——砂浆的特征系数。

（3）黏结强度

砂浆与其所砌筑材料的黏结力称为黏结强度。一般情况下，砂浆的抗压强度越高，其黏结强度也越高。另外，砂浆的黏结强度与所砌筑材料的表面状态、清洁程度、湿润状态、施工水平及养护条件等密切相关。

（三）水工砂浆配合比设计

砂浆配合比设计是按照工程要求，根据原材料的技术性质来确定组成砂浆材料的用量比例。水工砂浆配合比设计应按下列要求和步骤进行。

1. 砂浆配合比设计的基本原则

（1）砂浆的技术指标要求与其接触的混凝土的设计指标相适应。

（2）砂浆所使用的原材料应与其接触的混凝土所使用的原材料相同。

（3）砂浆应与其接触的混凝土所使用的掺合料品种、掺量相同，减水剂的掺量为混凝土掺量的70%左右。当掺引气剂时，其掺量应通过试验确定，以含气量达到7%~9%时的掺量为宜。

（4）采用体积法计算每立方米砂浆各项材料用量。

2. 砂浆配合比的试配、调整和确定

（1）按计算的配合比进行试拌，固定水胶比，调整用水量直至达到设计要求的稠度。由调整后的用水量提出进行砂浆抗压强度试验用的配合比。

（2）砂浆抗压强度试验至少应采用3个不同的配合比，其中一个应为上一步确定的配合比，其他配合比的用水量不变，水胶比依次增减，变化幅度为0.05。当不同水胶比的砂浆稠度不能满足设计要求时，可通过增、减用水量进行调整。

（3）测定满足设计要求的浆稠时每立方米砂浆的质量、含气量及抗压强度，根据28d龄期抗压强度试验结果，绘出抗压强度与水胶比（或砂灰比）关系曲线，用作图法或计算法求出与砂浆配制强度相对应的水胶比（或砂灰比）。

第四节　建筑钢材

在建筑结构工程中，对钢材的选用要考虑其使用性能，它包括钢材的力学性能和钢材的工艺性能，钢材力学性能主要有拉伸、塑性、冲击韧性和耐疲劳性等。工艺性能是钢材在加工制造过程中所表现的特性，包括冷弯性能、焊接性能、热处理性能等。

一、钢材的工艺性能

钢材的冷弯性能、冷加工性能及时效处理、焊接性能都是钢材的工艺性能。良好的工艺性能，能保证钢材进行顺利的加工。

（一）冷弯性能

冷弯性能是指常温下对钢材试件按规定进行弯曲（90°或180°），钢材承受弯曲变形的能力。冷弯性能是钢材的重要工艺性能。

冷弯试验是将钢材试件以规定尺寸的弯心进行试验，弯曲至规定的程度（90°或180°），检验钢材试件承受塑性变形的能力及其缺陷，如钢材因冶炼过程产生的气孔、杂质，以及焊接时局部脆性和焊接接头质量缺陷等。所以，冷弯指标不仅对加工性能有要求，而且也是评定钢材塑性和保证钢材塑性及焊接接头质量的重要指标之一。

（二）冷加工性能及时效处理

将钢材在常温下进行冷拉、冷拔或冷轧，使其产生塑性变形，从而提高钢材的强度。这个过程称为冷加工强化处理。

经强化处理后钢材的塑性和韧性降低。由于塑性变形中产生内应力，故钢材的弹性模量降低。但是使钢材的屈服点提高。

钢材经冷加工后，在常温下存放 15~20d 或加热至 100℃~200℃，保持一定时间，其屈服强度、抗拉强度及硬度进一步提高，而塑性及韧性继续降低，弹性模量基本恢复，这种现象称为时效。前者称为自然时效，后者称为人工时效。

（三）焊接性能

在建筑工程中，各种钢结构、钢筋及预埋件等均采用焊接加工，所以要求钢材具有良好的可焊性。钢材在焊接过程中，局部高温受热，焊后急冷，会造成局部变形和硬脆倾向。可焊性好的钢材在焊接加工后，局部硬脆倾向小，才能使焊接牢固可靠。

可焊性好坏主要取决于钢材的化学成分与含量。含碳量小于 0.25% 的碳素钢具有良好的可焊性。加入合金元素（如硅、锰、钒、钛等）也将增大焊接处的硬脆性，降低可焊性。此外，焊前预热和焊后热处理，可使可焊性差的钢材焊接质量得到提高。

二、常用的建筑钢材

（一）预应力混凝土用钢丝和钢绞线

1. 钢丝

由优质碳素结构钢经冷加工、热处理、冷轧、绞捻等过程制得。其特点是：强度高，安全可靠，便于施工。无明显屈服点，强度高、柔韧性好、无接头、质量稳定、施工简便等，使用时按要求长度切割，用于大荷载、大跨度、曲线配筋的预应力钢筋混凝土结构。

2. 钢绞线

钢绞线是将若干根碳素钢丝经绞捻及热处理后制成的。钢绞线强度高、柔性好，特别适用于曲线配筋的预应力钢筋混凝土结构、大跨度屋架及吊车梁。

预应力钢绞线以盘或卷状态交货，每盘钢绞线应由一整根组成，如无特殊要求，每盘钢绞线的长度不小于 200m。成品钢绞线的表面不能有润滑剂、油渍等降低钢绞线与混凝土黏结力的物质。钢绞线表面允许有轻微的浮锈，但不得锈蚀成目视可见的麻坑。

（二）型钢

按照钢的冶炼质量不同，型钢分为普通型钢和优质型钢。普通型钢按现行金属产品目录又分为大型型钢、中型型钢、小型型钢。普通型钢按其断面形状又可分为工字钢、槽钢、角钢、圆钢等。型钢的规格以反映其断面形状的主要轮廓尺寸来表示。常用规格的型钢有工字钢、槽钢和角钢（等边角钢和不等边角钢）。工字钢、槽钢、角钢广泛应用于工业建筑和金属结构，如厂房、桥梁、船舶、运输机械等，但型钢往往配合使用。

（三）钢板

钢板按其厚度分厚钢板（厚度为 20~60mm）、中厚钢板（厚度为 4~20mm）、薄钢板（厚度小于 4mm）。

在建筑工程中，厚钢板很少使用，一般多用中厚钢板，与各种型钢组成钢结构。花纹钢板具有防化作用，多用于工业建筑的工作平台和楼梯踏步板。

薄钢板表面有镀锌（俗称白铁皮）和不镀锌之分。镀锌钢板（白铁皮）抗腐蚀性好，多用于制作成落水管、通风管，压制成波形后可作为不保温车间的屋面和墙面。

薄钢板上涂有瓷质釉料，烧制后即成搪瓷。搪瓷板可用作饰面材料，并制成卫生洁具（浴缸、洗涤盆、水箱等）。

薄钢板上敷以塑料薄层即成涂塑钢板，具有良好的防锈、防水和装饰性能，可以作为屋面板、墙面、排气及通风管道。

（四）钢管

钢管按生产工艺分为无缝钢管和焊接钢管。焊接钢管又有镀锌（俗称白铁管）和不镀锌之分，此外还有电线管。

无缝钢管主要用于压力管道或一些特定的钢结构中。镀锌钢管主要用于室内给水管道，但由于其耐腐蚀性差，正逐渐被塑铝管、塑铜管所取代。

三、钢材的检验

（一）钢的宏观检验方法

利用肉眼或 10 倍以下的低倍放大镜观察金属材料内部组织及缺陷的检验。常用的方法有断口检验、低倍检验、塔形车削发纹检验及硫印试验等。可以检验钢材在不同断面上的缺陷，如缩孔、疏松、偏析、气泡、夹杂物、"白点"、在不同界面上是否有发纹（细裂纹缺陷）等。

（二）钢的微观检验方法

显微检验又叫作高倍检验，是将制备好的试样，按规定的放大倍数在显微镜下进行观察测定，以检验金属材料的组织及缺陷的检验方法。一般检验夹杂物、晶粒度、脱碳层深度、晶间腐蚀等。

（三）规格尺寸的检验

规格尺寸指金属材料主要部位（长、宽、厚、直径等）的公称尺寸。

公称尺寸（名义尺寸）：是人们在生产中想得到的理想尺寸，但它与实际尺寸有一定差距。

尺寸偏差：实际尺寸与公称尺寸之差值叫尺寸偏差。大于公称尺寸叫正偏差，小于公称尺寸叫负偏差。在标准规定范围内叫允许偏差，超过范围叫尺寸超差，超差属于不合格品。

交货长度（宽度）：是金属材料交货主要尺寸，指金属材料交货时应具有的长（宽）度规格。

（四）数量的检验

金属材料的数量，一般是指重量（除个别例垫板、鱼尾板以件数计），数量检验方法有以下两种。

按实际重量计量：按实际重量计量的金属材料一般应全部过磅检验。对有牢固包装（如箱、盒、桶等），在包装上均应注明毛重、净重和皮重。如薄钢板、硅钢片、铁合金可进行抽检数量不少于一批的 5%，若抽检重量与标记重量出入很大，则须全部开箱称重。

按理论换算计量：以材料的公称尺寸（实际尺寸）和相对密度计算得到的重量，对那些定尺的型板等材料都可按理论换算，但在换算时要注意换算公式和材料的实际相对密度。

（五）表面质量检验

表面质量检验主要是对材料、外观、形状、表面缺陷的检验，主要有椭圆度、弯曲、扭转、弯曲度、镰刀弯（侧面弯）、瓢曲度、表面裂纹、耳子、刮伤、结疤、黏结、氧化铁皮、折叠、麻点和皮下气泡。

表面缺陷产生的原因主要是由于生产、运输、装卸、保管等操作不当。根据对使用的影响不同，有的缺陷根本不允许超过限度；有些缺陷虽然允许存在，但不允许超过限度。各种表面缺陷是否允许存在，或者允许存在程度，在有关标准中均有明确规定。

（六）化学成分检验

化学成分是决定金属材料性能和质量的主要因素。因此，标准中对绝大多数金属材料规定了必须保证的化学成分，有的甚至作为主要的质量、品种指标。化学成分可以通过化学的、物理的多种方法来分析鉴定，目前应用最广的是化学分析法和光谱分析法。此外，设备简单、鉴定速度快的火花鉴定法，也是对钢铁成分鉴定的一种实用的简易方法。

（七）内部质量检验的保证条件

金属材料内部质量的检验依据是根据材质适应不同的要求，保证条件也不同，在出厂和验收时必须按保证条件进行检验，并符合要求，保证条件分为以下四种。

1. 基本保证条件

对材料质量最低要求，无论是否提出，都得保证，如化学成分、基本机械性能等。

2. 附加保证条件

指根据需方在订货合同中注明要求才进行检验，并保证检验结果符合规定的项目。

3. 协议保证条件

供需双方协商并在订货合同中加以保证的项目。

4. 参考条件

双方协商进行检验项目，但仅做参考条件，不做考核。

第五节　土工合成材料

一、土工合成材料类型

土工合成材料可分为土工织物、土工膜、土工复合材料和土工特种材料四大类。

（一）土工织物

土工织物又称土工布，它是由聚合物纤维制成的透水性土工合成材料。按制造方法不同，土工织物可分为织造（有纺）型土工织物与非织造型（无纺）土工织物两大类。

1. 织造型土工织物

（1）结构

织造型土工织物是问世最早的土工织物产品，又称为有纺土工织物。它是由单丝或多丝织成的，或由薄膜形成的扁丝编织成的布状卷材。其制造工序是：将聚合物原材料加工成丝、纱、带，再借织机织成平面结构的布状产品。织造时有相互垂直的两组平行丝。沿织机（长）方向的称经丝，横过织机（宽）方向的称纬丝。

单丝的典型直径为0.5mm，它是将聚合物热熔后从模具中挤压出来的连续长丝。在挤出的同时或刚挤出后将丝拉伸，使其中的分子定向，以提高丝的强度。多丝是由若干根单丝组成的，在制造高强度土工织物时常采用多丝。扁丝是由聚合物薄片经利刃切成的薄条，在切片前后都要牵引拉伸以提高其强度，宽度约为3mm，是其厚度的10~20倍。

目前，大多数编织土工织物是由扁丝织成，而圆丝和扁丝结合成的织物有较高的渗透性。

（2）织造类型

织造型土工织物有三种基本的织造类型，即平纹、斜纹和缎纹。平纹是最简单、应用最多的织法，其形式是经纹、纬纹一上一下。斜纹是经丝跳越几根纬丝。最简单的形式是经丝二上一下。缎纹是经丝和纬丝长距离地跳越，如经丝五上一下，这种织法适用于衣料类产品。

（3）各产品的特性

不同的丝和纱及不同的织法，织成的产品具有不同的特性。平纹织物有明显的各向异性，其经向、纬向的摩擦系数也不一样；圆丝织物的渗透性一般比扁丝的高，每百米长的经丝间穿越的纬丝越多，织物越密越强，渗透性越低。单丝的表面积较多丝的表面积小，其防止生物淤堵的性能好。聚丙烯的老化速度比聚酯和聚乙烯的要快。由此可见，可以借助调整丝（纱）的材质、品种和织造方式等来得到符合工程要求的强度、经纬强度比、摩擦系数、等效孔径和耐久性等项指标。

2. 非织造型土工织物

非织造型土工织物又称无纺土工织物，是由短纤维或喷丝长纤维按随机排列制成的絮垫，经机械缠合，或热黏合、或化学黏合而成的布状卷材。

（1）热黏合

热黏合是将纤维在传送带上成网，让其通过两个反向转动的热辊之间热压，纤维网受热达到一定温度后，部分纤维软化熔融，互相粘连，冷却后得到固化。这种方法主要用于生产薄型土工织物，厚度一般为 0.5~1.0mm。由于纤维是随机分布的，织物中形成无数大小不一的开孔，又无经纬丝之分，故其强度的各向异性不明显。

纺黏合是热黏合中的一种，是将聚合物原材料经过熔融、挤压、纺丝成网、纤维加固后形成的产品。该种织物厚度薄而强度高，渗透性大。由于制造流程短、产品质量好、品种规格多、成本低、用途广，近年来在我国发展较快。

（2）化学黏合

化学黏合是通过不同工艺将黏合剂均匀地施加到纤维网中，待黏合剂固化，纤维之间便互相粘连，使之得以加固，厚度可达 3mm。常用的黏合剂有聚烯酯、聚酯乙烯等。

（3）机械黏合

机械黏合是以不同的机械工具将纤维加固。机械黏合有针刺法和水刺法两种。针刺法利用装在针刺机底板上的许多截面为三角形或菱形且侧面有钩刺的针，由机器带动，做上下往复运动，让网内的纤维互相缠结，从而织网得以加固。产品厚度一般在 1mm 以上，孔隙率高，渗透性大，反滤、排水性能好，在工程中应用很广。水刺法是利用高压喷射水流射入纤维网，使纤维互相缠结加固。产品柔软，主要用于卫生用品，工程中尚未应用。

（二）土工膜

土工膜是透水性极低的土工合成材料。根据原材料不同，可分为聚合物和沥青两大类。按制作方法不同，可分为现场制作和工厂预制两大类。为满足不同强度和变形需要，又有加筋和不加筋之分。聚合物膜在工厂制造，而沥青膜则大多在现场制造。

制造土工膜的聚合物有热塑塑料（如聚氯乙烯）、结晶热塑塑料（如高密度聚乙烯）、热塑弹性体（如氯化聚乙烯）和橡胶（如氯丁橡胶）等。

现场制造是指在工地现场地面上喷涂一层或敷一层冷或热的黏性材料（沥青和弹性材料混合物或其他聚合物），或在工地先铺设一层织物在需要防渗的表面，然后在织物上喷涂一层热的黏性材料，使透水性低的黏性材料浸在织物的表面，形成整体性的防渗薄膜。

工厂制造是采用高分子聚合物、弹性材料或低分子量的材料通过挤出、压延或加涂料等工艺过程所制成，是一种均质薄膜。挤出是将熔化的聚合物通过模具制成土工膜，厚 0.25~4.0mm。压延是将热塑性聚合物通过热辊压成土工膜，厚 0.25~2.0mm。加涂料是将聚合物均匀涂在纸片上，待冷却后将土工膜揭下来而成。

制造土工膜时，掺入一定量的添加剂，可使其在不改变材料基本特性的情况下，改善其某些性能和降低成本。例如，掺入炭黑可提高抗日光紫外线能力，延缓老化；掺入滑石等润滑剂可改善材料可操作性；掺入铅盐、钡、钙等衍生物以提高材料的抗热、抗光照稳定性；掺入杀菌剂可防止细菌破坏等。在沥青类土工膜中，掺入填料（如细矿粉）或纤维，可提高膜的强度。

（三）土工复合材料

土工复合材料是两种或两种以上的土工合成材料组合在一起的制品。这类制品将各种组合料的特性结合起来，以满足工程的特定需要。

1. 复合土工膜

复合土工膜是将土工膜和土工织物（包括织造型和非织造型）复合在一起的产品。应用较多的是非织造针刺土工织物，其单位面积质量一般为 200~600 g/m²。复合土工膜在工厂制造时有两种方法：一是将织物和膜共同压成；二是在织物上涂抹聚合物以形成二层（一布一膜）、三层（二布一膜）、五层（三布二膜）的复合土工膜。

复合土工膜具有许多优点。例如，以织造型土工织物复合，可以对土工膜加筋，保护不受运输或施工期间的外力损坏；以非织造型织物复合，可以对土工膜起加筋、保护、排水排气作用，提高膜的摩擦系数，在水利工程和交通隧洞工程中有广泛的应用。

2. 塑料排水带

塑料排水带是由不同凹凸截面形状并形成连续排水槽的带状心材，外包非织造土工织物（滤膜）构成的排水材料。心板的原材料为聚丙烯、聚乙烯或聚氯乙烯。心板截面形式有城垛式、口琴式和乳头式等。

心板起骨架作用，截面形成的纵向沟槽供通水之用，而滤膜多为涤纶无纺织物，作用是滤土、透水。塑料排水带的宽度一般为 100mm，厚度为 3.5~4mm，每卷长 100~200m，单位重 0.125kg/m，排水带在公路、码头、水闸等软基加固工程中应用广泛。

3. 软式排水管

软式排水管又称为渗水软管，是由高强度钢丝圈作为支撑体及具有反滤、透水、保护作用的管壁包裹材料两部分构成的。

高强钢丝由钢线经磷酸防锈处理，外包一层 PVC 材料，使其与空气、水隔绝，避免氧化生锈。包裹材料有三层：内层为透水层，由高强度尼龙纱作为经纱，特殊材料为纬纱制成；中层为非织造土工织物过滤层；外层为与内层材料相同的覆盖层。在支撑体和管壁外裹材料间、外裹各层之间都采用了强力黏结剂黏合牢固，以确保软式排水管的复合整体性。目前，管径有 50.1mm、80.4mm 和 98.3mm，相应的通水量（坡降 i = 1/250）为 45.7cm³/s、162.7cm³/s、311.4cm³/s。

软式排水管兼有硬水管的耐压与耐久性能，又有软水管的柔软和轻便特点，过滤性强，排水性好，可用于各种排水工程中。

（四）土工特种材料

土工特种材料是为工程特定需要而生产的产品。常见的有以下七种。

1. 土工格栅

土工格栅是在聚丙烯或高密度聚乙烯板材上先冲孔，然后进行拉伸而成的带长方形孔的板材。

加热拉伸是让材料中的高分子定向排列，以获得较高的抗拉强度和较低的延伸率。按拉伸方向不同，可分为单向拉伸（孔近矩形）和双向拉伸（孔近方形）两种。单向拉伸在拉伸方向上皆有较高强度。

土工格栅强度高、延伸率低，是加筋的好材料。土工格栅埋在土内，与周围土之间不仅有摩擦作用，而且由于土石料嵌入其开孔中，还有较高的啮合力，它与土的摩擦系数高达 0.8~1.0。

2. 土工网

土工网是由聚合物挤塑成网，或由粗股条编织，或由合成树脂压制成的具有较大孔眼和一定刚度的平面结构网状材料。网孔尺寸、形状、厚度和制造方法不同，其性能也有很大差异。一般而言，土工网的抗拉强度都较低，延伸率较高。这类产品常用于坡面防护、植草、软基加固垫层或用于制造复合排水材料。

3. 土工模袋

土工模袋是由上、下两层土工织物制成的大面积连续袋状材料，袋内充填混凝土或水泥砂浆，凝固后形成整体混凝土板，可用作护坡。模袋上下两层之间用一定长度的尼龙绳来保持其间隔，可以控制填充时的厚度。浇注在现场用高压泵进行。混凝土或砂浆注入模袋后，多余水量可从织物孔隙中排走，故而降低了水分，加快了凝固速度，提高了强度。

按加工工艺不同，模袋可分为机织模袋和简易模袋两类。前者是由工厂生产的定型产品，而后者是用手工缝制而成的。

4. 土工格室

土工格室是由强化的高密度聚乙烯宽带，每隔一定间距以强力焊接而形成的网状格室结构。典型条带宽 100mm、厚 1.2mm，每隔 300mm 进行焊接。格室张开后，可填土料，由于格室对土的侧向位移的限制，可极大地提高土体的刚度和强度。土工格室可用于处理软弱地基，增大其承载力，沙漠地带可用于固沙，还可用于护坡等。

5. 土工管、土工包

土工管是用经防老化处理的高强度土工织物制成的大型管袋及包裹体，可有效地护岸和用于崩岸抢险，或利用其堆筑堤防。

土工包是将大面积高强度的土工织物摊铺在可开底的空驳船内，充填 $200 \sim 800 \mathrm{m}^3$，料物将织物包裹闭合，运送沉放到一预定位置。在国外，该技术主要用于环境保护。

6. 聚苯乙烯板块

聚苯乙烯板块又称泡沫塑料，是以聚苯乙烯为原料，加入发泡剂制成的。其特点是质量轻，热导率低，吸水率小，有一定抗压强度。由于其质量轻，可用它代替土料，填筑桥端的引堤，解决桥头跳车问题。其热导率低，在寒冷地带，可用该材料板块防止结构物冻害，如在挡墙背面或闸底板下放置泡沫塑料以防冻胀等。

7. 土工合成材料黏土垫层

土工合成材料黏土垫层是由两层或多层土工织物（或土工膜）中间夹一层膨润土粉末（或其他低渗透性材料），以针刺（缝合或黏结）而成的一种复合材料。其优点是体积小、质量轻、柔性好、密封性良好、抗剪强度较高、施工简便、适应不均匀沉降，比压实黏土垫层具有无比的优越性，可代替一般的黏土密封层，用于水利或土木工程中的防渗或密封设计。

二、土工合成材料功能

土工合成材料在土建工程中应用时，不同的材料，用在不同的部位，能起到不同的作用，这就是土工合成材料的功能。其主要功能可归纳为六类，即反滤、排水、隔离、防渗、防护和加筋。

（一）反滤功能

由于土工织物具有良好的透水性和阻止颗粒通过的性能，是用作反滤设施的理想材料。在土石坝、土堤、路基、涵闸、挡土墙等各种土建工程中，用以替代传统的砂砾反滤设施，可以获得巨大的经济效益和良好的技术性能。

用作反滤的土工织物一般是非织造型（无纺）土工织物，有时也可使用织造型土工织物，基本要求如下。

1. 被保护的土料在水流作用下，土粒不得被水流带走，即需要有"保土性"，以防管涌破坏。

2. 水流必须能顺畅通过织物平面，即需要有"透水性"，以防积水产生过高的渗透压力。

3. 织物孔径不能被水流挟带的土粒所阻塞，即要有"防堵性"，以避免反滤作用失效。

（二）排水功能

一定厚度的土工织物或土工席垫，具有良好的垂直和水平透水性能，可用作排水设施，有效地把土体中的水分汇集后予以排出。例如，在堤坝工程中用以降低浸润线位置，控制渗透变形；土坡排水，减少孔隙压力，防止土坡失稳；软土地基排水，加速土固结，提高地基承载能力；挡墙背面排水，以减少压力，提高墙体稳定性等。土工织物用做排水时兼起反滤作用，除满足反滤的基本要求外，土工织物还应有足够的平面排水能力以导走来水。

（三）隔离功能

隔离是将土工合成材料放置在两种不同材料之间或两种不同土体之间，使其不互相混杂，例如，将碎石和细粒土隔离、将软土和填土之间隔离等。隔离可以产生很好的工程技术效果，当结构承受外部荷载作用时，隔离作用使材料不致互相混杂或流失，从而保持其整体结构和功能，例如，土石坝、堤防、路基等不同材料的各界面之间的分隔层。在冻胀性土中，土工织物用以切断毛细水流以消减土的冻胀和上层土融化而引起的沉陷或翻浆现象，防止粗粒材料陷入软弱路基，以及防止开裂反射到表面的作用等。用隔离的土工合成材料应以它们在工程中的用途来确定，应用最多的是有纺土工织物。如果对材料的强度要求较高，可以土工网或土工格栅做材料的垫层，当要求隔离防渗时，用土工膜或复合土工膜。用于隔离的材料必须具有足够的抗顶破能力和抵抗刺破的能力。

（四）防渗功能

防渗是防止液体渗透流失的作用，也包括防止气体的挥发扩散。土工膜及复合土工膜防渗性能很好，其渗透系数一般为 $10^{-15} \sim 10^{-11}$ cm/s，在水利工程中利用土工膜或复合土工膜，可有效防止水或其他液体的渗漏。例如，堤坝的防渗斜墙或心墙；透水地基上堤坝的水平防渗铺盖和垂直防渗墙；混凝土坝、圬工坝及碾压混凝土坝的防渗体；渠道和蓄水池的衬砌防渗；涵闸、海漫与护坦的防渗；隧洞和堤坝内埋管的防渗；施工围堰的防渗等。

土工膜防渗效果好，质量轻，运输方便，施工简单，造价低，为保证土工膜发挥其应有的防渗作用，应注意以下三点。

1. 土工膜材质选择

土工膜的原材料有多种，应根据当地气候条件进行适当选择。例如，在寒冷地带，应考虑土工膜在低温下是否会变脆破坏，是否会影响焊接质量；土和水中的某些化学成分会不会给膜材或黏结剂带来不良影响等。

2. 排水、排气问题

铺设土工膜后，由于种种原因，膜下有可能积气、积水，如不将它们排走，可能因受顶托而破坏。

3. 表面防护

聚合物制成的土工膜容易因日光紫外线照射而降解或破坏，故在储存、运输和施工等各个环节必须注意封盖遮阳。

（五）防护功能

防护功能是指土工合成材料以土工合成材料为主体构成的结构或构件对土体起到的防护作用。例如，把拼成大片的土工织物或者是用土工合成材料做成土工模袋、土枕、石笼或各种排体铺设在需要保护的岸坡、堤脚及其他需要保护的地方，用以抵抗水流及波浪的冲刷和侵蚀；将土工织物置于两种材料之间，当一种材料受力时，它可使另一种材料免遭破坏。水利工程中利用土工合成材料的常见防护工程有江河湖泊岸坡防护、水库岸坡防护、水道护底和水下防护、渠道和水池护坡；水闸护底、岸坡防冲植被；水闸、挡墙等防冻胀措施等。用于防护的土工织物应符合反滤准则和具有一定的强度。

（六）加筋功能

加筋是将具有高拉伸强度、拉伸模量和表面摩擦系数较大的土工合成材料（筋材）埋入土体中，通过筋材与周围土体界面间摩擦阻力的应力传递，约束土体受力时侧向位移，从而提高土体的承载力或结构的稳定性。用于加筋的土工合成材料有织造土工织物、土工带、土工网和土工格栅等，较多地应用于软土地基加固、堤坝陡坡、挡土墙等。用于加筋的土工合成材料与土之间接合力良好，蠕变性较低。目前，土工格栅最为理想。

以上六种功能的划分是为了说明土工合成材料在实际应用中所起的主要作用。事实上，在实际应用中，一种土工合成材料往往同时发挥多种功能，如反滤和排水，隔离和防冲、防渗、防护等，不能截然分开。此外，有的土工合成材料还具有减荷功能，如利用泡沫塑料质量轻、变形大的特点，用以替代工程结构中某些部位的填土，可大幅度减少其荷载强度和填土产生的压力；有的土工合成材料具有很好的隔离、保温性能，在严寒地区修建大型渠道和道路工程时，可使用这类土工合成材料作为渠道保温衬砌和道路隔离层。

以上将土工合成材料的功能做了简要介绍，在实际工程中，应用土工合成材料时，应按工程要求，根据相应的规范、规程做合理的设计。

三、土工合成材料的储存与保管

土工合成材料在采购时，要严格按设计要求的各项技术指标选购，如物理性能指标、力学性能指标、水力学性能指标、耐久性指标等都要符合设计标准。运送时材料不得受阳光的照射，要有篷盖或包装，并避免机械性损伤，如刺破、撕裂等。材料存放在仓库时要注意防鼠，按用途分别存放，并标明进货时间、有效期、材料的型号、性能特征和主要用途，存放期不得超过产品的有效期限。产品在工地存放时应避免阳光的照射及苇根植物的渗透破坏，应搭设临时存放遮棚，当种类较多、用途不一时，应分别存放，标明性能指标和用途等。存放时还要注意防火。

第九章 混凝土坝工程施工技术

随着现代化进程的不断推进，我国水利水电工程的数量与规模也得到了显著提高，这也给混凝土坝施工带去了新的挑战。在实际建设过程中，混凝土坝施工存在技术与质量要求高、温度控制严、施工条件复杂等特点。所以，要想更加高效地完成水电工程混凝土坝施工，提升施工效率，施工单位必须综合考虑工程实际展开施工建设，这样才能够有效提升水利水电工程质量，为我国的现代化发展做出更大的贡献。

第一节 施工组织计划

一、混凝土坝基础

混凝土坝按结构特点可分为重力坝、大头坝和拱坝；按施工特点可分为常态混凝土坝、碾压混凝土坝和装配式混凝土坝；按是否通过坝顶溢流可分为非溢流混凝土坝和溢流混凝土坝。混凝土坝泄水方式除坝顶溢流外，还可在坝身中部设泄水孔（中孔）以便洪水来临前快速预泄，或在坝身底部设泄水孔（底孔）用以降低库水位或进行冲砂。

混凝土坝的主要优点是：第一，可以通过坝身泄水或取水，省去专设的泄水和取水建筑物；第二，施工导流和施工度汛比较容易；第三，枢纽布置较土石坝紧凑，便于运用和管理；第四，当遇偶然事故时，即使非溢流坝顶漫流，也不一定失事，安全性较好。其主要缺点是：第一，对地基要求比土石坝高，混凝土坝通常建在地质条件较好的岩基上，其中混凝土拱坝对坝基和两岸岸坡岩体强度、刚度、整体性的要求更高，同时要求河谷狭窄对称，以充分发挥拱的作用（当坝高较低时，通过采取必要的结构和工程措施，也可在土基上修建混凝土坝，但技术比较复杂）；第二，混凝土坝施工中需要温控设施，甚至在炎热气候情况下不能浇筑混凝土；第三，利用当地材料较土石坝少。

拱坝要求地基岩石坚固完整、质地均匀，有足够的强度、不透水性和耐久性，没有不利的断裂构造和软弱夹层，特别是坝肩岩体，在拱端力系和绕坝渗流等作用下要能保持稳定，不产生过大的变形。拱坝地基一般需做工程处理，通常对坝基和坝肩做帷幕灌浆、固结灌浆，设置排水孔幕，如有断层破碎带或软弱夹层等地质构造，需做加固处理。

混凝土坝的安全可靠性计算主要体现在两个方面：第一，坝体沿坝基面、两岸岸坡坝座或沿岩体中软弱构造面的滑动稳定有足够的可靠度；第二，坝体各部分的强度有足够的保证。

二、施工程序

混凝土总体施工程序如下。

施工准备→坝基垫层混凝土浇筑→大坝坝体混凝土浇筑→溢流坝段闸墩及溢流面混凝土浇筑→消力池混凝土浇筑→门槽埋件及二期混凝土浇筑→坝顶混凝土浇筑→尾工清理→竣工验收。

三、主要施工工艺流程

主要施工工艺流程如下。

施工准备→混凝土配制→混凝土运输→混凝土卸料→摊平→浇捣及碾压→切缝→养护→进入下个循环。

四、施工准备

（一）混凝土原材料和配合比

对原材料质量进行检测，具体如下。

1. 水泥

水泥品种按各建筑物部位施工图纸的要求，配置混凝土所需的水泥品种，各种水泥均应符合本技术条款指定的国家和行业的现行标准。在每批水泥出厂前，实验室均应对制造厂水泥的品质进行检查复验，每批水泥发货时均应附有出厂合格证和复检资料。

2. 混合材

碾压混凝土应优先采用Ⅰ级粉煤灰，经监理人指示在某些部位的混凝土中可掺适量准Ⅰ级粉煤灰（指烧失量、细度和 SO_3 含量均达到Ⅰ级粉煤灰标准，需水量比不大于105%的粉煤灰）。混凝土浇筑前28d提出拟采用的粉煤灰的物理化学特性等各项试验资料，粉煤灰的运输和储存，应严禁与水泥等其他粉状材料混装，避免交叉污染，还应防止粉煤灰受潮。

3. 外加剂

碾压混凝土中一般掺入高效减水剂（夏季施工掺高效减水缓凝剂）和引气剂，其掺量按室内试验成果确定。

4. 水

一般采用饮用水，如有必要可进行包括 pH 酸碱度（不大于 4）、不溶物、可溶物、氯化物、硫化物等在内的水质分析。

5. 超力丝聚丙烯纤维

按施工图纸所示的部位和监理人指示掺加超力丝聚丙烯纤维，其掺量应通过试验确定，并经监理人批准。

6. 砂石料

为砂石系统生产的人工砂石料，要检测骨料的物理性能：比重、吸水率、超逊径、针片状、云母、压碎指标、各粒径的累计质量分数、砂细度模数、石粉含量等。

（二）碾压混凝土配合比设计

配合比参数试验主要包括以下内容。

1. 根据施工图纸及施工工艺确定各部位混凝土最大骨料粒径，以此测试粗骨料不同组合比例的容重、空隙率，选定最佳组合级配。

2. 外加剂与粉煤灰掺量选择试验：对于碾压混凝土为了增强可碾性，须掺一定量的粉煤灰，并联掺高效减水剂、引气剂，开展碾压各外掺物不能组合比例的混凝土试验，测试减水率、VC 值、含气量、容重、泌水率、凝结时间，评定混凝土外观及和易性，成型抗压、劈拉试件。

3. 各级配最佳砂率、用水量关系试验：以二级配、0.50 水灰比、用高效减水剂、引气剂与粉煤灰联掺，取至少三个砂率进行混凝土试验，评定工作性，测试 VC 值、含气量、泌水率，成型抗压试件。

4. 水灰比与强度试验：分别以二、三级配，在 0.45~0.65 之间取四个水灰比，用高效减水剂、引气剂与粉煤灰联掺进行水灰比与强度曲线试验，成型抗压、劈拉试件。三级配混凝土还成型边长 30cm 试件的抗压强度，得出两组曲线之间的关系。

5. 待强度值出来后，分析参数试验成果，得出各参数条件下混凝土抗压强度与灰水比的回归关系，然后依据设计和规范技术要求选定各强度等级混凝土的配制强度，并求出各等级混凝土所对应的外掺物组合及水灰比。

6. 调整用水量与砂率，选定各部位混凝土施工配合比进行混凝土性能试验，进行抗压、劈拉、抗拉、抗渗、弹模、泊松比、徐变、干缩、线胀系数和热学性能等试验（徐变等部分性能试验送检测中心完成）。

7. 变态混凝土配合比设计，通过试验确定在加入不同水灰比的胶凝材料净浆时，浆液加入量和凝结时间、抗压强度关系。

根据试验得出的试验配合比结论应在规定的时间内及时上报监理、业主单位审核，经批准后方可使用。

（三）提交的试验资料

在混凝土浇筑过程中，承包人应在出机口和浇筑现场进行混凝土取样试验，并向监理人提交以下资料。

1. 选用材料及其产品质量证明书。

2. 试件的配料。

3. 试件的制作和养护说明。

4. 试验成果及其说明。

5. 不同水胶比与不同龄期（7d、14d、28d 和 90d）的混凝土强度曲线及数据。

6. 不同粉煤灰及其他掺合料掺量与强度关系曲线和数据。

7. 各龄期（7d、14d、28d 和 90d）混凝土的容重、抗压强度、抗拉强度、极限拉伸值、弹性模量、抗渗强度等级（龄期28d 和 90d）、抗冻强度等级（龄期28d 和90d）、泊松比（龄期28d 和 90d）；

8. 各强度等级混凝土坍落度和初凝、终凝时间等试验资料。

9. 对基础混凝土或监理人指示的部位的混凝土，提出不同龄期（7d、14d、28d 和90d、180d、360d）的自生体积变形、徐变和干缩变形（干缩变形试验龄期直到180d），并提出混凝土热学性能指标（包括绝热温升等）。

（四）砂浆、净浆配合比设计

碾压混凝土接缝砂浆、净浆（变态混凝土用），按以下原则设计配合比：

1. 接缝砂浆

接缝砂浆用的原材料与混凝土相同，控制流动度20cm～22cm，以此标准进行水灰比与强度、水灰比与砂灰比、不同粉煤灰掺量与抗压强度试验，测试砂浆凝结时间、含气量、泌水率、流动度，成型 7d、28d、90d 抗压试件。

2. 变态混凝土用净浆

选择三个水灰比测试不同煤灰掺量时净浆的黏度、容重、凝结时间，进行 7d、28d、90d 抗压试件。

根据试验成果，微调配合比并复核，综合分析后将推荐施工配合比上报监理工程师审批。

五、主要施工措施

（一）混凝土分层、分块

混凝土分块按设计施工蓝图划分的坝块确定。

混凝土分层则根据大坝结构和坝体内建筑物的特点及混凝土浇筑时段的温控要求，工期节点要求确定。碾压混凝土分层受温控条件，底部基础约束区浇筑块厚度控制 3.0m 范围以内，脱离基础约束区后浇筑层厚度控制在 3.0m 以内。局部位置根据建筑结构及现场实际情况进行适当调整，大坝碾压混凝土分块主要根据大坝结构、混凝土生产系统拌和强度、混凝土运输入仓强度及方式、坝体度汛要求等来进行划分的。

（二）模板工程

1. 模板选型与加工

根据大坝的结构特点，大坝工程模板主要采用组合平面钢模板、木模板、多卡悬臂翻转模板、加工成型木制模板、散装钢模板等。基础部位以上的坝体上下游面主要采用定型组合多卡悬臂翻转模板，基础部位采用散装组合钢模板施工。坝体横缝面的模板采用预制混凝土模板。水平段基础灌浆、交通、排水廊道侧墙，采用组装钢模板，相交节点部分采用木制模板。廊道顶拱采用木制模板、散装钢模板组合等。

（1）大坝混凝土模板选用目前先进的多卡悬臂翻转模板，可根据需要与木模板任意组合，在各种方位快速调节，即使是对于特殊的施工部位，这些标准模板也能经济地组合，其技术优越性在于能显著加快施工进度，提高模板施工技术水平，降低成本，且能保证施工人员安全，获得更加完美的混凝土浇筑质量。

（2）闸墩墩头、墩尾等部位，采用定型组合钢模板或木模板，加快施工速度及获得平整光滑的混凝土表面。

（3）表孔溢流堰面及光滑连接段，按设计曲线加工成有轨拉模。

（4）坝体廊道侧墙模板，以组合钢模板为主，廊道顶拱采用混凝土预制模板进行施工。

2. 模板施工

（1）模板支立前，必须按照结构物施工详图尺寸测量放样，并在已清理好的基岩上或已浇筑的混凝土面上设置控制点，严格按照结构物的尺寸进行模板支立。

（2）为了加快施工进度，采用吊车进行仓面模板支立。

（3）采用散装钢模板或异型模板立模时，要注意模板的支撑与固定，预先在基岩或仓面上设置锚环，拉条要平直且有足够强度，保证在浇筑过程中不走样变形。安装的模板与已浇筑的下层混凝土有足够的搭接长度，并连接紧密以免混凝土浇筑出现漏浆或错台。

（4）模板表面涂刷脱模剂，安装完毕后要检查模板之间有无缝隙，进行堵漏，保证混凝土浇筑时不漏浆，拆模后表面光滑平整。

（5）混凝土浇筑完后，及时清理附着在模板上的混凝土和砂浆，根据不同的部位，确定模板的拆除时间，拆除下来的模板及时清除表面残留砂浆，修补整形以备下次使用。

（6）模板质量检查控制主要为模板的结构尺寸、模板的制作和安装误差、模板的支撑固定设施、模板的平整度和光洁度、模板缝的大小等是否符合规范及设计要求，通过以上控制程序保证模板的施工符合要求。

（三）钢筋工程

1. 钢筋的采购与保管

依据施工用材计划编制原材料采购计划，报项目经理审批通过后实施采购。原材料按不同等级、牌号、规格及生产厂家分批验收，分类堆放、做好标志、妥善保管。

2. 材质的检验

（1）每批各种规格的钢筋应有产品质量证明书及出厂检验单。使用前，以同一炉（批）号、同一截面尺寸的钢筋为一批，重量不大于60t，抽取试件做力学性能试验，并分批进行钢筋机械性能试验。

（2）根据厂家提供的钢筋质量证明书，检查每批钢筋的外观质量，并测量本批钢筋的代表直径。

（3）在每批钢筋中，选取经表面检查和尺寸测量合格的两根钢筋，各取一个拉力试件和一个冷弯试验（含屈服点、抗拉强度和延伸率试验）。如果一组试验项目的一个试件不符合规定的数值时，则另取两倍数量的试件，对不合格的项目做第二次试验，如有一个试件不合格，则该批钢筋为不合格产品。需焊接的钢筋应做焊接工艺试验。

（4）钢筋混凝土结构用的钢筋应符合热轧钢筋主要性能的要求，水工结构非预应力混凝土中，不得使用冷拉钢筋。

（5）以另一种钢号（或直径）代替设计文件规定的钢筋时，必须报监理工程师批准后使用。

3. 钢筋的制作

钢筋的加工制作应在加工厂内完成。加工前，技术员认真阅读设计文件和施工详图，以每仓位为单元，编制钢筋放样加工单，经复核后转入制作工序，以放样单的规格、型号选取原材料。依据有关规范的规定进行加工制作，成品、半成品经质检员及时检查验收，合格品转入成品区，分类堆放、标示。

4. 钢筋的安装

钢筋出厂前，依据放样单逐项清点，确认无误后，以施工仓位安排分批提取，用 5t~8t 或 10t 半挂车运抵现场，由具备相应技能的操作人员现场安扎。

钢筋绑扎时根据设计图纸，测放出中线、高程等控制点，根据控制点，对照设计图纸，利用预埋锚筋，布设好钢筋网骨架。钢筋网骨架设置核对无误后，铺设分布钢筋。钢筋采用人工绑扎，绑扎时使用扎丝梅花形间隔扎结。钢筋结构和保护层调整好后垫设预制混凝土块，并用电焊加固骨架确保牢固。

钢筋接头连接采用手工电弧焊或直螺纹、冷挤压等机械连接方式。焊工必须持证上岗，并严格按操作规程运作。

对于结构复杂的部位，技术人员应事先编制详细的施工流程图，并亲临现场交底、指导安装。

5. 钢筋工程的验收

钢筋的验收实行"三检制"，检查后随仓位验收一道报监理工程师终验签证。当墙体较薄，梁、柱结构较小时，应请监理先确认钢筋的施工质量合格后，方可转入模板工序。

钢筋接头连接质量的检验，由监理工程师现场随机抽取试件，三个同规格的试件为一组，进行强度试验，如有一个试件达不到要求，则双倍数量抽取试件，进行复验。若仍有一个试件不能达到要求，则该批制品即为不合格品，不合格品，采取加固处理后，提交二次验收。

钢筋的绑扎应有足够的稳定性。在浇筑过程中，安排值班人员盯仓检查，发现问题及时处理。

工程钢筋制作主要技术要点如下。

（1）坝钢筋制安总量约 244t，钢筋的加工制作均由钢筋加工厂加工制作完成。20m 平板车经右岸公路运至取料平台，由简易提升机吊、25t 汽车吊吊至各施工部位安装。

（2）钢筋加工厂内钢筋的加工制作以机械加工为主，人工制作加工为辅。

（3）钢筋接头以闪光对接焊为主，现场大直径直立接头尽量使用电渣压力对接焊或者机械连接，水平接头及小直径直立接头可采用搭接焊等方式施工。

（4）钢筋的现场安装绑扎工作以人工操作为主，安装绑扎的技术质量标准必须符合设计要求和行业规范的规定，还必须有足够的刚度和稳定性。钢筋架立加固材料的使用必须保证混凝土浇筑过程中的稳定性，钢筋加工、运输、安装过程中避免污染。

（四）预埋件埋设

1. 止水设置

工程大坝共布置 6 条横缝，根据设计图纸，止水片在金属加工厂压制成型，现场进行安装焊接，安装前将止水片表面的油污、油漆、锈污及污皮等污物清除干净后，并将砂眼、钉孔补好、焊好，搭接时采用双面焊，不能铆接或穿孔、或仅搭接而不焊等，焊接质量要符合规范要求。

根据图纸设计要求埋设塑料止水带（止水片），安装时固定在现浇筑块的模板上。

止水铜片的衔接按设计要求采取折叠、咬接或搭接，搭接长度不小于 20mm，采取双面焊，塑料止水带的搭接长度不小于 10cm，铜片与塑料止水带接头采用铆接，其搭接长度不小于 10cm。

所有止水安装完成后，经监理工程师验收合格后，方可进行下一道工序施工。

2. 止水基座混凝土浇筑

止水基座成型后，采用压力水冲洗干净，然后浇筑基座混凝土。浇筑混凝土前，采用钢管、角钢或固定模板将止水埋件固定在设计位置上，不得变形移位或损坏，每次埋设的止水均高于浇筑仓面 20cm 以上。混凝土浇筑时，止水片两侧回填细骨料混凝土，配专人进行人工振捣密实，以防大粒径骨料堆积在止水片附近造成架空，基座混凝土采用小型振捣器振捣密实。

3. 冷却水管埋设

为削减大坝初期水化热温升及中后期坝体通水冷却到灌浆温度，坝体埋设外径高强度聚乙烯管做冷却水管。坝内蛇形水管按接缝灌浆分区范围结合坝体通水计划就近引入下游坝面预留槽内。引入槽内的水管应排列有序，做好标记记录，注意引入槽内的立管布置不得过于集中，以免混凝土局部超冷。所有立管均应引至下游坝面临时施工栈桥附近，但不宜过于集中，立管管间距不小于 1.0m。

4. 接缝灌浆管埋设

接缝灌浆系统埋件包括止浆片、排气槽、排气管、进（回）浆管、进浆支管和出浆盒，灌浆管路敷设采用埋管法施工，按施工详图进行。为防止排气槽与排气管接头堵塞，排气管安装在加大的接头木块上；为防止进（回）浆管管路堵塞，除管口每次接高通水后加盖外，在进（回）浆管底部 50~80cm 以上设一水平连通支管。进（回）浆管管口位置布置在灌浆廊道内，标示后做好记录，并进行管口保护，以防堵塞。

5. 坝基固结灌浆管埋设

固结灌浆管埋设材料宜采用 φ32 橡胶管，也可采用能够承受 1.5 倍的最大灌浆压力的 φ32 钢丝编织胶管。埋入孔内的进浆管和回浆管分别采用三通接头与主进浆管和主回浆管连接引至坝后灌浆平台，固结灌浆孔口利用水泥砂浆敷设密实，防止坝体混凝土进入将孔内堵塞。

（五）大坝主体混凝土

1. 施工程序

根据大坝碾压混凝土的施工特点，碾压混凝土施工从下到上均采用 0.3m 厚通仓薄层连续浇筑或间歇平层法、斜层平推法的施工方式进行施工。

2. 模板设计

（1）连续翻转模板设计

上游坝面及横缝面模板的单块太高会不利于碾压混凝土机械的行走、碾压，故采用混凝土面板尺寸为 3m×3m（宽×高）的连续翻转模板。其结构主要包括面板系统、支撑系统、锚固系统及工作平台等，支撑系统为桁架式背架，支架上设吊耳，每一套模板使用 3 根（1 排）φ20 锚筋固定。

（2）碾压混凝土台阶模板设计

碾压混凝土台阶模板采用组合式定型钢模板，其模板结构严格按照设计图纸进行设计、制作、加工，模板内定位锥配锚筋锚固，支撑系统为桁架式背架。

（3）仓内横缝止水模板设计

采用 1.0cm 厚、无孔洞、棱边整齐的杉板按设计的结构尺寸加工而成，高 1.5m 或 3.0m，宽度与分缝结构相适应。加工成型后，将其完全浸入加热沥青锅内不少于 10min，取出后晾干。

3. 主要模板安装方法

（1）连续翻转模板

仓面 8t 或 16t 汽车吊配合人工安装模板，在进行某一浇筑块的模板安装时，先利用已浇的混凝土顶部未拆除的模板进行固定，安装第一套模板，两套模板之间用连接螺栓连接。当第一套模板安装调整完毕且经检查验收合格后即进行混凝土浇筑，在混凝土浇筑过程中穿插第二套模板安装。当下个仓面混凝土浇筑时再安装第三套模板，三套模板翻转，可浇筑 1.5m 升层和 3.0m 升层混凝土。

在起始仓进行模板安装时，应采用钢筋柱做内撑进行稳固，并用拉杆来承受混凝土侧压力。

（2）大坝碾压混凝土台阶模板

异型钢模由专业厂家定型制作，汽车将模板运输至揽机的受料平台，由揽机吊运入仓，仓内人工拼装成整体，并按测量放线位置安装模板。溢流面模板高度 120cm、非溢流面模板高度 300cm，可满足两层碾压混凝土碾压浇筑，当第一层碾压混凝土碾压完毕，随即由人工及时向模板预留孔内按设计图纸要求安装插筋，并予以固定。

（3）仓内横缝止水模板

仓内横缝止水模板运至作业面后，采用人工直接安装。提前在已浇筑的混凝土面沿止水带模板方向预埋插筋，安装止水模板时，采用电焊焊接支撑钢筋的方法固定止水模板。

（六）变态混凝土施工

变态混凝土是碾压混凝土铺筑施工中，在靠近模板、分缝细部结构、岸坡位置等 50cm 宽范围内铺撒水泥粉煤灰灰浆而形成的富浆碾压混凝土，采用常态混凝土的振捣方法捣固密实，其与碾压混凝土接合部位，增用振动碾压实，其浇筑随碾压混凝土施工逐层进行。主要施工技术要点包括以下几个。

（1）掺入变态混凝土中的水泥粉煤灰灰浆，由布置在左岸上游拌和系统内的集中式制浆站拌制，通过专用管道输送至仓面。为防止灰浆的沉淀，在供浆过程中要保持搅拌设备的连续运转。输送浆液的管道在进入仓面以前的适当位置设置放空阀门，以便排空管道内沉淀的浆液和清洗管道的废水。灰浆中水泥与粉煤灰的比例同碾压混凝土一致，外加剂的掺量减半。

（2）在将靠近模板、分缝细部结构或岸坡部位的碾压混凝土条带摊铺和平仓到一定的范围后，即可以开始进行变态混凝土的施工作业。

模板等边角部位变态混凝土的施工采用人工加浆振捣形式。

（3）振捣作业在水泥粉煤灰灰浆开始加水搅拌后的 1h 内完成，并做到细致、认真，使混凝土外光内实，严防漏、欠振现象发生。

（4）变态混凝土与碾压混凝土接合部位，严格按照规范要求进行专门的碾压，相邻区域混凝土碾压时与变态混凝土区域的搭接宽度大于 20cm。

（5）止水埋设处的变态混凝土施工过程中，对该部位混凝土中的大骨料人工剔除，并谨慎振捣，避免产生渗流通道，同时注意保护止水材料。

（七）横缝及接合层面施工

1. 本标段碾压混凝土横缝采用切缝机切割或设置隔板等方法形成，缝面位置及缝内填充材料应满足施工图纸和监理人指示的要求。

2. 并仓施工的横缝采取"先振后切"的方式进行，采用振动切缝机连续切缝，振动切缝机由电动振动夯扳机加装刀片改制而成。以振动的方法用刀板沿横缝切缝，缝宽10~12mm，成缝后将分缝材料（塑料彩条布）压入横缝内。

3. 成缝面积每层应不少于设计缝面的 60%，按施工图纸所示的材料填缝。

4. 对于采用立模浇筑成型的横缝，通过刮铲、修整等方法将其表面的混凝土或其他杂质清除。

为提高层间接合强度，应采取以下措施。

（1）采用高效缓凝减水剂，并根据气温条件的不同适当调整配合比，使 RCC 初凝时间满足连续浇筑层间允许间歇时间要求。

（2）尽量缩短 RCC 上下层面覆盖的间隔时间，确保 RCC 上下层覆盖时间比 RCC 的初凝时间缩短 1~2h。

（3）高温多风天气，运输混凝土过程中应加以铺盖，避免阳光直射，混凝土仓面宜采取喷雾加湿措施，降低环境温度，防止混凝土表面失水而影响层面接合。

（4）施工中保持层面的清洁。在采取汽车直接入仓时，对汽车轮胎进行冲洗及冲洗后的脱水。仓面各种机械严格防止漏油，若发现油污及时清除。控制避免层面各种机械的原地转动，减少对层面的扰动破坏。

（八）细部结构施工

工程碾压混凝土的细部结构施工，主要指永久横缝止水片、坝体排水管等施工。

永久横缝止水片施工时控制自卸汽车在该部位附近的装载量及采用分次卸料法卸料，用平仓机慢速将混凝土料推至该部位，按变态混凝土的施工方法进行混凝土浇筑。

（九）施工过程中施工质量保障措施

大坝混凝土施工仓面由项目部负责全面管理，工程管理部和安全质量环保部门派 2~4 名人员现场专人值班，每班值班人员 1 人，实行轮班制，负责现场施工质量控制工作。根据现场施工的实际情况，每班设总指挥 1 名，副指挥 1~2 名，并佩戴袖标。总指挥负责现场混凝土施工的全面安排、组织、指挥与协调，并对进度、质量、安全负责。总指挥遇到处理不了的问题时，及时向有关部门直至项目经理反映，并尽快解决。现场各施工环节，均设代班工长 1 名，并持指挥旗，负责该环节（或两种）设备、运行方式的指挥调度，如卸料指挥具体负责仓内汽车等的运行及卸料位置指挥，平仓工长负责平仓机运行指挥等。质量、安全、试验现场值班人员也应佩戴袖标上岗，对施工质量进行检查和检测，并按规定填写记录。

除现场总指挥外，其他人员都不在仓面直接指挥生产，各级领导和有关部门现场值班人员发现问题或做出的决定均通过总指挥实施。

所有参加混凝土施工的人员，应严格遵守现场交接班制度，并按规定做好施工记录，因公临时离开岗位经总指挥批准，不允许在交班前因私离开岗位。

施工仓面上的所有设备、检测仪器和工具，在暂不操作时应停放在不影响施工或现场指挥指定的位置上，出入仓面人员的行走路线或停留位置不得影响正常施工。

必须保持仓面的无杂物、无油污、干净整洁：①进入碾压混凝土施工仓面的人员要将鞋子上黏着的泥污洗干净，禁止向仓内抛投任何杂物（如烟头、纸屑等）；②施工设备利用交接班的短暂空隙时间开出仓外加油，如在仓内加油，应采取措施防止污染仓面，由质检人员负责监督与检查。

要保证仓面同拌和系统及有关部门的通信联系畅通，并设专人联络。

第二节　碾压混凝土施工

一、原材料控制与管理

1. 碾压混凝土所使用原材料的品质必须符合国家标准和设计文件及件规定的技术要求。

2. 粉煤灰质量按《水工混凝土掺用粉煤灰技术规范》Ⅱ级灰或准Ⅱ级灰要求进行控制。高温条件下施工时，为降低水化热及延长混凝土的初凝时间，粉煤灰掺量可适量增加。

3. 开采砂、石的质量需满足规范要求。不许有泥团混在骨料中。试验室负责对生产的骨料按规定的项目和频数进行检测。

4. 外加剂质量为满足碾压混凝土层间接合时间的要求，必须根据温度变化的情况对混凝土外加剂品种及掺量进行适当调整，平均温度≤20℃时，采用普通型缓凝高效减水剂掺量，按基本掺量执行；温度高于30℃时，采用高温型缓凝高效减水剂掺量，掺量调整为0.7%~0.8%。在施工大仓面时，若间隔时不能保证在砼初凝时间之内覆盖第二层时，宜采用在RCC表喷含有1%的缓凝剂水溶液，并在喷后立即覆上彩条布，以防砼被晒干，保证上下层砼的接合。外加剂配置必须按试验室签发的配料单配制外加剂溶液，要求计量准确、搅拌均匀，试验室负责检查和测试。

5. 水：混凝土拌和、养护用水必须洁净、无污染。

6. 凡用于主体工程的水泥、粉煤灰、外加剂、钢材均须按照合同及规范的有关规定，作抽样复检，抽样项目及频数按抽样规定表执行。

7. 混凝土公司应根据月施工计划（必要时根据周计划）制订水泥、粉煤灰、外加剂、氧化镁、钢材等材料物资计划，物资部门保障供应。

8. 每一批水泥、粉煤灰、外加剂及钢筋进场时，物资部必须向生产厂家索取材料质保（检验）单，并交试验室，由物资部通知试验室及时取样检验。检验项目包括水泥细度、安定性、标准稠度、抗压、抗折强度、粉煤灰（细度、需水量比、烧失量、SO_3）

等。严禁不符合规范要求的材料入库。

9. 仓库要加强对进场水泥、粉煤灰、外加剂等材料的保管工作，严禁回潮结块。袋装水泥贮藏期超过 3 个月、散装水泥超过 6 个月时，使用前进行试验，并根据试验结果来确定是否可以使用。

10. 混凝土开盘前须检测砂、石料含水率、砂细度模数及含泥量，并对配合比做相应调整，即细度±0.2，砂率±1%。对原材料技术指标超过要求时，应及时通知有关部门立即纠正。

11. 拌和车间对外加剂的配置和使用负责，严格按照试验室要求配置外加剂，使用时搅拌均匀，并定期校验计量器具，保证计量准确，混凝土外加剂浓度每天抽检一次。

12. 试验室负责对各种原材料的性能和技术指标进行检验，并将各项检测结果汇入月报表中报送监理部门。所有减水剂、引气剂、膨胀剂等外加剂须在保质期内使用，进场后按相应材料保质保存措施进行，严禁使用过期失效外加剂。

二、配合比的选定

1. 碾压混凝土、垫层混凝土、水泥砂浆、水泥浆的配合比和参数选择按审批后的配合比执行。

2. 碾压混凝土配合比通过一个月施工统计分析后，如有需要，由工程处试验室提出配合比优化设计报告，报相关方审核批准后使用。

三、施工配料单的填写

1. 每仓混凝土浇筑前由工程部填写开仓证，注明浇筑日期、浇筑部位、混凝土强度等级、级配、方量等，交予现场试验室值班人员，由试验员签发混凝土配料单。

2. 施工配料单由试验室根据混凝土开仓证和经审批的施工配合比制定、填写。

3. 试验室对所签发的施工配料单负责，施工配料单必须经校核无误后使用，除试验室根据原材料变化按规范规定调整外，任何人无权擅自更改。

4. 试验室在签发施工配料单之前，必须对所使用的原材料进行检查及抽样检验，掌握各种原材料质量情况。

5. 试验室在配料单校核无误后，立即送交拌和楼，拌和楼应严格按施工配料单拌制混凝土，严禁无施工配料单情况下拌制混凝土。

四、碾压混凝土施工前的检查与验收

（一）准备工作检查

1. 由前方工段（或者值班调度）负责检查 RCC 开仓前的各项准备工作，如机械设备、人员配置、原材料、拌和系统、入仓道路（冲洗台）、仓内照明及供排水情况检查、水平和垂直运输手段等。

2. 自卸汽车直接运输混凝土入仓时，冲洗汽车轮胎处的设施符合技术要求，距大坝入仓口应有足够的脱水距离，进仓道路必须铺石料路面并冲洗干净、无污染。指挥长负责检查，终检员把它列入签发开仓证的一项内容进行检查。

3. 若采用溜管入仓时，检查受料斗弧门运转是否正常、受料斗及溜管内的残渣是否清理干净、结构是否可靠、能否满足碾压混凝土连续上升的施工要求。

4. 施工设备的检查工作应由设备使用单位负责（如运输车间）。

（二）仓面检查验收工作

1. 工程施工质量管理

实行三检制：班组自检，作业队复检，质检部终检。

2. 基础或混凝土施工缝处理的检查项目

建基面、地表水和地下水、岩石清洗、施工缝面毛面处理、仓面清洗、仓面积水。

3. 模板的检查项目

（1）是否按整体规划进行分层、分块和使用规定尺寸的模板。

（2）模板及支架的材料质量。

（3）模板及支架结构的稳定性、刚度。

（4）模板表面相邻两面板高差。

（5）局部不平。

（6）表面水泥砂浆黏结。

（7）表面涂刷脱模剂。

（8）接缝缝隙。

（9）立模线与设计轮廓线偏差。

（10）预留孔、洞尺寸及位置偏差。

（11）测量检查、复核资料。

4. 钢筋的检查项目

（1）审批号、钢号、规格。

（2）钢筋表面处理。

（3）保护层厚度局部偏差。

（4）主筋间距局部偏差。

（5）箍筋间距局部偏差。

（6）分布筋间距局部偏差。

（7）安装后的刚度及稳定性。

（8）焊缝表面。

（9）焊缝长度。

（10）焊缝高度。

（11）焊接试验效果。

（12）钢筋直螺纹连接的接头检查。

5. 止水、伸缩缝的检查项目

（1）是否按规定的技术方案安装止水结构（如加固措施、混凝土浇筑等）。

（2）金属止水片和橡胶止水带的几何尺寸。

（3）金属止水片和橡胶止水带的搭接长度。

（4）安装偏差。

（5）插入基础部分。

（6）敷沥青麻丝料。

（7）焊接、搭接质量。

（8）橡胶止水带塑化质量。

6. 预埋件的检查项目

（1）预埋件的规格。

（2）预埋件的表面。

（3）预埋件的位置偏差。

（4）预埋件的安装牢固性。

（5）预埋管子的连接。

7. 混凝土预制件的安装

（1）混凝土预制件外形尺寸和强度应符合设计要求。

（2）混凝土预制件型号、安装位置应符合设计要求。

（3）混凝土预制件安装时其底部及构件接触部位连接应符合设计要求。

（4）主体工程混凝土预制构件制作必须按试验室签发的配合比施工，并由试验室检查，出厂前应进行验收，合格后方能出厂使用。

8. 灌浆系统的检查项目

（1）灌浆系统埋件（如管路、止浆体）的材料、规格、尺寸应符合设计要求。

（2）埋件位置要准确、固定，并连接牢固。

（3）埋件的管路必须畅通。

9. 入仓口

汽车直接入仓的入仓口道路的回填及预浇常态混凝土道路的强度（横缝处），必须在开仓前准备就绪。

10. 仓内施工设备

包括振动碾、平仓机、振捣器和检测设备，必须在开仓前按施工要求的台数就位，并保持良好的机况，无漏油现象发生。

（三）验收合格证签发和施工中的检查

1. 施工单位内部全部检查合格后，由质检员申请监理工程师验收，经验收合格后，由监理工程师签发开仓合格证。

2. 未签发开仓合格证，严禁开仓浇筑混凝土，否则做严重违章处理。

3. 在碾压混凝土施工过程中，应派人值班并认真保护，发现异常情况及时认真检查处理，如损坏严重应立即报告质检人员，通知相关作业队迅速采取措施纠正，并须重新进行验仓。

（4）在碾压混凝土施工中，仓面每班专职质检人员包括质检员1人，试验室检测员2人，质检人员应相互配合，对施工中出现的问题，必须尽快反映给指挥长，指挥长负责协调处理。仓面值班监理工程师或质检员发现质量问题时，指挥长必须无条件按监理工程师或质检员的意见执行，如有不同意见可在执行后向上级领导反映。

五、混凝土拌和与管理

（一）拌和管理

1. 混凝土拌和车间应对碾压混凝土拌和生产与拌和质量全面负责。值班试验工负责对混凝土拌和质量全面监控，动态调整混凝土配合比，并按规定进行抽样检验和成型试件。

2. 为保证碾压混凝土连续生产，拌和楼和试验室值班人员必须坚守岗位、认真负责，并填写好质量控制原始记录，严格坚持现场交接班制度。

3. 拌和楼和试验室应紧密配合，共同把好质量关，对混凝土拌和生产中出现的质量问题应及时协商处理，当意见不一致时，以试验室的处理意见为准。

4. 拌和车间对拌和系统必须定期检查、维修保养，保证拌和系统正常运转和文明施工。

5. 工程处试验室负责原材料、配料、拌和物质量的检查检验工作，负责配合比的调整优化工作。

（二）混凝土拌和

1. 混凝土拌和楼计量必须经过计量监督站检验合格才能使用。拌和楼称量设备精度检验由混凝土拌和车间负责实施。

2. 每班开机前（包括更换配料单），应按试验室签发的配料单定称，经试验室值班人员校核无误后方可开机拌和。用水量调整权属试验室值班人员，未经当班试验员同意，任何人不得擅自改变用水量。

3. 碾压混凝土料应充分搅拌均匀，满足施工的工作度要求，其投料顺序按砂+小石+中石+大石→水泥+粉煤灰→水+外加剂，投料完后，强制式拌和楼拌和时间为 75s（外掺氧化镁加 60s），自落式拌和楼拌和时间为 150s（外掺氧化镁加 60s）。

4. 混凝土拌和过程中，试验室值班人员对出机口混凝土质量情况加强巡视、检查，发现异常情况应查找原因并及时处理，严禁不合格的混凝土入仓。构成下列情况之一者作为碾压混凝土废料，经处理合格后方使用。

（1）拌和不充分的生料。

（2）VC 值大于 30s 或小于 1s。

（3）混凝土拌和物均匀性差，达不到密度要求。

（4）当发现混凝土拌和楼配料称超重、欠称的混凝土。

5. 拌和过程中，拌和楼值班人员应经常观察灰浆在拌和机叶片上的黏结情况，若黏结严重应及时清理。交接班之前，必须将拌和机内的黏结物清除。

6. 配料、拌和过程中出现漏水、漏液、漏灰和电子秤频繁跳动现象后，应及时检修，严重影响混凝土质量时应及时停机处理。

7. 混凝土施工人员均必须在现场岗位上交接班，不得因交接班中断生产。

8. 拌和楼机口混凝土 VC 值控制，应在配合比设计范围内，根据气候和途中损失值情况由指挥长通知值班试验员进行动态控制，如若超出配合比设计调整值范围，值班试验员须报告工程处试验室，由工程处试验室对 VC 值进行合理的变更，变更时应保持 W/C+F 不变。

六、混凝土运输

(一) 自卸汽车运输

1. 由驾驶员负责自卸汽车运输过程中的相关工作，每一仓块混凝土浇筑前后应冲洗汽车车厢使之保持干净，自卸汽车运输 RCC 应按要求加盖遮阳棚，减少 RCC 温度回升，仓面混凝土带班负责检查执行情况。

2. 采用自卸汽车运输混凝土时，车辆行走的道路必须平整，自卸汽车入仓道路采用道路面层用小碎渣填平，防止坑洼及路基不稳，道路面层应铺设洁净卵（碎）石。

3. 混凝土浇筑块开仓前，由前方工段负责进仓道路的修筑及路况的检查，发现问题及时安排整改。冲洗人员负责自卸汽车入仓前用洗车台或人工用高压水将轮胎冲洗干净，并经脱水路面以防将水带入仓面，轮胎冲洗情况由砼值班人员负责检查。

4. 汽车装运混凝土时，司机应服从放料人员指挥。由集料斗向汽车放料时，自卸汽车驾驶员必须坚持分两次受料，防止高堆骨料分离，装满料后驾驶室应挂标志牌，标明所装混凝土的种类后才可驶离拌和楼，未挂标志牌的汽车不得驶离拌和楼进入浇筑仓内。装好的料必须及时运送到仓面，倒料时必须按要求带条依次倒料，混凝土进仓采用进占式，倒料叠压在已平仓的混凝土面上，倒完料后车必须立即开出仓外。

5. 在仓面运输混凝土的汽车应保持整洁，加强保养、维修，保持车况良好，无漏油、漏水。

6. 自卸汽车进仓后，司机应听从仓面指挥长的指挥，不得擅自乱倒。自卸汽车在仓面上应行驶平稳、严格控制速度，无论是空车还是载重，其行驶速度必须控制在 5km/h 之内，行车路线尽量避开已铺砂浆或水泥浆的部位，避免急刹车、急转弯等有损 RCC 质量的操作。

(二) 溜管运行管理

1. 溜管安装应符合设计要求。溜管由受料斗、溜管、缓解降器、阀门、集料斗（或转向溜槽或运输汽车）等几部分组成。

阀门开关应灵活，可调节速度，保证砼料均匀流动。

受、集料斗按 16m³ 设计，放料时必须有存底料。

缓解降器左右旋成对安装，安装间距为 9~15m，但最下部的缓解降器距集料斗（或转向溜槽）不超过 6m，出料口距自卸车车厢内混凝土面的高度小于 2m。

2. 溜管在安装后必须经过测试、验收合格，方可投入生产。

3. 仓面收仓后、RCC 终凝前，如需对溜槽冲洗保养，其出口段应设置水箱接水，防止冲洗水洒落仓内。

七、仓内施工管理

（一）仓面管理

1. 碾压混凝土仓面施工由前方工段负责，全面安排、组织、指挥、协调碾压混凝土施工，对进度、质量、安全负责。前方工段应接受技术组的技术指导，遇到处理不了的技术问题时，应及时向工程部反映，以便尽快解决。

2. 实验室现场检测员对施工质量进行检查和抽样检验，按规定填写记录。发现问题应及时报告指挥长和仓面质检员，并配合查找原因且做详细记录，如发现问题不报告则视为失职。

3. 所有参加碾压混凝土施工的人员，必须遵守现场交接班制度，坚守工作岗位，按规定做好施工记录。

4. 为保持仓面干净，禁止一切人员向仓面抛掷任何杂物（如烟头、矿泉水瓶等）。

（二）仓面设备管理

1. 设备进仓

（1）仓面施工设备应按仓面设计要求配置齐全。

（2）设备进仓前应进行全面检查和保养，使设备处于良好运行状态方可进入仓面，设备检查由操作手负责，要求做详细记录并接受机电物资部的检查。

（3）设备在进仓前应进行全面清洗，汽车进仓前应把车厢内外、轮胎、底部、叶子板及车架的污泥冲洗干净，冲洗后还必须脱水干净方可入仓，设备清洗状况由前方工段不定期检查。

2. 设备运行

（1）设备的运行应按操作规程进行，设备专人使用，持证上岗，操作员应爱护设备，不得随意让别人使用。

（2）驾驶员负责汽车在碾压混凝土仓面行驶时，应避免紧急刹车、急转弯等有损混凝土质量的操作，汽车卸料应听从仓面指挥，指挥必须采用持旗和口哨方式。

（3）施工设备应尽可能利用 RCC 进仓道路在仓外加油，若在仓面加油必须采取铺垫地毡等措施，以保护仓面不受污染，质检人员负责监督检查。

3. 设备停放

（1）仓面设备的停放由调度安排，做到设备停放文明整齐，操作员必须无条件服从指挥，不使用的设备应撤出仓面。

（2）施工仓面上的所有设备、检测仪器工具，暂不工作时，均应停放在指定的位置上或不影响施工的位置。

4. 设备维修

（1）设备由操作员定期维修保养，维修保养要求做详细记录，出现设备故障情况应及时报告仓面指挥长和机电物资部。

（2）维修设备应尽可能利用碾压混凝土入仓道路开出仓面，或吊出仓面，如必须在仓面维修时，仓面须铺垫地毡，保护仓面不受污染。

（三）仓面施工人员管理

1. 允许进入仓面人员的规定

（1）凡进入碾压混凝土仓面的人员必须将鞋子上粘着的污泥洗净，禁止向仓面抛掷任何杂物。

（2）进入仓面的其他人员的行走路线或停留位置不得影响正常施工。

2. 施工人员的培训与教育

（1）施工人员必须经过培训并经考核合格、具备施工能力方可参加 RCC 施工。

（2）施工技术人员要定期进行培训，加强继续教育，不断提高素质和技术水平。

（3）培训工作由混凝土公司负责、工程部协助，各种培训工种按一体化要求进行计划、等级和考核。

（四）卸料

1. 铺筑

180 高程以下碾压混凝土采用汽车直接进仓，大仓面薄层连续铺筑，每层间隔层为 3m，为了缩短覆盖时间，采用条带平推法，铺料厚度为 35cm，每层压实厚度为 30m。高温季节或雨季应考虑斜层铺筑法。

2. 卸料

（1）在施工缝面铺第一碾压层卸料前，应先均匀摊铺 1~1.5cm 厚水泥沙浆，随铺随卸料，以利层面接合。

（2）采用自卸汽车直接进仓卸料时，为了减少骨料分离，卸料宜采用双点叠压式卸料。卸料尽可能均匀，料堆旁出现的少量骨料分离，应由人工或其他机械将其均匀地摊铺到未碾压的混凝土面上。

（3）仓内敷设冷却水管时，冷却水管敷设在第一个碾压混凝土坯层"热升层"30cm或1.5m坯层上，避免自卸汽车直接碾压 HDPE 冷却水管，造成水管破裂渗漏。

（4）采用吊罐入仓时，由吊罐指挥人员负责指挥，卸料自由高度不宜大于1.5m。

（5）卸料堆边缘与模板距离不应小于1.2m。

（6）卸料平仓时应严格控制三级配和二级配混凝土分界线，分界线每20m设一红旗进行标志，混凝土摊铺后的误差对于二级配不允许有负值，也不得大于50cm，并由专职质检员负责检查。

（五）平仓

（1）测量人员负责在周边模板上每隔20m画线放样，标志桩号、高程，每隔10m绘制平仓厚度35cm控制线，用于控制摊铺层厚等；对二级配区和三级配区等不同混凝土之间的混凝土分界线每20m放样一个点，放样点用红旗标志。

（2）采用平仓机平仓，运行时履带不得破坏已碾好的混凝土，人工辅助边缘部位及其他部位的堆卸与平仓作业。平仓机采用 TBS80 或 D50，平仓时应严格控制二级配及三级配混凝土的分界线，二级配平仓宽度小于2.0m时，卸料平仓必须从上游往下游推进，保证防渗层的厚度。

（3）平仓开始时采用串联式摊铺法及深插中间料分散于两边粗料中，来回三次均匀分布粗骨料后，才平整仓面，部分粗骨料集中应用人工分散于细料中。

（4）平仓后仓面应平顺没有显著凹凸起伏，不允许仓面向下游倾斜。

（5）平仓作业采取"少刮、浅推、快提、快下"操作要领平仓，RCC 平仓方向应按浇筑仓面设计的要求，摊铺要均匀，每碾压层平仓一次，质检员根据周边所画出的平仓线进行拉线检查，每层平仓厚度为35cm，检查结果超出规定值的部分必须重新平仓，局部不平部位用人工辅助推平。

（6）混凝土卸料应及时平仓，以满足由拌和物投料起至拌和物在仓面上于1.5h内碾压完毕的要求。

（7）平仓过程出现在两侧和坡脚集中的骨料由人工均匀分散于条带上，在两侧集中的大骨料未做人工分散时，不得卸压新料。

（8）平仓后层面上若发现层面有局部骨料集中，可用人工铺撒细骨料予以分散均匀处理。

（六）碾压

1. 对计划采用的各类碾压设备，应在正式浇筑 RCC 前，通过碾压试验来确定满足混凝土设计要求的各项碾压参数，并经监理工程师批准。

2. 由碾压机手负责碾压作业，每个条带铺筑层摊平后，按要求的振动碾压遍数进行碾压。VC值在4~6s时，一般采用无振2遍+有振6遍+静碾2遍；VC值大于15s时，采用无振2遍+有振8遍+静碾2遍；当VC值超过20s或平仓后RCC发白时，先采用人工造雾使混凝土表面湿润，在无振碾时振动碾自动喷水，振动后使混凝土表面泛浆。碾压遍数是控制砼质量的重要环节，一般采用翻牌法记录遍数，以防漏压，碾压机手在每一条带碾压过程中，必须记点碾压遍数，不得随意更改。砼值班人员和专职质检员可以根据表面泛浆情况和核子密度仪检测结果决定是否增加碾压遍数。专职质检员负责碾压作业的随机检查，碾压方向应按仓面设计的要求，碾压方向应为顺坝轴线方向，碾压条带间的搭接宽度为20cm，端头部位搭接宽度不少于100cm。

3. 由试验室人员负责碾压结果检测，每层碾压作业结束后，应及时按网格布点检测混凝土压实容重，核子密度计按$100 \sim 200 m^2$的网格布点且每一碾压层面不少于3个点，相对压实度的控制标准为：三级配混凝土应≥97%、二级配应≥98%，若未达到，应重新碾压达到要求。

4. 碾压机手负责控制振动碾行走速度在1.0~1.5km/h范围内。

5. 碾压混凝土的层间间隔时间应控制在混凝土的初凝时间之内。若在初凝与终凝之间，可在表层铺砂浆或喷浆后，继续碾压；达到终凝时间，必须做冷缝处理。

6. 由于高气温、强烈日晒等因素的影响，已摊铺但尚未碾压的混凝土容易出现表面水分损失，碾压混凝土如平仓后30min内尚未碾压，宜在有振碾的第一遍和第二遍开启振动碾自带的水箱进行洒水补偿，水分补偿的程度以碾压后层面湿润和碾压后充分泛浆为准，不允许过多洒水而影响混凝土接合面的质量。

7. 当密实度低于设计要求时，应及时通知碾压机手，按指示补碾，补碾后仍达不到要求，应挖除处理。碾压过程中仓面质检员应做好施工情况记录，质检人员做好质检记录。

8. 模板、基岩周边采用BM202AD振动碾直接靠近碾压，无法碾压到的50~100cm或复杂结构物周边，可直接浇筑富浆混凝土。

9. 碾压混凝土出现有弹簧土时，检测的相对密实度达到要求，可不处理，若未达到要求，应挖开排气并重新压实达到要求。混凝土表层产生裂纹、表面骨料集中部位碾压不密实时，质检人员应要求砼值班人员进行人工挖除，重新铺料碾压达到设计要求。

10. 仓面的VC值根据现场碾压试验，VC值以3~5s为宜，阳光暴晒且气温高于25℃时取3s，出现3mm/h以内的降雨时，VC值为6~10s，现场试验室应根据现场气温、昼夜、阴晴、湿度等气候条件适当动态调整出机口VC值。碾压混凝土以碾压完毕的混凝土层面达到全面泛浆、人在层面上行走微有弹性、层面无骨料集中为标准。

（七）缝面处理

1. 施工缝处理

（1）整个RCC坝块浇筑必须充分连续一致，使之凝结成一个整体，不得有层间薄弱面和渗水通道。

（2）冷缝及施工缝必须进行缝面处理，处理合格后方能继续施工。

（3）缝面处理应采用高压水冲毛等方法，清除混凝土表面的浮浆及松动骨料（以露出砂粒、小石为准），处理合格后，先均匀刮铺一层1~1.5cm厚的砂浆（砂浆强度等级与RCC高一级），然后才能摊铺碾压混凝土。

（4）冲毛时间根据施工时段的气温条件、混凝土强度和设备性能等因素，经现场试验确定，混凝土缝面的最佳冲毛时间为碾压混凝土终凝后2~4h，不得提前进行。

（5）RCC铺筑层面收仓时，基本上达到同一高程，或者下游侧略高、上游侧略低（i=1%）的斜面。因施工计划变更、降雨或其他原因造成施工中断时，应及时对已摊铺的混凝土进行碾压，停止铺筑处的混凝土面宜碾压成不大于1:4的斜面。

（6）由仓面混凝土带班负责在浇筑过程中保持缝面洁净和湿润，不得有污染、干燥区和积水区。为减少仓面二次污染，砂浆宜逐条带分段依次铺浆。已受污染的缝面待铺砂浆之前应清扫干净。

2. 造缝

由仓面指挥长负责安排切缝时间，在混凝土初凝前完成。切缝采用NPFQ—1小型振动式切缝机，宜采用"先碾后切"的方法，切缝深度不小于25cm，成缝面积每层应不小于设计面积的60%，填缝材料用彩条布，随刀片压入。

3. 层面处理

（1）由仓面指挥长负责层面处理工作，不超过初凝时间的层面不做处理。

（2）水泥砂浆铺设全过程，应由仓面混凝土带班安排，在需要洒铺作业前1h，应通知值班人员进行制浆准备工作，保证需要灰浆时可立即开始作业。

（3）砂浆铺设与变态混凝土摊铺同步连续进行，防止砂浆的黏结性能受水分蒸发的影响，砂浆摊铺后20~30min内必须覆盖。

（4）洒铺水泥浆前，仓面混凝土带班必须负责监督洒铺区干净、无积水，并避免出现水泥砂浆晒干问题。

（八）止水结构

1. 伸缩缝上下游止水片的材料及施工要求应符合《水工混凝土施工规范》的有关规定。

2. 止水结构施工由机电车间负责，位置要有测量放样数据（测量大队提供），要求放样和埋设准确，止水片埋设必须采用"一"字形且以结构缝为中对称的安装方法，禁止采用贴模板内的"7"字形的安装方法。在止水材料周围 1.5m 范围内采用一级配混凝土和软轴振捣器振捣密实，以免产生任何渗水通道，质检人员应把止水设施的施工作为重要质控项目加以检查和监督。

（九）入仓口施工

1. 采用自卸汽车直接运输碾压混凝土入仓时，入仓口施工是一个重要施工环节，直接影响 RCC 施工速度和坝体混凝土施工质量。

2. RCC 入仓口应精心规划，一般布置在坝体横缝处，且距坝体上游防渗层下游 15m～20m。

3. 入仓口采用预先浇筑仓内斜坡道的方法，其坡度应满足自卸汽车入仓要求。

4. 入仓口施工由仓面指挥长负责指挥，采用常态混凝土，其强度等级不低于坝体混凝土设计强度等级，应与坝体混凝土同样确保振捣密实（特别是斜坡道边坡部分）。施工时段应有计划地充分利用混凝土浇筑仓位间歇期，提前安排施工，以便斜坡道混凝土有足够强度行走自卸汽车。

八、斜层平推法施工

1. 碾压混凝土坝在高气温、强烈日照的环境条件下，碾压混凝土放置时间越长质量越差，所以大幅度缩减层间间隔时间是提高层间接合质量最有效、最彻底的措施。而采用斜层铺筑法，浇筑作业面积比仓面面积小，可以灵活地控制层间间隔时间的长短，在质量控制上有着特殊的重要意义。

2. 每一仓块由工程部绘制详细的仓面设计，仓面指挥长、质检员等必须在开仓前熟悉浇筑要领，并按仓面设计的要求组织实施。

3. 浇筑工区测量员负责在周边模板上按浇筑要领图上的要求和测量放样，在每隔10m画出碾压层控制线上标示桩号、高程和平仓控制线，用于控制斜面摊铺层厚度。

4. 按 1:10～1:15 坡度放样，砂浆摊铺长度与碾压混凝土条带宽度相对应。

5. 下一层 RCC 开始前，挖除坡脚放样线以外的 RCC，坡脚切除高度以切除到砂浆为准，已初凝的混凝土料做废料处理。

6. 采用斜层平推法浇筑碾压混凝土时，"平推"方向可以分为两种：一种方向垂直于坝轴线，即碾压层面倾向上游，混凝土浇筑从下游向上游推进；另一种是平行于坝轴线，即碾压层面从一岸倾向另一岸。碾压混凝土铺筑层以固定方向逐条带铺筑，坝体迎水面

8~15m范围内，平仓、碾压方向应与坝轴线方向平行。

7. 开仓段碾压混凝土施工。碾压混凝土拌和料运输到仓面，按规定的尺寸和规定的顺序进行开仓段施工，其要领在于减少每个铺筑层在斜层前进方向上的厚度，并要求使上一层全部包容下一层，逐渐形成倾斜面。沿斜层前进方向每增加一个升程，都要对老混凝土面（水平施工缝面）进行清洗并铺砂浆，碾压时控制振动碾不得行驶到老混凝土面上，以避免压碎坡角处的骨料而影响该处碾压混凝土的质量。

8. 碾压混凝土的斜层铺筑。这是碾压混凝土的核心部分，其基本方法与水平层铺筑法相同。为防止坡角处的碾压混凝土骨料被压碎而形成质量缺陷，施工中应采取预铺水平垫层的方法，并控制振动碾不得行驶到老混凝土面上去，施工中按图中的序号施工。首先清扫、清洗老混凝土面（水平施工缝面），摊铺砂浆；然后沿碾压混凝土宽度方向摊铺并碾压混凝土拌和物，形成水平垫层，水平垫层超出坡脚前缘30~50cm，第一次不予碾压而与下一层的水平垫层一起碾压，以避免坡脚处骨料压碎；接下来进行下一个斜层铺筑碾压，如此往复，直至收仓段施工。

9. 收仓段碾压混凝土施工。首先进行老混凝土面的清扫、冲洗、摊铺砂浆，然后采用折线形状施工，其中折线的水平段长度为8~10m，当浇筑面积越来越小时，水平层和折线层交替铺筑，满足层间间歇的时间要求。

九、特殊气候条件下的施工

（一）高温气候条件下的施工

1. 改善和延长碾压混凝土拌和物的初凝时间

针对碾压混凝土坝高气温条件下连续施工的特点，比较不同的高效缓凝剂对碾压混凝土拌和物缓凝的作用效果，研究掺用高效缓凝减水剂对碾压混凝土物理力学性能的影响。长期试验和较多工程实践表明，掺用高温型缓凝高效剂效果显著、施工方便，是一种有效的高气温施工措施。

2. 采用斜层平推法

在高气温环境条件下，层面暴露时间短，预冷混凝土的冷量损失也将减少；施工过程遇到降雨时，临时保护的层面面积小，同时有利于斜层表面排水，对雨季施工同样有利，因此，碾压混凝土坝应优先采用该方法。

3. 允许间隔时间

日平均气温在25℃以上时（含25℃），应严格按高气温条件下经现场试验确定的直接铺筑允许间隔时间施工，一般不超过5h。

4. 碾压混凝土仓面覆盖

（1）在高气温环境下，对 RCC 仓面进行覆盖，不仅可以起到保温、保湿的作用，还可以延缓 RCC 的初凝时间，减少 VC 值的增加。现场试验表明，碾压混凝土覆盖后的初凝时间比裸露的覆盖时间延缓 2h。

（2）仓面覆盖材料要求具有不吸水、不透气、质轻、耐用、成本低廉等优点，工地使用经验证明，采用聚乙烯气垫薄膜和 PT 型聚苯乙烯泡沫塑料板条复合制作而成的隔热保温被具有上述性质。

（3）仓面混凝土带班、专职质检员应组织专班作业人员及时进行仓面覆盖，不得延误。

（4）除了全面覆盖、保温、保湿外，对自卸汽车、下料溜槽等应设置遮阳防雨棚，尽可能减少运输、卸料时间和 RCC 的转运次数。

5. 碾压混凝土仓面喷雾

（1）仓面喷雾是高温气候环境下，碾压混凝土坝连续施工的主要措施之一。采用喷雾的方法，可以形成适宜的人工小气候，起到降温保湿、减少 VC 值的增长、降低 RCC 的浇筑温度及防晒作用。

（2）仓面喷雾采用冲毛机配备专用喷嘴。仓面喷雾以保持混凝土表面湿润，仓面无明显积水为准。

（3）仓面混凝土带班、专职质检员一定要高度重视仓面喷雾，真正改善 RCC 高气温的恶劣环境，使 RCC 得到必要的连续施工条件。

6. 降低浇筑温度，增加拌和用水量和控制 VC 值

（1）在高气温环境下，RCC 拌和物摊铺后，表层 RCC 拌和物由于失水迅速而使 VC 值增大，混凝土初凝时间缩短，以致难以碾压密实。因此，可适当增加拌和用水量，降低出机口的 VC 值，为 RCC 值的增长留有余地，从而保证碾压混凝土的施工质量。

（2）在高气温环境条件下，根据环境气温的高低，混凝土拌和楼出机口 VC 值按偏小、动态控制。

7. 避开白天高温时段

在高气温环境条件下，尽量避开白天高温时段（11：00—16：00）施工，做好开仓准备，抢阴天、夜间施工，以减少预冷混凝土的温度回升，从而降低碾压混凝土的浇筑温度。

（二）雨天施工

1. 加强雨天气象预报信息的搜集工作，应及时掌握降雨强度、降雨历时的变化，妥

善安排施工进度。

2. 要做好防雨材料准备工作，防雨材料应与仓面面积相当，并备放在现场。雨天施工应加强降雨量的测试工作，降雨量测试由专职质检员负责。

3. 当每小时降雨量大于 3mm 时，不开仓混凝土浇筑，或浇筑过程中遇到超过 3mm/h 降雨强度时，应停止拌和，并尽快将已入仓的混凝土摊铺碾压完毕或覆盖妥善，用塑料布遮盖整个新混凝土面，塑料布的遮盖必须采用搭接法，搭接宽度不少于 20cm，并能阻止雨水从搭接部流入混凝土面。雨水集中排至坝外，对个别无法自动排出的水坑用人工处理。

4. 暂停施工令发布后，碾压混凝土施工的所有人员，都必须坚守岗位，并做好随时复工的准备工作。暂停施工令由仓面指挥长首先发布给拌和楼，并汇报给生产调度室和工程部。

5. 当雨停后或者每小时降雨量小于 3mm，持续时间 30min 以上，且仓面未碾压的混凝土尚未初凝时，可恢复施工。雨后恢复施工必须在处理完成后，经监理工程师检查认可后，方可进行复工，并做好如下工作。

（1）拌和楼混凝土出机口的 VC 值适当增大，适当减少拌和用水量，减少降雨对 RCC 可碾性的影响，一般可采用 VC 上限值。如持续时间较长，可将水胶比缩小 0.03 左右，由指挥长通知试验室根据仓内施工情况进行调整。

（2）由仓面工段长组织排除仓内积水，首先是卸料平仓范围内的积水。

（3）由质检人员认真检查，对受雨水冲刷混凝土面的裸露砂石严重部位，应铺水泥砂浆处理。对有漏振（混凝土已初凝）或被雨水严重浸泡的混凝土要立即挖除。

十、碾压混凝土温度控制

大坝温控防裂主要采用通水冷却、仓面喷雾降温，以及骨料、粉料、运输车辆遮阳防晒等降低砼入仓温度等措施。基础填塘、大坝强约束区常态混凝土、碾压混凝土外掺 MgO。通过上述措施以达到坝体温控防裂之目的。

（一）遮阳、喷雾降温措施

1. 砼料仓搭设敞开式遮阳雨篷。

2. 在水泥和煤灰储罐顶部、罐身外围环形布置塑料花管喷水，对粉罐进行淋水降温处理。

3. 上料皮带机搭设敞开式遮阳篷。

4. 晴天气温超过 25℃或工区风速达到 1.5m/s 时，砼开仓前半小时应对仓面进行喷雾降温。在完成砼浇筑 6h 后，方能改用其他砼养护方式或措施，养护至上一层混凝土开始浇筑（或 28d）。喷雾用水采用基坑内渗出的洁净地下水。

（二）通水冷却

1. 水管布设。在砼开仓前技术组提供冷却水管布置图，并严格按图放样，层间距偏差 ±10cm。采用 U 形钢筋固定在碾压层面上。接头部位应严格按照操作规程施工，保证质量，做到滴水不漏。水管通水前，管口采用封口塞封闭，严禁采用无封闭管头的冷却管在仓面施工。

2. 冷却水管可以边碾压（浇筑）边布设。施工时禁止任何设备或重物直接积压水管。

3. 冷却水管完成一个单元施工后，不论水管完全覆盖与否，应在半小时内即开始通水保压或冷却，并做好相应的记录工作。

4. 通水过程严格按设计要求控制。

（三）MgO 砼施工

基础强约束区常态砼外掺 4% MgO，强约束区碾压态砼外掺 4.5% MgO。要求计量准确，拌和均匀，控制均匀性离差系数 ≤0.2。并按试验操作规程要求做好原材料品质检测，仓面测量和取样。

（四）混凝土表面保护

在混凝土表面覆盖保温材料，以减少内外温差、降低表面温度梯度。低温季节施工未满 28d 龄期混凝土的暴露面均应进行表面保护。

（五）测量混凝土入仓、浇筑温度

混凝土浇筑过程中，施工单位专职质检员每隔 2h（高温时段 1h）测量混凝土入仓温度、浇筑温度，每 100m² 仓面面积不少于一个测点，每一浇筑层不少于三个测点，及时、准确地记录，情况有异常时应及时向质检员反映。

十一、安全与文明施工

（一）施工安全

1. 所有进入施工现场的工作人员，必须着装劳保工作服，正确佩戴安全帽。

2. 所有特殊工种操作人员必须经过培训，持证上岗。

3. 仓内所有机械设备的行驶均应遵从仓面指挥长的指挥，不得随意改变行驶方向，防止发生设备碰撞事故。

4. 浇筑共振捣、电焊工焊接时均应佩戴绝缘手套，防止触电。

5. 施工现场电气设备和线路，必须配置漏电保护器，并有可靠的防雨措施，以防因潮湿漏电和绝缘损坏引起触电及设备事故。

6. 电气设备的金属外壳应采用接地或接零保护。汽车运输必须执行交通规则和有关规定，严禁无证驾驶、酒后开车、无证开车。

7. 翻转模板、悬臂模板的提升、安装，必须采用吊车吊装。起重人员必须熟悉模板的安装要求，提升前，必须检查确认预埋螺栓是否已拆除，不得强行起吊。

8. 利用调节螺杆进行模板调节时，螺帽必须满扣，且螺杆伸出螺帽的长度不得少于两个丝扣。

9. 悬臂模板的外悬工作平台每周必须检查一次，发现变形、螺丝松动时，要及时校正、加固，工作平台网板要确保牢固、满铺。

10. 入仓道路必须保证路面良好，以便车辆行驶安全。栈桥或跳板必须架设牢固，面上必须采取防滑措施。

11. 运输混凝土的车辆，车速控制在 25km/h 以内，进入仓道路及仓内后，车速不得大于 5km/h。

12. 夜间施工仓内必须有充足的照明。仓面指挥人员必须持手旗，且配明显标志。

13. 振捣棒必须保持良好的绝缘，每台振捣棒均应配备漏电保护器。平仓及碾压设备应定期检查保养，灯光及警示灯信号必须完好、齐全。

14. 其他未尽事宜参照相关安全规定执行。

（二）文明施工

1. 从沙石系统、拌和系统，到浇筑仓面，每一道工序的工作部位，均应设置施工作业牌、安全标志牌及其他指示牌，明确责任范围、责任人，以警示进入工作部位的各方面人员。所有施工人员必须佩戴工卡上岗。

2. 筛分楼作业区、拌和楼区等部位，常产生泥浆、废渣、洒料等，必须随时派人清理干净，以形成一个清洁的工作环境。

3. 混凝土运输道路应平顺，无障碍物，排水有效。当路面洒料后，应及时清理。如遇天晴路面扬灰时，应及时洒水。

4. 施工过程中，仓内设备应服从仓面指挥人员的指挥，各行其道，有条不紊。设备加油必须行驶出仓外，严禁设备在仓内加油。

5. 施工过程中，汽车直接入仓的，入仓道路应经常清理和维护，以保证整洁、安全。

6. 仓面收仓后，必须做到工完场清，施工机具摆放整齐，不出仓的设备应在仓面上停放整齐，出仓的设备应在指定的停放点停放整齐。

7. 施工现场文明施工的关键在措施落实，应将现场划分若干责任区，挂牌标示，配有专人负责清洁打扫，施工废料运往指定的弃渣场，对文明施工有突出贡献的单位和个人给予适当奖励，对不文明行为应予处罚。

第三节　混凝土水闸施工

一、施工准备

1. 按施工图纸及招标文件要求制订混凝土施工作业措施计划，并报监理工程师审批。

2. 完成现场试验室配置，包括主要人员、必要试验仪器设备等。

3. 选定合格原材料供应源，并组织进场、进行试验检验。

4. 设计各品种、各级别混凝土配合比，并进行试拌、试验，确定施工配合比。

5. 选定混凝土搅拌设备，进场并安装就位，进行试运行。

6. 选定混凝土输送设备，修筑临时浇筑便道。

7. 准备混凝土浇筑、振捣、养护用器具、设备及材料。

8. 进行特殊气候下混凝土浇筑准备工作。

9. 安排其他施工机械设备及劳动力组合。

二、混凝土配合比

工程设计所采用的混凝土品种主要为 C30，二期混凝土为 C40，在商品混凝土厂家选定后分别进行配合比的设计，用于工程施工的混凝土配合比，应通过试验并经监理工程师审核确定，在满足强度耐久性、抗渗性、抗冻性及施工要求的前提下，做到经济合理。

混凝土配合比设计步骤如下。

（一）确定混凝土试配强度

为了确保实际施工混凝土强度满足设计及规范要求，混凝土的试配强度要比设计强度提高一个等级。

（二）确定水灰比

严格按技术规范要求，根据所有原料、使用部位、强度等级及特殊要求分别计算确定。实际选用的水灰比应满足设计及规范的要求。

（三）确定水泥用量

水泥用量以不低于招标文件规定的不同使用部位的最小水泥用量确定，且能满足规范需要及特殊用途混凝土的性能要求。

（四）确定合理的含砂率

含砂率的选择依据所用骨料的品种、规格、混凝土水灰比及满足特殊用途混凝土的性能要求来确定。

（五）混凝土试配和调整

按照经计算确定的各品种混凝土配合比进行试拌，每品种混凝土用三个不同的配合比进行拌和试验并制作试压块，根据拌和物的和易性、坍落度、28d抗压强度、试验结果，确定最优配合比。

对于有特殊要求（如抗渗、抗冻、耐腐蚀等）的混凝土，则须根据经验或外加剂使用说明按不同的掺入料、外加剂掺量进行试配并制作试压块，根据拌和物的和易性、坍落度和28d抗压强度、特殊性能试验结果，确定最优配合比。

在实际施工中，要根据现场骨料的实际含水量调整设计混凝土配合比的实际生产用水量并报监理工程师批准。同时，在混凝土生产过程中随时检查配料情况，如有偏差及时调整。

三、混凝土运输

工程商品混凝土多使用泵送混凝土，运输方式为混凝土罐车陆路运输。

四、部位施工方法

（一）水闸施工内容

1. 地基开挖、处理及防渗、排水设施的施工。

2. 闸室工程的底板、闸墩、胸墙及工作桥等施工。

3. 上下游连接段工程的铺盖、护坦、海漫及防冲槽的施工。

4. 两岸工程的上下游翼墙、刺墙及护坡的施工。

5. 闸门及启闭设备的安装。

（二）平原地区水闸施工特点

1. 施工场地开阔，现场布置方便。
2. 地基多为软基，受地下水影响大，排水困难，地基处理复杂。
3. 河道流量大，导流困难，一般要求一个枯水期完成主要工程量的施工，施工强度大。
4. 水闸多为薄而小的混凝土结构，仓面小，施工有一定干扰。

（三）水闸混凝土浇筑次序

混凝土工程是水闸施工的主要环节（占工程历时一半以上），必须重点安排，施工时可按下述次序考虑。

1. 先浇深基础，后浅基础，避免浅基础混凝土产生裂缝。
2. 先浇影响上部工程施工的部位或高度较大的工程部位。
3. 先主要后次要，其他穿插进行。主要与次要由以下三个方面区分。
（1）后浇是否影响其他部位的安全。
（2）后浇是否影响后续工序的施工。
（3）后浇是否影响基础的养护和施工费用。

上述可概括为 16 字方针，即"先深后浅、先重后轻、先主后次、穿插进行"。

（四）闸基开挖与处理

1. 软基开挖
（1）可用人工和机械方法开挖，软基开挖受动水压力的影响较大，易产生流沙，边坡失稳现象，所以关键是减小动水压力。
（2）防止流沙的方法（减小动水压力）如下。
①人工降低地下水位：可增加土的安息角和密实度，减小基坑开挖和回填量。可用无砂混凝土井管或轻型井点排水。
②滤水拦砂法稳定基坑边坡：当只能用明式排水时，可采用如下方法稳定边坡：苇捆叠砌拦砂法、柴枕拦砂法、坡面铺设护面层。

2. 软基处理
（1）换土法
当软基土层厚度不大，可全部挖出，换填砂土或重粉质壤土，分层夯实。
（2）排水法
采用加速排水固结法，提高地基承载力，通常用砂井预压法。砂井直径为 30～50cm，井距为 4~10 倍的井径，常用范围 2~4m。一般用射水法成井，然后灌注级配良好的中粗砂，成为砂井。井上区域覆盖 1m 左右砂子，作排水和预压载重，预压荷载一般为设计荷载的 1.2~1.5 倍。砂井深度以 10~20m 为宜。

（3）振冲法

用振冲器在土层中振冲成孔，同时，填以最大粒径不超 5cm 的碎石或砾石，形成碎石桩以达到加固地基的目的。桩径为 0.6~1.1m，桩距 1.2~2.5m。适用于松砂地基，也可用于黏性土地基。

（4）强夯法

采用履带式起重机，锤重 10t，落距 10m，有效深度达 4~5m。可节约大量的土方开挖。

（五）闸室施工（平底板）

由于受运用条件和施工条件等的限制，混凝土被结构缝和施工缝划分为若干筑块。一般采用平层浇筑法。当混凝土拌和能力受到限制时，亦可用斜层浇筑法。

1. 搭设脚手架，架立模板

利用事先预制的混凝土柱，搭设脚手架。底板较大时，可采用活动脚手浇筑方案。

2. 混凝土的浇筑

可分两个作业组，分层浇筑。先一、二组同时浇筑下游齿墙，待齿墙浇平后，将一组调到上游浇齿墙，二组则从下游向上游开始浇第一坯混凝土。

（六）闸墩模板安装

1. "铁板螺栓，对拉撑木"的模板安装

采用对销螺栓、铁板螺栓保证闸墩的厚度，并固定横、纵围图，铁板螺栓有固定对拉撑木之用，对销螺栓与铁板螺栓进行间隔布置。对拉撑木保证闸墩的铅直度和不变形。

2. 混凝土的浇筑

须解决好同一块闸底板上混凝土闸墩的均衡上升和流态混凝土的入仓及仓内混凝土的铺筑问题。

（七）止水设施的施工

为了适应地基的不均匀沉降和伸缩变形，水闸设计应设置温度缝和沉陷缝（一般用沉陷缝代替温度缝的作用）。沉陷缝有铅直和水平两种，缝宽 1.0~2.5cm，缝内设填料和止水。

1. 沉陷缝填料的施工

常用的填料有沥青油毛毡、沥青杉木板、沥青芦席等。其安装方法如下。

（1）先固定填料，后浇混凝土

先用铁钉将填料固定在模板内侧，然后浇筑混凝土，这样拆模后填料即可固定在混凝土上。

（2）先浇混凝土，后固定填料

在浇筑混凝土时，先在模板内侧钉长铁钉数排（使铁钉外露长度的2/3），待混凝土浇好、拆模后，再将填料钉在铁钉上，并敲弯铁钉，使填料固定在混凝土面上。

2. 止水的施工

位于防渗范围内的缝，都应设止水设施。止水缝应形成封闭整体。

（1）水平止水

常用塑料止水带，施工方法同填料。

（2）垂直止水

常用金属片，重要部分用紫铜片，一般用铝片、镀锌铁片或镀铜铁片等。

（3）接缝交叉的处理

①交叉缝的分类

垂直交叉：垂直缝与水平缝的交叉。

水平交叉：水平缝与水平缝的交叉。

②处理方法

柔性连接：在交叉处止水片就位后，用沥青块体将接缝包裹起来。一般用于垂直交叉处理。

刚性连接：将交叉处金属片适当裁剪，然后用气焊焊接。一般用于水平交叉连接。

（八）门槽二期混凝土施工

大中型水闸的导轨、铁件等较大、较重，在模板上固定较为困难，宜采用预留槽，浇二期混凝土的施工方法。

1. 门槽垂直度控制

采用吊锤校正门槽和导轨模板的铅直度，吊锤可选用0.5~1.0kg的大垂球。

2. 门槽二期混凝土浇筑

（1）在闸墩立模时，于门槽部位留出较门槽尺寸大的凹槽，并将导轨基础螺栓埋设于凹槽内侧，浇筑混凝土后，基础螺栓固定于混凝土内。

（2）将导轨固定于基础螺栓上，并校正位置准确，浇筑二期混凝土。二期混凝土用细骨料混凝土。

五、混凝土养护

混凝土的养护对强度增长、表面质量等至关重要，混凝土的养护期应符合规范要求，在养护期前期应始终保持混凝土表面处于湿润状态，其后养护期内应经常进行洒水养护，确保混凝土强度的正常增长条件，以保证建筑物在施工期和投入使用初期的安全性。

工程底部结构采用草包、塑料薄膜覆盖养护，中上部结构采用塑料喷膜法养护，即将塑料溶液喷洒在混凝土表面上，溶液挥发后，混凝土表面形成一层薄膜，阻止混凝土中的水分不再蒸发，从而完成混凝土的水化作用。为达到有效养护目的，塑料喷膜要保持完整性，若有损坏应及时补喷，喷膜作业要与拆模同步进行，模板拆到哪里就喷到哪里。

六、施工缝处理

在施工缝处继续浇筑混凝土前，首先对混凝土接触面进行凿毛处理，然后清除混凝土废渣、薄膜等杂物，以及表面松动砂石和混凝土软弱层，再用水冲洗干净并充分湿润，浇筑前清除表面积水，并在表面铺一层与混凝土中砂浆配合比一致的砂浆，此时方可开始混凝土浇筑，浇筑时要加强对施工缝处混凝土的振捣，使新老混凝土接合严密。

施工缝位置的钢筋回弯时，要做到钢筋根部周围的混凝土不至于受到影响而造成松动和破坏，钢筋上的油污、水泥浆及浮锈等杂物应清除干净。

七、二期混凝土施工

二期混凝土浇筑前，应详细检查模板、钢筋及预埋件尺寸、位置等是否符合设计及规范的要求，并做检查记录，报监理工程师检查验收。一期混凝土彻底打毛后，用清水冲洗干净并浇水保持24h湿润，以使二期混凝土与一期混凝土牢固接合。

二期混凝土浇筑空间狭小，施工较为困难，为保证二期混凝土的浇筑质量，可采取减小骨料粒径、增加坍落度，使用软式振捣器，并适当延长振捣时间等措施，确保二期混凝土浇筑质量。

八、混凝土工程质量控制

1. 按招标文件及规范要求制订混凝土工程施工方案，并报请监理工程师审批。

2. 严格按规范和招标文件的要求的标准选用混凝土配制所用的各种原辅材料，并按规定对每批次进场材料进行抽样检测。

3. 严格按规范和招标文件的要求设计混凝土配合比，并通过试验证明符合相关规定及使用要求，尤其是有特殊性能要求的混凝土。

4. 加强混凝土现场施工的配料计量控制，随时检查、调整，确保混凝土配料准确。按规范规定和监理工程师的指令，在出机口及浇筑现场进行混凝土取样试验，并制作混凝土试压块。关键部位浇筑时应有监理工程师旁站。

5. 控制混凝土熟料的搅拌时间、塌落度等满足规范要求，确保拌和均匀。混凝土的拌和程序和时间应符合规范规定。

6. 混凝土浇筑入仓要有适宜措施，避免大高差跌落造成混凝土离析。

7. 按规范要求进行混凝土的振捣，确保混凝土密实度。

8. 做好雨季混凝土熟料及仓面的防雨措施，浇筑中严禁在仓内加水。

9. 加强混凝土浇筑值班巡查工作，确保模板位置、钢筋位置及保护层、预埋件位置准确无误。

10. 做好混凝土正常养护工作，浇水养护时间不低于规范和招标文件的要求。

11. 按规范规定做好对结构混凝土表面的保护工作。

第四节　大体积混凝土的温度控制

随着我国各项基础设施建设的加快和城市建设的发展，大体积混凝土已经越来越广泛地应用于大型设备基础、桥梁工程、水利工程等方面。这种大体积混凝土具有体积大、混凝土数量多、工程条件复杂和施工技术要求高等特点，在设计和施工中除了必须满足强度、刚度、整体性和耐久性的要求外，还必须控制温度变形裂缝的开展，保证结构的整体性和建筑物的安全。因此控制温度应力和温度变形裂缝的扩展，是大体积混凝土设计和施工中的一个重要课题。

一、裂缝的产生原因

大体积混凝土施工阶段产生的温度裂缝，是其内部矛盾发展的结果，一方面是混凝土内外温差产生应力和应变，另一方面是结构的外约束和混凝土各质点间的内约束阻止这种应变，一旦温度应力超过混凝土所能承受的抗拉强度，就会产生裂缝。

（一）水泥水化热

在混凝土结构浇筑初期，水泥水化热引起温升，且结构表面自然散热。因此，在浇筑后的3d~5d，混凝土内部达到最高温度。混凝土结构自身的导热性能差，且大体积混凝土由于体积巨大，本身不易散热，水泥水化现象会使得大量的热聚集在混凝土内部，使得混凝土内部迅速升温。而混凝土外露表面容易散发热量，这就使得混凝土结构温度内高外低，且温差很大，形成温度应力。当产生的温度应力（一般是拉应力）超过混凝土当时的抗拉强度时，就会形成表面裂缝。

（二）外界气温变化

大体积混凝土结构在施工期间，外界气温的变化对防止大体积混凝土裂缝的产生有着很大的影响。混凝土内部的温度是由浇筑温度、水泥水化热的绝热温度和结构的散热温度等各种温度叠加之和组成。浇筑温度与外界气温有着直接关系，外界气温越高，混凝土的浇筑温度也就会越高；如果外界温度降低则又会增加大体积混凝土的内外温差梯度。如果外界温度下降过快，会造成很大的温度应力，极容易引发混凝土的开裂。另外，外界的湿度对混凝土的裂缝也有很大的影响，外界的湿度降低会加速混凝土的干缩，也会导致混凝土裂缝的产生。

二、温度控制措施

针对大体积混凝土温度裂缝成因，可从以下两个方面制定温控防裂措施。

（一）温度控制标准

混凝土温度控制的原则是：尽量降低混凝土的温升、延缓最高温度出现时间；降低降温速率；降低混凝土中心和表面之间、新老混凝土之间的温差及控制混凝土表面和气温之间的差值。温度控制的方法和制度须根据气温（季节）、混凝土内部温度、结构尺寸、约束情况、混凝土配合比等具体条件确定。

（二）混凝土的配置及原料的选择

1. 使用水化热低的水泥

由于矿物成分及掺合料数量不同，水泥的水化热差异较大。铝酸三钙和硅酸三钙含量高的，水化热较高，掺合料多的水泥水化热较低。因此选用低水化热或中水化热的水泥品种配制混凝土。不宜使用早强型水泥。采取到货前先临时贮存散热的方法，确保混凝土搅拌时水泥温度尽可能较低。

2. 使用微膨胀水泥

使用微膨胀水泥的目的是在混凝土降温收缩时膨胀，补偿收缩，防止裂缝。但目前使用的微膨胀水泥，大多膨胀过早，即混凝土升温时膨胀，降温时已膨胀完毕，也开始收缩，只能使升温的压应力稍有增大，补偿收缩的作用不大。所以应该使用后膨胀的微膨胀水泥。

3. 控制砂、石的含泥量

严格控制砂的含泥量使之不大于 3%；石子的含泥量，使之不大于 1%，精心设计、选择混凝土成分配合应尽可能采用粒径较大、质量优良、级配良好的石子。粒径越大、级配良好，骨料的孔隙率和表面积越小，用水量减少，水泥用量也少。在选择细骨料时，其细度模数宜在 26~29。工程实践证明，采用平均粒径较大的中粗砂，比采用细砂每方混凝土中可减少用水量 20~25kg，水泥相应减少 28~35kg，从而降低混凝土的干缩，减少水化热，对混凝土的裂缝控制有重要作用。

4. 采用线胀系数小的骨料

混凝土由水泥浆和骨料组成，其线胀系数为水泥浆和骨料线胀系数的加权（占混凝土的体积）平均值。骨料的线胀系数因母岩种类而异。不同岩石的线胀系数差异很大。大体积混凝土中的骨料体积占 75% 以上，采用线胀系数小的骨料对降低混凝土的线胀系数，从而减小温度变形的作用是十分显著的。

5. 外掺料选择

水泥水化热是大体积混凝土发生温度变化而导致体积变化的主要根源。干湿和化学变化也会造成体积变化，但通常都远远小于水泥水化热产生的体积变化。因此，除采用水化热低的水泥外，要减小温度变形，还应千方百计地降低水泥用量、减少水的用量。根据试验每减少 10kg 水泥，其水化热将使混凝土的温度相应升降 1℃。这就要求：

（1）在满足水利工程施工技术与管理结构安全的前提下，尽量降低设计要求强度。

（2）强度越低，水泥用量越小

充分利用混凝土后期强度，采用较长的设计龄期混凝土的强度，特别是掺加活性混合材（矿渣、粉煤灰）的。大体积混凝土因工程量大，施工时间长，有条件采用较长的设计龄期，如 90d、180d 等。折算成常规龄期 28d 的设计强度就可降低，从而减小水泥用量。

（3）掺加粉煤灰

粉煤灰的水化热远小于水泥，7d 约为水泥的 1/3，28d 约为水泥的 1/20。掺加粉煤灰减小水泥用量可有效降低水化热。大体积混凝土的强度通常要求较低，允许掺加较多的粉煤灰。另外，优质粉煤灰的需水性小，有减水作用，可降低混凝土的单位用水量和水泥用量；还可减小混凝土的自身体积收缩，有的还略有膨胀，有利于防裂。掺粉煤灰还能抑制碱骨料反应并防止因此产生的裂缝。

（4）掺减水剂

掺减水剂可有效地降低混凝土的单位用水量，从而降低水泥用量。缓凝型减水剂还有抑制水泥水化作用，可降低水化温升，有利于防裂。大体积混凝土中掺加的减水剂主要是木质素磺酸钙，它对水泥颗粒有明显的分散效应，可有效地增加混凝土拌和物的流动性，且能使水泥水化较充分，提高混凝土的强度。若保持混凝土的强度不变，可节约水泥10%，从而降低水化热，同时可明显延缓水化热释放速度，热峰也相应推迟。

三、混凝土浇筑温度的控制

降低混凝土的浇筑温度对控制混凝土裂缝非常重要。相同混凝土，入模温度高的温升值要比入模温度低的大许多。混凝土的入模温度应视气温而调整。在炎热气候下不应超过28℃，冬季不应低于5℃。在混凝土浇筑之前，通过测量水泥、粉煤灰、砂、石、水的温度，可以估算浇筑温度。若浇筑温度不在控制要求内，则应采取相应措施。

（一）在高温季节、高温时段浇筑的措施

1. 除水泥水化温升外，混凝土本身的温度也是造成体积变化的原因，有条件的应尽量避免在夏季浇筑。若无法做到，则应避免在午间高温时浇筑。

2. 高温季节施工时，设混凝土搅拌用水池（箱），拌和混凝土时，拌和水内可以加冰屑（可降低3~4℃）和冷却骨料（可降低10℃以上），降低搅拌用水的温度。

3. 高温天气时，砂、石子堆场的上方设遮阳棚或在料堆上覆盖遮阳布，降低其含水率和料堆温度。同时提高骨料堆料高度，当堆料高度大于6m时，骨料的温度接近月平均气温。

4. 向混凝土运输车的罐体上喷洒冷水，在混凝土泵管上裹覆湿麻袋片控制混凝土入模前的温度。

5. 预埋钢管，通冷却水。如果绝热温升很高，有可能因温度应力过大而导致温度裂缝时，浇灌前，在结构内部预埋一定数量的钢管（借助钢筋固定），除在结构中心布置钢管外，其余钢管的位置和间距根据结构形式和尺寸确定（温控措施圆满完成后用高标号灌浆料将钢管灌堵密实）。大体积混凝土浇灌完毕后，根据测温所得的数据，向预埋的管内通以一定温度的冷却水，应保证冷却水温度和混凝土温度之差不大于25，利用循环水带走水化热；冷却水的流量应控制，保证降温速率不大于15/d，温度梯度不大于2/m。尽管这种方法需要增加一些成本，却是降低大体积混凝土水化热温最为有效的措施。

6. 可采用表面流水冷却，也有较好效果。

（二）保温措施

冬季施工如日平均气温低于5℃时，为防止混凝土受冻，可采取拌和水加热及运输过程的保温等措施。

（三）控制混凝土浇筑间歇期、分层厚度

各层混凝土浇筑间歇期应控制在 7d 左右，最长不得超过 10d。为降低老混凝土的约束，须做到薄层、短间歇、连续施工。如因故间歇期较长，应根据实际情况在充分验算的基础上对上层混凝土层厚进行调整。

四、浇筑后混凝土的保温养护及温差监测

保温效果的好坏对大体积混凝土温度裂缝控制至关重要。保温养护采用在混凝土表面覆盖草垫、素土的养护方法。养护安排专人进行，养护时间 5d。

自施工开始就派专人对混凝土测温并做好详细记录，以便随时了解混凝土内外温差变化。

承台测温点共布设 9 个，分上、中、下三层，沿着基础的高度，分布于基础周边，中间及肋部。测温点具体埋设位置见专项施工方案（作业指导书）。混凝土浇筑完毕后即开始测温。在混凝土温度上升阶段每 2~4h 测一次，温度下降阶段每 8h 测一次，同时应测大气温度，以便掌握基础内部温度场的情况，控制砼内外温差在 25℃ 以内。根据监测结果，如果砼内部升温较快，砼内部与表面温度之差有可能超过控制值时，在混凝土外表面增加保温层。

当昼夜温差较大或天气预报有暴雨袭击时，现场准备足够的保温材料，并根据气温变化趋势及砼内部温度监测结果及时调整保温层厚度。

当砼内部与表面温度之差不超过 20℃，且砼表面与环境温度之差也不超过 20℃，逐层拆除保温层。当砼内部与环境温度之差接近内部与表面温差控制值时，则全部撤掉保温层。

五、做好表面隔热保护

大体积混凝土的裂缝，特别是表面裂缝，主要是由于内外温差过大产生的浇筑后，水泥水化使混凝土温度升高，表面易散热温度较低，内部不易散热温度较高，相对地表面收缩内部膨胀，表面收缩受内部约束产生拉应力。但通常这种拉应力较小，不至于超过混凝土抗拉强度而产生裂缝，只有同时遇冷空气袭击，或过水或过分通风散热、使表面降温过大时才会发生裂缝（浇筑后 5~20d 最易发生）。表面隔热保护防止表面降温过大，减小内外温差，是防裂的有效措施。

（一）不拆模保温蓄热养护

大体积混凝土浇灌完成后应适时地予以保温保湿养护（在混凝土内外温差不大于

25℃的情况下，过早地保温覆盖不利于混凝土散热）。养护材料的选择、维护层数及拆除时间等应严格根据测温和理论计算结果而定。

（二）不拆模保温蓄热及混凝土表面蓄水养护

对于筏板式基础等大体积混凝土结构，混凝土浇灌完毕后，除在模板表面裹覆保温保湿材料养护外，可以通过在基础表面的四周砌筑砖围堰后在其内蓄水的方法来养护混凝土，但应根据测温情况严格控制水温，确保蓄水的温度和混凝土的温度之差小于或等于25℃，以免混凝土内外温差过大而导致裂缝出现。

六、控制混凝土入模温度

混凝土的入模温度指混凝土运输至浇筑时的温度。冬期施工时，砼的入模温度不宜低于5℃。夏季施工时，混凝土的入模温度不宜高于30℃。

（一）夏季施工砼入模温度的控制

1. 原材料温度控制。混凝土拌制前测定砂、碎石、水泥等原材料的温度，露天堆放的砂石应进行覆盖，避免阳光曝晒。拌和用水应在混凝土开盘前的1h从深井抽取地下水，蓄水池在夏天搭建凉棚，避免阳光直射。拌制时，优先采用进场时间较长的水泥及粉煤灰，尽可能降低水泥及粉煤灰在生产过程中存留的余热。

2. 采用砼搅拌运输车运输砼。运输车储运罐装混凝土前用水冲洗降温，并在砼搅拌运输车罐顶设置棉纱降温刷，及时浇水使降温刷保持湿润，在罐车行走转动过程中，使罐车周边湿润，蒸发水汽降低温度，并尽量缩短运输时间。运输混凝土过程中宜慢速搅拌混凝土，不得在运输过程加水搅拌。

3. 施工时，要做好充分准备，备足施工机械，创造好连续浇筑的条件。砼从搅拌机到入模的时间及浇筑时间要尽量缩短。同时，为避免高温时段，浇筑应多选择在夜间施工。

（二）冬期施工砼入模温度的控制

1. 冬期施工时，设置骨料暖棚，将骨料进行密封保存，暖棚内设置加热设施。粗细骨料拌和前先置于暖棚内升温。暖棚外的骨料使用帆布进行覆盖。配制一台锅炉，通过蒸汽对搅拌用水进行加热，以保证混凝土的入模温度不低于5℃。

2. 砼的浇筑时间有条件时应尽量选择在白天温度较高的时间进行。

3. 砼拌制好后，及时运往浇筑地点，在运输过程中，罐车表面采用棉被覆盖保温。

运输道路和施工现场应及时清扫积雪，保证道路通畅，必要时运输车辆加防滑链。

七、养护

混凝土养护包括湿度和温度两个方面。结构表层混凝土的抗裂性和耐久性在很大程度上取决于施工养护过程中的温度和湿度养护。因为水泥只有水化到一定程度才能形成有利于混凝土强度和耐久性的微观结构。目前，工程界普遍存在的问题是湿养护不足，对混凝土质量影响很大。湿养护时间应视混凝土材料的不同组成和具体环境条件而定。对于低水胶比又掺用掺合料的混凝土，潮湿养护尤其重要。湿养护的同时，还要控制混凝土的温度变化。根据季节不同采取保温和散热的综合措施，保证混凝土内表温差及气温与混凝土表面的温差在控制范围内。

八、加强施工质量控制

工程实践证明，大体积混凝土裂缝的出现与其质量的不均匀性有很大关系，混凝土强度不均匀，裂缝总是从最弱处开始出现，当混凝土质量控制不严，混凝土强度离散系数大时，出现裂缝的概率就大。加强施工管理，提高施工质量，必须从混凝土的原材料质量控制做起。科学进行配合比设计，施工中严格按照施工规范操作，特别要加强混凝土的振捣和养护，确保混凝土的质量，以减少混凝土裂缝的发生。

第十章　土石坝工程施工

随着我国水利工程施工研究的不断深入，越来越多的新技术、新模式被应用到实际的水利工程坝体施工中，尤其以土石坝的应用最为广泛。土石坝在整个水利工程当中占据重要的地位，对水利工程的运行起着重要的作用，因此，其施工要求高技术的施工工艺，并采取有效措施控制大坝质量，以期为我国未来的水利工程施工发展贡献自己的一份力量。

第一节　坝料与土石料施工

一、土石坝的基础认知

土石坝是指由散粒土、石等当地材料填筑而成的挡水坝，其自然的剖面形状为梯形。土石坝是一种极为古老的坝型，也是历史最为悠久的一种坝型。在地球上现有的挡水坝中，多数为土石坝。目前，土石坝是世界坝工建设中应用最为广泛和发展最快的一种坝型。

由于设计和施工技术的发展，现在几乎所有的土料（包括砾石料、风化料等），只要不含大量的有机物和水溶性盐类，都可用于筑坝。在防渗料方面，以往各国多用黏土筑心墙，现在除了用细粒料做防渗体外，不少工程还采用粗粒料做防渗体（如砾石土）。在缺乏天然砾石料的地区，还有用人工掺和的砾石料，如 20 世纪 60 年代初期，我国援建的阿尔巴尼亚菲尔泽心墙堆石坝，心墙用的就是砂砾石与红黏土的掺合料。

近代的土石坝筑坝技术自 20 世纪 50 年代以后得到了较快发展，出现了一批高坝的建设。到 60 年代，将重型振动碾应用于堆石和砂卵石的压实，有效地减小了堆石体变形，解决了混凝土面板开裂漏水问题，而且坝体填筑单价明显降低，于是混凝土面板堆石坝又得到迅速发展。随着化学工业的发展，土工薄膜的物理力学性质和抗老化性能得到提高，开始被应用于低坝防渗，应用土工膜防渗的土石坝坝高已达百米级。

二、坝料复查与规划

（一）坝料复查

坝料复查是在技施设计的基础上，在料场开采之前开展的工作，是为了更加准确地确定筑坝料场的数量、性质、分布、施工开采条件及其处理方法，保证作为料场规划、开采、运输道路布置等施工组织设计的重要依据，同时也是为了进一步核实筑坝材料设计的可靠性。这一工作应由施工单位完成。坝料复查是一项重要工作，若前期勘察工作不足，可能导致工程开工后，因坝料质量和数量不能满足工程要求，致使停工而拖延工期。因此，坝料复查是十分必要的。

施工单位对勘测设计单位所提供的各天然料场勘察报告和可供利用的枢纽建筑物开挖料的调查及试验资料应进行详细核查。对合同文件中选定的各种料源的储量和质量，应辅以适量的坑探和钻孔取样复核。

施工期间如发现有更合适的料场可供使用，或因设计施工方案变更，需要新辟料源或扩大料源时，应进行补充调查。其调查试验的项目和精度应符合上述规程的有关规定。

1. 天然料源的复查内容

（1）覆盖层或剥离层厚度，料层的地质变化及夹层的分布情况。

（2）料源的分布、开采及运输条件。

（3）料源的水文地质条件与汛期水位的关系。

（4）根据料场的施工场面、地下水位、地质情况、施工方法及施工机械可能开采的深度等因素，复查料场的开采范围、占地面积、弃料数量及可用料层厚度和有效储量。

（5）进行必要的室内和现场试验，核实坝料的物理力学性质及压实特性。

2. 开挖利用料源的复查内容

对枢纽建筑物开挖料的复查或补充调查工作，应根据坝料可能填筑的顺序，在开始填筑前完成。其复查内容如下。

（1）可供利用的开挖料的分布、运输及堆存等回采条件。

（2）根据枢纽工程的地质、地形条件，复查主要可供利用的建筑物开挖料的工程特性。

（3）复查有效挖方的利用率。

坝料根据性质不同，有黏性土、砾质土、软岩、风化料、砂砾料和堆石料等类型，复查的具体要求和重点也不相同，应按施工项目有关规范执行。

3. 料场复查报告的内容

料场复查报告的内容，应包括料场地形图、试坑与钻孔平面图、地质剖面图（当地质情况简单时可省略）、含水率、地下水位随季节变化情况、试验分析成果、代表性坝料样品、有效开采面积、实际可开采数量的计算书、料场全部或部分坝料与建筑物可利用开挖料适用于填筑坝体某一部位的说明书与应否加工处理的结论，并说明开采和运输条件等。

（二）坝料规划

坝料规划是在坝料复查的基础上，对各种料场在不同施工阶段中的使用程序、填筑部位及供求量的平衡等问题，做出从空间、时间、质与量诸方面的全面规划。

1. 空间规划

空间规划，指对料场位置、高程的恰当选择，合理布置。土石料的上坝运距尽可能短些，高程上有利于重车下坡，减少运输机械功率的消耗。近料场不应因取料影响坝的防渗稳定和上坝运输，也不应使道路坡度过陡引起运输事故。坝的上下游、左右岸最好都有料场，这样有利于上下游、左右岸同时供料，减少施工干扰，保证坝体均衡上升。用料时原则上应低料低用，高料高用，当高料场储量有余裕时，亦可高料低用。同时，料场的位置应有利于布置开采设备、交通运输及排水通畅。对石料场还应考虑与重要建筑物、构筑物、机械设备等保持足够的防爆、防震安全距离。

2. 时间规划

时间规划，就是要考虑施工强度和填筑部位的安排。随着季节及坝前蓄水情况的变化，料场的工作条件也在变化。在用料规划上应力求做到上坝强度高时用近料场，低时用较远的料场，使运输任务比较均衡。对近料和上游易淹的坝料应先用，远料和下游不易淹的坝料后用；含水量高的料场旱季用，含水量低的料场雨季用。在料场使用规划中，还应保留一部分近料场供围堰合龙段填筑和拦洪度汛用料高峰强度时使用。

3. 质与量规划

质与量的规划，是料场规划最基本的要求，也是决定料场取舍的重要因素。在选择和规划使用料场时，应对料场的地质成因、产状、埋深、储量及各种物理力学指标进行全面勘探和试验。勘探精度应随设计深度加深而提高。在施工组织设计中，进行用料规划，不仅应使料场的总储量满足坝体总方量的要求，而且应满足施工各个阶段最大上坝强度的要求。

施工前对料场的实际可开采总量进行规划时，应考虑料场调查精度、料场天然重度与坝面压实重度的差值，以及开挖与运输、雨后坝面清理、坝面返工和削坡等损失。实际可开采总量与坝体填筑数量的比例一般为：土料2.0~2.5（宽级配砾质土取上限）；砂砾料1.5~2.0；水下砂砾料2.0~2.5；堆石料1.2~1.5；天然反滤料应根据筛取的有效方量确定，但一般不宜小于3.0。

4. 其他方面

料尽其用，充分利用永久和临时建筑物基础开挖碴料是土石坝料场规划的又一重要原则。为此应增加必要的施工技术组织措施，确保碴料的充分利用。例如，若导流建筑物和永久建筑物的地基开挖时间与上坝时间不一致，则可调整开挖和填筑进度，或增设堆料场储备碴料，供填筑时使用。

料场规划还应对主要料场和备用料场分别加以考虑。前者要求质好、量大、运距近，且有利于常年开采；后者通常在淹没区外，当前者被淹没或因库区水位抬高，土料过湿或其他原因不能供应时，能有备用料场保证坝体填筑不致中断。

另外，料场选择还应与施工总体布置结合考虑，应根据运输方式、填筑强度来研究运输线路的规划和装料作业面的布置。料场内装料作业面应保持合理的间距，间距太小会使道路频繁搬迁，影响工效；间距太大影响开采强度，通常装料作业面间距取 100m 为宜。整个场地规划还应排水通畅，全面考虑出料、堆料、弃料的位置，力求避免干扰以加快采运速度。

三、土石料挖运机械

（一）挖掘机械

挖掘机械的种类繁多，就其构造及工作特点，有循环单斗式和连续多斗式之分。就其传动系统，又有索式、链式和液压传动之分。液压传动具有突出的优点，现代工程机械多采用液压传动。

1. 单斗式挖掘机

单斗挖掘机是只有一个铲土斗的挖掘机械，为了适应各种不同施工作业的需要，其工作装置有正向铲、反向铲、拉铲和抓铲四种。

（1）正向铲挖掘机

电动正向铲，是单斗挖掘机中最主要的类型，其特点是铲斗前伸向上，强制铲土，挖掘力较大，主要用来挖掘停机面以上的土石方，需要相当数量的自卸汽车配合，一般用于开挖无地下水的大型基坑和料堆，适合挖掘 I～IV 级土或爆破后的岩石碴。

履带式液压正向铲的斗容量一般为 0.5～40m³，常用的为 4m³、10m³ 和 16m³ 等，最大挖掘高度 10m 多。

正铲挖掘机有两种作业方式：前向挖土、侧向卸土；前向挖土、后向卸土。

（2）反向铲挖掘机

电动反向铲，是正向铲更换工作装置后的工作类型，其特点是铲斗后扒向下，强制挖土。它主要用于挖掘停机面以下的土石方，需要相当数量的自卸汽车配合，一般用于开挖小型基坑或地下水位较高的土方，适合挖掘 I～III 级土或爆破后的岩石碴，硬土需要先行刨松。

履带式液压反向铲的斗容量一般为 0.5~40m³，其中 1.0m³ 以下的称小型铲、1.0~5.0m³ 的称中型铲、5.0~15.0m³ 的称大型铲、15.0~40.0m³ 的称超大型铲。

反向铲挖掘机每一作业循环包括挖掘、回转、卸料和返回等四个过程。

（3）拉铲挖掘机

电动拉铲，用于刮铲停机面以下的土方。由于卸料是利用自重和离心力的作用在机身回转过程中进行，湿黏土也能卸净，因此最适于开挖水下及含水率大的土料。但由于铲斗仅靠自重切入土中，铲土力小，一般只能挖掘 I~III 级土，不能开挖硬土。拉铲的臂杆较长，且可利用回转离心力快放钢索将铲斗抛至较远距离，所以它的挖掘半径、卸土半径和卸载高度较大，最适于直接向弃土区弃土。

（4）抓铲挖掘机

电动抓铲利用其瓣式铲斗自由下落的冲力切入土中，而后抓取土料提升，回转后卸掉。抓铲挖掘深度较大，适于挖掘窄深基坑或沉井中的水下淤泥及砂卵石等松软土方，也可用于装卸散粒材料。

2. 多斗式挖掘机

多斗式挖掘机是一种由若干个挖斗依次连续循环进行挖掘的专用机械，生产效率和机械化程度较高，经常在大量土方开挖工程中运用。它的生产率从每小时几十立方米到上万立方米，主要用于挖掘不夹杂石块的 I~IV 级土。多斗挖掘机按工作装置不同，可分为链斗式和斗轮式两种。

（1）链斗式挖掘机

链斗式挖掘机是多斗挖掘机中最常用的类型，若干挖斗随着斗链依次运动，刮土带出掌子面，主要进行下采式工作。采砂船也是链斗式挖掘机的一种，移动在水面上挖取水下沙卵石。

（2）斗轮式挖掘机

斗轮式挖掘机的斗轮装在可俯仰的臂杆上，斗轮上装有若干个铲斗随着斗轮一起转动，切土带出掌子面。当铲斗转到最高位置时，土料靠自重落下，经溜槽卸至皮带机，然后再卸至弃土堆或运输工具上。它的主要特点是斗轮转速较高，连续作业，臂杆的倾角可以改变，挖掘机上部机构安装在转台上，可做 360° 旋转，因此，这种挖掘机的生产率高，能开挖停机面上、下的土方。

（二）铲运机械

铲运机械是一种能独自连续完成挖、装、运等作业的施工机械，常用的有推土机、铲运机和装载机三种。

1. 推土机

推土机是一种多用途的自行式土方工程施工机械，是水利水电建设中最常用、最基本的机械，可用来完成场地平整、基坑开挖、渠道开挖、推平填方、堆积土料、回填沟槽、清理场地等作业，还可以配装松土器，牵引振动碾、拖车等机械作业。它在推运作业中，距离不宜超过 $60\sim100m$，挖深不宜大于 $1.5\sim2.0m$，填高小于 $2\sim3m$。

推土机按推土板类型分为固定式和万能式；按操纵方式分为钢索和液压操纵；按行驶分为履带式和轮胎式。

2. 铲运机

铲运机是一种利用铲头在随机械一起行进中依次完成铲土、装土、运土、铺卸和整平等五个工序的铲土运输机械。它广泛用于大规模的土方施工作业中。

铲运机按行走装置，可分为牵引式和自行式两种。牵引式铲运机按铲斗的行走装置多为双轴轮胎式，一般由履带式拖拉机牵引，它的机动性能较差，只适用于短距土方转移工程；自行式铲运机按铲斗的行走装置可分为履带式和轮胎式两种。自行履带式适宜于运距不长、狭窄和沼泽地带使用。自行轮胎式机动灵活，在中长距离的土方转移工程中应用广泛。

铲运机按装载方式，可分为链板式和普通式两种。普通式利用牵引力让土屑挤入铲斗来实现装载过程。链板式则以链板装载结构代替普通的斗门，铲刀切出的土屑由该机构升送入斗，因此与普通式相比，它能降低约 60% 的装斗阻力，从而有效地利用动力实现自装，即没有助铲机械也能单独作业，效率高，能边转弯边装载，适宜在狭窄场地使用。由于链板的碎土作用，它铺土均匀，压实效果好。但与普通式铲运机相比，其机重大，铲装时间长，造价高。

铲运机按斗容可分为小、中、大和特大型四种。小型为 $3\sim6m^3$，仅限于牵引式铲运机；中型为 $6\sim15m^3$；大型为 $15\sim30m^3$；特大型为 $30m^3$ 以上。

铲运机多用于平整大面积场地、开挖大型基坑、河渠和填筑堤坝等。铲运机可以用来直接完成 I～IV 级土的铲挖，其中应对 III 级以上较硬的土进行预先疏松后铲挖。要求铲土作业地区没有树根、树桩、大的石块和过多的杂草。普通装载式铲运机多用于含水率不大的土壤铲运作业，不适宜铲装湿黏土或干散砂土。链板式铲运机有更大的装载物料范围，它除可装载普通土壤外，还可装载砂、砂砾石和级配均匀的小石碴，但不宜用于铲运大的卵石、石碴和湿黏土。

自行式铲运机的工作速度可以达到 40km/h 以上，在中长距离作业中具有很高的生产效率和良好的经济效益。自行式铲运机适用于运距 $500\sim3\,500m$，在 $800\sim1\,500m$ 运距能发挥最高生产效率。牵引式铲运机运距不宜超过 500m，不得已时也不宜超过 $1\,000m$。铲运机的施工坡度不宜大于10%。

3. 装载机

装载机是一种可以挖、装、运、填连续作业的高效系铲运机械。它主要用于铲装土壤、砂石等散状物料，也可对软岩、硬土等做轻度铲挖作业。换装不同的辅助工作装置还可进行推土、起重其他物料等作业。此外，还可进行推运土壤、平地和牵引其他机械等作业。装载机具有作业速度快、效率高、机动性好、操作轻便等优点，因此它成为工程建设中土石方施工的主要机种之一。

常用的单斗装载机按其装卸方式可分为前卸式、回转式和后卸式三种。前卸式的结构简单、便于观察、工作可靠，适合于各种作业场地，应用较广；回转式的工作装置安装在可回转360°的转台上，侧面卸载不需要掉头、作业效率高、但结构复杂、质量大、成本高、侧面稳定性较差，适用于较狭小的场地；后卸式采取前铲装、后翻卸，作业效率高，但安全性稍低。

装载机按行走机构特点分为轮胎式和履带式两种。

（三）运输机械

土石坝施工中常用的土石方运输机械，主要有自卸汽车、带式运输机和有轨机车。自卸汽车和有轨机车属于周期性运输机械，带式运输机属于连续性运输机械。

1. 自卸汽车

自卸汽车装有金属制车厢，在举升机构的顶推作用下，可将厢载的物料倾卸干净。一般用于砂石料和散装物料等的运输，常与挖掘设备配套使用。自卸汽车有向后倾卸式、侧倾卸式、三面（后面及两侧）倾卸式和底卸式四种。自卸汽车按燃料的种类分为汽油机式和柴油机式。自卸汽车常用载重量为3.5~65t。

2. 带式运输机

带式运输机是一种高效连续式运输设备，生产率高，机构简单轻便，造价低廉；可做水平运输，也可做倾斜运输，而且可以调转任一运输方向；可在运输中途任何地点卸料。当地形复杂，坡度较大，通过狭窄地带和跨越深沟时，采用带式运输机运输更为适宜。

带式运输机主要由胶带、驱动装置、传动滚筒、改向滚筒、承载托辊、上下托辊、拉紧装置、卸料装置、制动装置和清扫器等组成。胶带宽度在500~2 400mm，胶带的槽角通常选30°或35°，胶带的线速度为1~4m/s。带式运输机的长度可从几米到上千米。

带式运输机有固定式和移动式两种。固定式运输机没有行走装置，多用于运距较远且线路固定的情况。移动式运输机长5~15m，底部装有轮子可以移动，可手动调整它的上仰坡度。

3. 有轨机车

在水利水电工程施工中所用的有轨机车，除巨型工程外，均为窄轨铁路。窄轨铁路的轨距有 1 000mm、900mm、762mm、600mm 四种。具有可倾翻的车厢，容量有 $0.5 \sim 15m^3$ 等多种，可用各种有轨动力机车牵引。

有轨机车具有机械结构简单、修配容易的优点。当料场集中，运输量大，运距较远（大于 10km）时，可用有轨机车进行水平运输。有轨机车运输的临建工程量大，设备投资较高，对线路坡度、转弯半径和车距等的限制也较多。有轨机车不能直接上坝，要在坝脚经卸料装置至其他运输设备转运上坝。

四、土石料运输道路

筑坝材料有多种运输方式。当今，由于机械制造业的发展和汽车运输的优越性，自卸汽车运输坝料直接上坝方式已成为普遍采用的方案。下面，具体介绍汽车运输道路的布置。

（一）运输道路的布置原则及要求

1. 根据地形条件、枢纽布置、工程量大小、填筑强度、自卸汽车吨位，应用科学的规划方法进行运输网络优化，统筹布置场内施工道路。

2. 运输道路宜自成体系，并尽量与永久道路相结合。永久道路应在坝体填筑施工以前完成。运输道路不要穿越居民点或工作区，尽量与公路分离。

3. 连接坝体上下游交通的主要干线，应布置在坝体轮廓线以外。干线与不同高程的上坝道路相连接，应避免穿越坝肩处岸坡，以避免对坝体填筑的干扰。

4. 坝面内的道路应结合坝体的分期填筑规划统一布置，在平面与立面上协调好不同高程的进坝道路的连接，使坝面内临时道路的形成与覆盖（或削除）满足坝体填筑要求。

5. 运输道路的标准应符合自卸汽车吨位和行车速度的要求。建议一级坝用 Ⅱ 级、二级坝用 Ⅲ 级矿区道路标准。实践证明，用于高质量标准道路增加的投资，足以用降低的汽车维修费用及提高的生产率来补偿。要求路基坚实，路面平整，靠山坡一侧设置纵向排水沟，顺畅排除雨水和泥水，以避免雨天运输车辆将路面泥水带入坝面，污染坝料。

6. 道路沿线应有较好的照明设施，路面照明容量不少于 3kW/km，确保夜间行车安全。

7. 运输道路应经常维护和保养，及时清除路面上影响运输的杂物，并经常洒水养护，能减少运输车辆的磨损和维修费用。

（二）土坝道路的布置方式

坝料运输道路的布置方式有岸坡式、坝坡式和混合式三种，其线路进入坝体轮廓线内，与坝体填筑范围内临时道路连接，组成到达坝料填筑区的运输体系。

单车环形线路比双车往复线路行车效率更高、更安全，应尽可能采用单车环形线路。一般干线多用往复双车道，尽量做到会车不减速；坝区及料场多用环形单车道。

岸坡式上坝道路宜布置在地形较为平缓的坡面，以减少开挖工程量。路的"级差"一般为20~30m。

两岸陡峻，地质条件较差，沿岸坡修路困难，工程量大，可在坝下游坡面设计线以外布置临时或永久性的上坝道路，称为坝坡式。其中的临时道路在坝体填筑完成后削除。

在岸坡陡峻的狭窄河谷内，根据地形条件，有的工程用交通洞通向坝区。用竖井卸料以连接不同高程的道路，有时也是可行的。非单纯的岸坡式或坝坡式的上坝道路布置方式，称为混合式。

（三）坝内临时道路布置

1. 堆石体内道路

根据坝体分期填筑的需要，除防渗体、反滤过渡层及相邻的要求平起填筑的堆石体外，不限制堆石体内设置临时道路，其布置一般为"之"字形，道路随着坝体升高而逐步延伸，连接不同高程的两级上坝道路。为了减少上坝道路的长度，临时道路的纵坡一般较陡，为10%左右，局部可达12%~15%。

2. 过防渗体道路

心墙、斜墙防渗体应避免重型车辆频繁压过，以免破坏。如果上坝道路布置困难，而运输坝料的车辆必须压过防渗体，应调整防渗体填筑工艺，在防渗体局部布置通过的临时道路。

五、土石料采运方案

（一）综合机械化施工的基本原则

土石坝施工中，从料场的开采、运输，到坝面的铺料和压实各工序，优先考虑用机械施工，在大中型土石坝中，力争实现综合机械化。施工组织应遵循以下原则。

1. 确保主要机械发挥作用。主要机械是指在机械化生产线中起主导作用的机械，充分发挥它的生产效率，有利于加快施工进度，降低工程成本。如土方工程机械化施工中，施工机械组合为挖掘机、自卸汽车、推土机、振动碾。挖掘机为主要机械，其他为配套机械，挖掘机如出现故障或工效降低，会导致停工或施工强度下降。

2. 根据机械工作特点进行配套组合。连续式开挖机械和连续式运输机械配合；循环式开挖机械和循环式运输机械配合，形成连续生产线。否则，需要增加中间过渡设备。

3. 充分发挥配套机械作用。在选择配套机械，确定配套机械的型号、规格和数量时，其生产能力要略大于主要机械的生产能力，以保证主要机械的生产能力。

4. 便于机械使用维修管理。选择配套机械时，尽量选择一机多能型，减少衔接环节。同一种机械力求型号同一，便于维修管理。

5. 加强保养、合理布置、提高工效。严格执行机械保养制度，使机械处于最佳状态，合理布置流水作业工作面和运输道路，能极大地提高工效。

对于爆破开采石料的采运，已在第二、三章讲述。以下介绍与散粒料挖运方案有关的内容。

（二）挖运方案选择

坝料的开挖与运输，是保证上坝强度的重要环节之一。开挖运输方案，主要根据坝体结构布置特点、坝料性质、填筑强度、料场特性、运距远近、可供选择的机械型号等因素，综合分析比较确定。坝料的开挖运输方案主要有以下四种。

1. 挖掘机开挖，自卸汽车运输上坝

正向铲开挖、装车，自卸汽车运输直接上坝，适宜运距小于 10km。自卸汽车可运各种坝料，通用性好，运输能力高，能直接铺料，转弯半径小，爬坡能力较强，机动灵活，使用管理方便，设备易于获得。

在施工布置上，正向铲一般采用立面开挖，汽车运输道路可布置成循环路线，装料时停在挖掘机一侧的同一平面上，即汽车鱼贯式的装料与行驶，这种布置形式可避免汽车的倒车时间，正向铲采用 60°~90° 角侧向卸料，回转角度小，生产率高，能充分发挥正向铲与汽车的效率。

2. 挖掘机开挖，胶带机运输上坝

胶带机的爬坡能力强、架设简易，运输费用较低，与自卸汽车相比可降低费用 1/3~1/2，运输能力也较大，适宜运距小于 10km。胶带机可直接从料场运输上坝；也可与自卸汽车配合，在坝前经漏斗卸入汽车做长距离运输，转运上坝；或与有轨机车配合，转运上坝。

3. 采砂船开挖，机车运输，转胶带机上坝

国内一些大中型水电工程施工中，广泛采用采砂船开采水下的砂砾料，配合有轨机车

运输。当料场集中，运输量大，运距大于 10km，可用有轨机车进行水平运输。有轨机车不能直接上坝，要在坝脚经卸料装置转胶带机运输上坝。

4. 斗轮式挖掘机开挖，胶带机运输，转自卸汽车上坝

当填筑方量大、上坝强度高的土石坝时，料场储量大而集中，可采用斗轮式挖掘机开挖。斗轮式挖掘机挖料转入移动式胶带机，其后接长距离的固定式胶带机至坝面或坝面附近经自卸汽车运至填筑面。这种布置方案，可使挖、装、运连续进行，简化了施工工艺，提高了机械化水平和生产率。

坝料的开挖运输方案很多，但无论采用何种方案，都应结合工程施工的具体条件，组织好挖、装、运、卸的机械化联合作业，提高机械利用率；减少坝料的转运次数；各种坝料的铺筑方法及设备应尽量一致，减少辅助设施；充分利用地形条件，统筹规划和布置。

（三）挖运强度与挖运机械数量的确定

坝料的挖运强度取决于土石坝的填筑强度需要，填筑强度又取决于施工中的气象水文条件、施工导流方式、施工分期、工作面的大小、劳动力、机械设备、燃料动力供应情况等因素。对于大中型工程，平均日填筑强度通常为 1 万～3 万 m³，高的达 10 万 m³ 左右。在施工组织设计中，一般根据施工进度计划的各个阶段要求完成的坝体方量，来确定填筑和挖运强度。合理的施工组织应有利于实现均衡生产，避免生产强度的大起大落，使人力、机械设备不能充分利用，造成浪费。

第二节　土料防渗体坝填筑

碾压式土料防渗体坝，按坝体材料的不同可分为均质坝和分区坝。分区坝按土料组合和防渗设施的位置不同，可分为心墙坝、斜墙坝、多种土质坝。但都是由支撑体、防渗体和反滤过渡料构成的。只不过均质坝体的支撑体和防渗体融为一体，仅在于护坡和排水体之间需要反滤过渡料。对于碾压式土料防渗体坝的填筑施工，这里按照因土石料物理力学性质不同而填筑施工采用的机械及工艺不同，但有普遍的共性和特殊的个性的规律，分为支撑体和反滤过渡料［包括堆石、风化料、砂砾（卵）石和砂，大都是非黏性土］的填筑和防渗体（包括黏土、壤土、砾质土，大都是黏性土）的填筑，采取共性为纲、对比个性的知识结构，进行讲解。对于防渗体为非土质的混凝土或沥青混凝土的面板堆石坝、土工膜斜墙或心墙坝，另节介绍。意图既内容丰富又节省篇幅，既全面讲解又体现要点，既突出重点又解决难点。

不同土石料的填筑，由于其强度、级配、湿陷程度不同，施工采用的机械及工艺亦不尽相同。但其坝面填筑作业都有铺料、压实、取样检查三道基本工序，还有洒水、接缝处

理等项（对非黏性土，还有超径石处理等；对黏性土，还有清理坝面、刨毛等）附加工序。

一、铺料

坝基经处理合格后或下层填筑面经压实合格后，即可开始铺料。铺料包括卸料和平料，两道工序相互衔接，紧密配合完成。选择铺料方法主要与上坝运输方法、卸料方式和坝料的类型有关。

（一）自卸汽车卸料、推土机平料

铺料基本方法有进占法、后退法、混合法三种。

堆石料一般采用进占法铺料，堆石强度在 60~80mPa 的中等硬度岩石，施工可操作性好。对于特硬岩（强度>200mPa），由于岩块边棱锋利，施工机械的轮胎、链轨节等损坏严重，同时因硬岩堆石料往往级配不良，表面不平整影响振动碾压实质量，因此施工中要采取一定的措施，如在铺层表面增铺一薄层细料，以改善平整度。

级配较好的（如强度 30mPa 以下的）软岩堆石料、砂砾（卵）石料等，宜用后退法铺料，以减少分离，有利于提高密度。

不管用何种铺料方法，卸料时要控制好料堆分布程度，使其摊铺后厚度符合设计要求，不要因过厚而难以处理，尤以后退法铺料更需注意。

1. 支撑体料

心墙上下游或斜墙下游的支撑体（简称坝壳）各为独立的作业区，在区内各工序可进行流水作业。坝壳一般选用砂砾料或堆石料。由于堆石料往往含有大量的大粒径石料，不仅影响汽车在坝料堆上行驶和卸料，也影响推土机平料，并易损坏推土机履带和汽车轮胎。为此，必须采用进占法卸料，即自卸汽车在铺平的坝面上行驶和卸料，推土机在同一侧随时平料。这样，大粒径块石易被推至铺料的前沿下部，细料填入堆石料间空隙，使表面平整，便于车辆行驶。坝壳料的施工要点是防止坝料粗细颗粒分离和使铺层厚度均匀。堆石料的铺层厚度根据施工前现场碾压试验确定，一般可达 2.0m。

坝面超径石处理，对于振动碾压实，石料允许最大粒径可取稍小于压实层厚度；气胎碾可取层厚的 1/2~2/3。超径石应在料场内解碎，少量运至坝面的大块石或漂石，在碾压前应做处理。一般是就地用反铲挖坑将之掩埋在层面以下，或用推土机移至坝外坡附近，做护坡石料。少量超径石也可在坝面用冲击锤解碎。

2. 反滤料和过渡料

反滤层和过渡层常用砂砾料，铺料方法采用常规的后退法卸料。自卸汽车在压实面上卸料，推土机在松土堆上平料。这种方法的优点是可以避免平料造成的粗细颗粒分离，汽车行驶方便，可提高铺料效率。要控制上坝料的最大粒径，允许最大粒径不超过铺层厚度的1/2，含有特大粒径的石料（如0.5~1.0m）时，应清除至填筑体以外，以免产生局部松散甚至空洞，造成隐患。砂砾料铺层厚度根据施工前现场碾压试验确定，一般不大于1.0m。

3. 防渗体土料

心、斜墙防渗体土料主要有黏性土和砾质土等，选择铺料方法主要考虑以下两点：一是坝面平整、铺料层厚均匀，不得超厚；二是对已压实合格土料不过压，防止产生剪力破坏。铺料时应注意以下问题。

（1）采用进占法卸料。做法是推土机和汽车都在刚铺平的松土上行进，逐步向前推进。要避免所有的汽车行驶同辙，因为自卸汽车，特别是10~15t以上的中、重型汽车，若反复多次在压实土层上行驶，会使土体产生弹簧土、光面与剪切破坏，严重影响土层间接合质量。这种方法铺料不会影响洒水、刨毛作业。

（2）推土机功率必须与自卸汽车载重吨位相配。如果汽车斗容过大，而推土机功率过小（刀片过小），则每一车料要经过推土机多次推运，才能将土料铺散、铺平，在推土机履带的反复碾压下，会将局部表层土压实，甚至出现弹簧土和剪切破坏，造成汽车卸料困难，更严重的是很易产生平土的厚薄不均。

（3）定量卸料。为了使推土机平料均匀，不致造成大面积过厚、过薄的现象，应根据每一填土区的面积，按铺土厚度定出所需的土方量（松方），从而定出所需卸料的车数，有计划地按车数卸料。

（4）沿坝轴线方向铺料。防渗体填筑面一般较窄，为了防止两侧坝料混入防渗体，杜绝因漏压而形成贯穿上下游的渗流通道，一般不允许车辆穿越防渗体，所以严禁垂直坝轴线方向铺料。特殊部位，如两岸接坡处、溢洪道边墙处及穿越坝体建筑物等接合部位，只能垂直坝轴线方向铺料时，在施工过程中，质检人员应现场监视，严禁坝料掺混。

（5）铺土厚度均匀，严禁超厚。保证措施是做到"随卸、随平、随检查"。汽车卸料后，应立即散铺，不能积压成堆。每一卸料地点只能允许卸一车料。推土机平料过程中，应及时检查铺土厚度，严禁超厚，发现厚薄不均的部位应及时处理。为了便于控制铺料厚度，防渗土料宜采用平地机平料。土料的铺层厚度根据施工前现场碾压试验确定，一般20~50cm。

（6）后退法铺料。做法是汽车在已压实合格的坝面上行驶并卸料，此法卸料方便，但对已压实土料容易产生过压，对砾质土、掺和土、风化料可以选用。应采用轻型汽车（20t以下），在填土坝面重车行驶路线要尽量短，且不走同辙，控制土料含水率略低于最优值。

（二）移动式皮带机上坝卸料、推土机平料

皮带机上坝卸料，适用于黏性土、砂砾料和砾质土。利用皮带机直接上坝，配合推土机平料，或配合铲运机运料和平料。优点是不需专门道路，但随着坝体升高需要经常移动皮带机。为防止粗细颗粒分离，推土机采用分层平料，每次铺层厚度为要求的 $1/3 \sim 1/2$，推距最好在 20m 左右，最大不超过 50m。大伙房土坝的坝壳砂砾料是用 $700 \sim 1\,000$mm 带式运输机运料上坝，$60 \sim 75$kW 推土机平料。

（三）铲运机上坝卸料和平料

铲运机是一种能综合完成挖、装、运、卸、平料等工序的施工机械，当料场位于距铺料区 $800 \sim 1\,500$m 范围内、散料距离在 $300 \sim 600$m 范围内时，是经济有效的。铲运机铺料时，平行于坝轴线依次卸料，从填筑面边缘逐行向内铺料，空机从压实合格面上返回取土区。铺到填筑面中心线（约一半宽度）后，铲运机反向运行，接续已铺土料逐行向填筑面的另一半的外缘铺料，空机从刚铺填好的松土层上返回取土区。

（四）坝面铺料的其他事项

1. 填筑区段划分，即施工缝划分

在坝面铺料时，应接合压实，将填筑面分成若干区段，以便坝体填筑的各工序流水作业，使机械和坝面得到充分利用，并避免相互干扰。坝面区段划分大小主要根据碾压机械的类型、坝体填筑面大小和上坝强度而定，一般取 $50 \sim 100$m 为宜。

当坝面区段划分好后，如填筑面较宽，可半边铺料，半边压实；如填筑面较窄，则可采用几个区段间流水作业，以减少干扰和提高效率。

对于防渗体及均质坝的坝料，如黏性土、砾质土、风化料和掺合料，纵横向接坡不宜陡于 $1:3.0$；随坝体填筑上升，接缝必须陆续削坡，做到合格面方可回填。对于砂砾料、堆石及其他坝壳料纵横接合部位，宜台阶收坡法，每层台阶宽度不小于 1.0m。

2. 边坡处预留削坡富裕宽度

坝体边坡部位的土和砂砾料，在无侧限的情况下难以压实，甚至在碾压机械的作用下产生裂缝。为保证设计断面，靠近上下游边坡铺料时，应多出一定的富裕宽度。富裕宽度与碾压机械的种类和铺土厚度有关，一般可取 0.5m。对压实完成后再富裕部分进行削坡处理。但碾压式堆石坝不应留削坡余量，宜边铺料、边整坡、护坡。

二、压实

（一）非黏性土的压实

非黏性土透水料和半透水料的主要压实机械有振动平碾、气胎碾等。

振动平碾适用于堆石与含有漂石的砂卵石、砂砾石和砾质土的压实。振动碾压实功能大，碾压遍数少（4~8遍），压实效果好，生产效率高，应优先选用。气胎碾可用于压实砂、砂砾料、砾质土。

1. 非黏性土料压实要点

（1）除坝面特殊部位外，碾压方向应沿轴线方向进行。一般均采用进退错距法作业。在碾压遍数较少时，也可一次压够后再行错车的方法，即搭接法。

（2）铺料厚度、碾压遍数、加水量等主要施工参数要严格控制；还应控制振动碾的行驶速度，振动频率、振幅等参数符合规定要求。

（3）分段碾压时，相邻两段交接带的碾迹应彼此搭接，垂直碾压方向，搭接宽度应不小于0.3~0.5m，顺碾压方向应不小于1.0~1.5m。

2. 加水

适当加水能提高堆石、砂砾石料的压实效果，减少后期沉降量。但大量加水须增加工序和设施，影响填筑进度。

（1）加水的作用

堆石料加水的主要作用，除在颗粒间起润滑作用以便压实外，更重要的是软化石块接触点，压实中搓磨石块尖角和边棱，使堆石体更为密实，以减少坝体后期沉降量。砂砾料在洒水充分饱和条件下，才能达到有效的压实。

（2）加水量

堆石、砂砾料的加水量还不能给出一个明确的标准，一般依其岩性、细粒含量而异。对于软化系数大、吸水率低（饱和吸水率小于2%）的硬岩，加水效果不明显，可经对比试验决定是否加水。对于软岩及风化岩石，其填筑含水量必须大于湿陷含水量，最好充分加水，但应视其当时含水量而定。如加水碾压将引起泥化现象时，其加水量应通过试验确定。堆石加水量依其岩性、风化程度而异，一般约为填筑量的10%~25%；砂砾料的加水量宜为填筑量的10%~20%，对小于5mm含量大于30%及含泥量大于5%的砂砾石，其加水量宜通过试验确定。

对砂砾料或细料较多的堆石，宜在碾压前洒水一次，然后边加水、边碾压，力求加水均匀。对含细粒较少的大块堆石，宜在碾压前洒水一次，以冲掉填料层面上的细粒料，改善层间接合。但碾压前洒水，大块石裸露会给振动碾碾压带来不利。对软岩堆石，由于振动碾压后表面产生一层岩粉，碾压后也应洒水，尽量冲掉表面岩粉，以利层间接合。

（二）黏性土的压实

1. 主要压实机械及施工特点

黏土心墙料压实机械主要用凸块振动碾，亦有采用气胎碾。凸块振动碾因其良好的压实性能，国内外已广泛采用，成为防渗土料的主要压实机具。我国使用的凸块振动碾碾重为 10~20t，适用于黏性土料、砾质土及软弱风化土石混合料，压实功能大，厚度达 30~40cm，一般碾压 4~8 遍可达设计要求，生产效率高。压实后表层有 8~10cm 的松土层，填土表面不须刨毛处理。

2. 压实方法

碾压机械压实方法已趋标准化，即均采用进退错距法，此法碾压与铺土、质检等工序分段作业容易协调，便于组织平行流水作业。当要求的碾压遍数很少时，也可采用一次压够遍数、再错距的方法。分段碾压的碾迹搭接宽度：垂直碾压方向的不小于 0.3~0.5m，顺延碾压方向的应为 1.0~1.5m。

碾压方向应沿坝轴方向进行。在特殊部位，如防渗体截水槽内或与岸坡接合处，应用专用设备在划定范围沿接坡方向碾压。

碾压行车速度一般取 2~3km/h，不得超过 4km/h。

3. 坝面土料含水率调整

土料含水率调整应在料场进行，仅在特殊情况下可考虑在坝面做少许调整。

（1）土料加水

当上坝土料的平均含水率与碾压施工含水率相差不大，仅须增加 1%~2% 时，可采用在坝面直接洒水。

加水方式分为汽车洒水和管道洒水两种。汽车喷雾洒水均匀，施工干扰小，效率高，宜优先采用。管道洒水方式多用于施工场面小、施工强度较低的情况。

加水后的土料一般应以圆盘耙或犁使其含水均匀。

粗粒残积土在碾压过程中，随着粗粒被破碎，细粒含量不断地增多，压实最优含水率也在提高。碾压开始时比较湿润的土料，随着碾压可能变得干燥，因此，碾压过程中要适当地补充洒水。

在干燥和气温较高天气，为防止填土表面失水干燥，应做喷雾洒水养护。

（2）土料的干燥

当土料的含水率大于施工控制含水率上限的 1% 以内时，碾压前可用圆盘耙或犁在填筑面进行翻松晾晒。

4. 填土层接合面处理

当使用平碾、气胎碾及轮胎牵引凸块碾等机械碾压时，在坝面将形成光滑的表面。为保证土层之间接合良好，对于中高坝黏土心墙或窄心墙，铺土前必须将已压实合格面洒水湿润并刨毛深 1~2cm，可采用刨毛机械或推土机快速开进的办法刨毛。对低坝，经试验论证后可以不刨毛，但仍须洒水湿润，严禁在表土干燥状态下，在其上铺填新土。

三、接合部位处理

（一）非黏性土接合部位

1. 坝壳与岸坡接合部的施工

坝壳与岸坡或混凝土建筑物接合部位施工时，汽车卸料及推土机平料，易出现大块石集中、架空现象，且局部不易碾压。该部位宜采取如下措施：

（1）与岸坡接合处 2m 宽范围内，可沿岸坡方向碾压。不易压实的边角部位应减薄铺料厚度，用轻型振动碾或平板振动器等压实机具压实。

（2）在接合部位可先填 1~2m 宽的过渡料，再填堆石料。

（3）在接合部位铺料后出现的大块石集中、架空处，应予以换填。

2. 坝壳填料接缝处理

坝壳分期分段填筑时，在坝壳内部形成了横向或纵向接缝。由于接缝处坡面临空，压实机械作业距坡面边缘留有 0.5~1.0m 的安全距离，坡面上存在一定厚度的松散或半压实料层。另外，铺料过程中难免有部分填料沿坡面向下溜滑，这更增加了坡面较大粒径松料层的厚度，其宽度一般为 1.0~2.5m。所以坝壳料填筑中应采取适当措施，将接缝部位压实。

（二）黏性土接合部位

黏土防渗体与坝基（包括齿槽）、两岸岸坡、溢洪道边墙、坝下埋管及混凝土墙等接合部位的填筑，必须采用专用机具、专门工艺进行施工，确保填筑质量。

1. 截水槽回填

（1）基槽处理完成后，排除渗水，从低洼处开始填土。不得在有水情况下填筑。

（2）槽内填土厚度在 0.5m 以内，可采用轻型机具（如蛙式夯等）薄层压实；填土厚度超过 0.5m 时，可采用压实试验选定的压实机具和压实参数压实。

2. 铺盖填筑

（1）铺盖在坝体内与心墙或斜墙连接部分，应与心墙或斜墙同时填筑，坝外铺盖的填筑，应于库内充水前完成。

（2）铺盖完成后，应及时铺设保护层。已建成铺盖上不允许进行打桩、挖坑等作业。

3. 黏土心墙与坝基接合部位填筑

（1）黏性土、砾质土坝基，应将表面含水率调至施工含水率上限，用与黏土心墙相同的压实参数压实，然后洒水刨毛铺填新土。

（2）无黏性土坝基铺土前，坝基应洒水压实，然后按设计要求回填反滤料和第一层土料。铺土厚度可适当减薄，土料含水率调节至施工含水率上限，宜用轻型压实机具压实。

（3）坚硬岩基或混凝土盖板上，开始几层填料可用轻型碾压机具直接压实，填筑至少0.5m以上后才允许用凸块碾或重型气胎碾碾压。

4. 黏土心墙与岸坡或混凝土建筑物接合部位填筑

（1）填土前，必须清除混凝土表面的乳皮、粉尘等杂物；岩面上的泥土、污物、松动部分都必须清除干净。

（2）在混凝土或岩面上填土时，应洒水湿润，并边涂刷浓泥浆、边铺土、边压实，泥浆涂刷高度须与铺土厚度一致，并应与下部涂层衔接，严禁泥浆干涸后再铺土和压实。泥浆土与水质量比宜为1∶2.5~1∶3.0，涂层厚度3~5mm。

（3）裂隙岩面处填土时，应按设计要求对岩面进行妥善处理，再按先洒水，然后边涂刷浓水泥黏土浆或水泥砂浆、边铺土、边压实（砂浆初凝前必须碾压完毕）程序。涂层厚度可为5~10mm。

（4）黏土心墙与岸坡接合部的填土，其含水率应调至施工含水率上限，选用轻型碾压机具薄层压实，不得使用凸块碾压实，黏土心墙与接合带碾压的搭接宽度不应小于1.0m。局部碾压不到的边角部位，可使用小型机具压实。

（5）混凝土墙、坝下埋管两侧及顶部0.5m范围内填土，必须用小型机具压实，其两侧填土应保持均衡上升。

（6）岸坡、混凝土建筑物与砾质土、掺合土接合处，应填筑宽1~2m的塑性较高的黏土（黏粒含量和含水率都偏高）过渡，避免直接接触。

（7）应注意因岸坡过缓，接合处碾压造成因侧向位移出现的土料"爬坡、脱空"现象，应采取防止措施。

5. 填土接缝处理要求

黏性土的横向接坡不宜陡于1∶3，高差不宜超过15m。在接头段或其他特殊部位，须采用更陡的接合坡度与更大高差时，应提出论证。

（1）斜墙和窄心墙内一般不应留有纵向接缝。均质土坝可设置纵向接缝，宜采用不同高度的斜坡与平台相间形式，平台间高差不宜大于15m。

（2）坝体接缝坡面可使用推土机自上而下削坡，适当留有保护层随坝体填筑上升，逐层清至合格层。接合面削坡合格后，要控制其含水率为施工含水率范围的上限。

四、反滤层施工

反滤层填筑与相邻的黏土心墙、坝壳料填筑密切相关。合理安排各种材料的填筑顺序，既可保证填料的施工质量，又不影响坝体施工速度，这是施工作业的重点。

（一）反滤层填筑次序及适用条件

反滤层填筑方法大体可分为削坡法、挡板法及土砂松坡接触平起法三种。削坡法和挡板法主要与人力施工相适应，现已不再采用。20世纪60年代以后，开始采用土砂松坡接触平起法，该法能适应机械化施工，已成为趋于规范化的施工方法。该方法一般分为先砂后土法、先土后砂法、土砂平起法几种。它允许反滤料与相邻土料"犬牙交错"，跨缝碾压。

1. 先土后砂法

先土后砂法是先填压2~3层土料，再铺一层反滤料与土料齐平，然后对反滤料的土砂边沿部分进行压实。由于土料压实时，表面高于反滤料，土料的卸、铺、平、压都是在无侧向限制条件下进行的，很容易形成超坡。在采用羊脚碾压实时，要预留30~50cm宽松土带，避免土料被羊脚碾插入反滤层内。当连续晴天时，因作业不断，土料上升较快，应注意防止黏性土体干裂。

2. 先砂后土法

先砂后土法是先在反滤料的控制边线内，用反滤料堆筑一小堤，再填筑2~3层土料与反滤料齐平，然后骑缝压实反滤料与土料的接合带。此法填土料时有反滤料做侧向限制，便于控制防渗土体边线。由于土料在有侧向限制情况下压实，松土边很少，故采用较多。

3. 土砂交替法

土砂交替法是先填筑一层土，再填筑一层砂料，然后两层土一层砂交替上升。

（二）反滤料铺填

反滤料填筑分为卸料、铺料、界面处理、压实几道工序。

1. 卸料

采用自卸汽车卸料，车型的大小应与铺料宽度相适应，卸料方式以尽量减少粗细料离析为原则。

当铺料宽度小于 2m 时，宜选用侧卸车或 5t 以下后卸式汽车运料。较大吨位自卸汽车运料时，可采用分次卸料或在车斗出口安装挡板，以缩窄卸料出口宽度。

为了减少反滤料在与土料、堆石料分区界面上的粗、细料离析，方便界面上超径石的清除，自卸汽车卸料次序应"先粗后细"，即按"堆石料—过渡料—反滤料"次序卸料。当反滤料宽度大于 3m 时，可沿反滤层以后退法卸料。反滤料在备料场加水保持潮湿，也是减少铺料分离的有效措施。

2. 铺料

一般较多采用小型反铲（斗容 1m³）铺料，也有使用装载机配合人工铺料，当反滤料宽度大于 3m 时，可采用推土机摊铺平整。

3. 界面处理

（1）反滤料填筑必须保证其设计宽度，填土与反滤料的"犬牙交错"带宽度一般不得大于填土层厚的 1.5 倍。

（2）为了保证填料间的良好过渡，要避免界面上的超径石集中现象。采用"先粗后细"顺序铺料时，应在清除界面上的超径石后，再铺下一级料。使用小型反铲将超径石移放至与本层相邻的粗料区或坝壳堆石区。

（三）反滤料压实

1. 压实机械

普遍采用的是振动平碾，压实效果好，效率高，可与坝壳堆石料压实使用同一种机械。因反滤料施工面狭小，应优先选用自行振动碾。

2. 反滤料碾压的一般要求

当黏土心墙料与反滤料，反滤料与过渡料或坝壳堆石料填筑齐平时，必须用平碾骑缝碾压，跨过界面至少 0.5m。

第三节　面板堆石坝施工

面板堆石坝是以堆石料（含砂砾石）分层碾压成坝体，并以混凝土或沥青混凝土面板作为防渗斜墙的堆石坝，简称面板坝。这种坝型的断面工程量小、安全性好、施工方便、适应性强、造价低等优点，受坝工界的普遍重视。

一、堆石材料的质量要求和坝体材料分区

面板堆石坝上游面有薄层的防渗斜面板，面板可以是刚性钢筋混凝土的，也可以是柔性沥青混凝土的。坝身主要是堆石结构。要求良好的堆石材料以尽量减少堆石体的变形，

为面板正常工作创造条件，是坝体安全运行的前提。

（一）面板堆石坝的坝体分区

堆石坝体应根据石料来源及对坝料的强度、渗透性、压缩性、施工方便和经济合理性等要求进行分区。在岩基上用硬岩堆石料填筑的坝体从上游向下游依次分为垫层区、过渡区、主堆石区、下游堆石区，周边缝下部应设特殊垫层区。

坝体上游部分的堆石体要求：压缩性要低，防止沉陷危及防渗面板；防渗性高，防止渗流过大。各区坝料的透水性应按水力过渡要求，从上游向下游逐渐增加。下游堆石区在下游水位以上的坝料不受此限制。

垫层区的水平宽度应由坝高、地形、施工工艺和经济性比较确定。当用汽车直接卸料，推土机推平方法施工时，垫层区不宜小于3m。有专门的铺料设备时，垫层区宽度可减小，并相应增大过渡区的面积。主堆石区用硬岩时，到垫层区之间应设过渡区，为方便施工，其宽度不小于3m。

（二）堆石材料的质量要求

根据施工组织设计，查明各料场的储量和质量，如果利用施工中挖方石料时，要按料场要求增做试验。1、2级高坝的坝料室内试验项目，应包括坝料的颗粒级配、相对密度、抗剪强度和压缩模量，垫层料、砂砾料、软岩料的渗透和渗透变形试验。100m以上的坝，还应测定坝料的应力应变参数。

1. 垫层料

要求有良好的级配，最大粒径为80~100mm，小于5mm的颗粒含量为30%~50%，小于0.075mm的颗粒含量不宜超过8%，中低坝可适当降低要求。寒冷地区，垫层的颗粒级配要满足排水性要求。

2. 过渡料

过渡料要求级配连续、最大粒径不宜超过300mm。可用人工细石料、经筛分加工的天然砂砾料等，压实后的过渡料要压缩性小，抗剪强度高，排水性好。

3. 主堆石料

主堆石料可用坝基开挖料或料场开采石料，要求级配良好，最大粒径不应超过压实层厚度，小于5mm的含量不宜超过20%，小于0.75mm的颗粒含量不宜超过5%。在开采前应做专门的碎度爆破试验。

4. 下游堆石区

该区起保护主堆石体及下游边坡稳定作用。要求采用较大石料填筑，允许有少量分散的风化岩。由于该区的沉陷变形对面板已影响甚微，故对石质及密度要求有所放宽。下游坝坡面应做干砌石护面。

二、堆石坝填筑工艺，压实参数和质量控制

（一）填筑工艺

坝体填筑应在坝基、岸坡处理完毕，面板底座混凝土浇筑完成后进行。垫层料、过渡料和一定宽度的主堆石料的填筑应平起施工，均衡上升。

主、次堆石区可分区、分期填筑，其纵、横坡面上均可布置临时施工道路，但必须设于填筑压实合格的坝段。主堆石区与岸坡、混凝土结构接触带要回填宽 1~2m 过渡带料。

垫层料、过渡料卸料铺筑时，要避免骨料离析，两者交界处避免大石集中，超径石应予剔除。垫层料铺筑时，上游侧超铺 20~30mm。每升高 10~15m，进行垫层坡面削坡修整和碾压，削坡修整后，坡面在法线方向应高于设计线 5~8cm。有条件时宜用激光控制削坡的坡度。斜坡碾压可用振动碾。压实合格后，尽快进行护面，常用的形式有碾压水泥砂浆、喷乳化沥青、喷混凝土等。碾压砂浆表面、喷混凝土表面允许误差为 ±5cm。

坝料铺筑采用进占法卸料，及时平料，保持填筑面平整。用测量方法检查厚度，超厚处及时处理。坝料填筑宜加水碾压，加水要均匀，控制加水量。采用振动平碾压实，碾重不小于 10t。经常检测振动碾的工作参数。碾压应按坝料分区分段进行，各碾压段之间的搭接不应小于 1.0m。坝体堆石区纵、横向接坡宜采用台阶收坡法施工，台阶宽度不宜小于 1.0m，填筑高差不宜过大。

下游护坡宜与坝体填筑平起施工，护坡石宜选取大块石，机械整坡、堆码，或人工干砌，块石间嵌合要牢固。

（二）堆石体的质量控制

坝体填筑的质量，一般要求为：堆石材料、施工机械符合要求；负温下施工时，坝基已压实的砂砾石无冻结现象，填筑面上的冰雪已清除干净。坝面压实，应对压实参数和孔隙率进行控制，以碾压参数为主。铺料厚度、碾实遍数、加水量等符合要求，铺料误差不宜超过层厚的 10%，坝面保持平整。

检查方法：垫层料、过渡料和堆石料压实干密度的检测方法，宜采用挖坑灌水法，或辅以表面波压实密度仪法。施工中可用压实计实施控制，垫层料可用核子密度计法。垫层料试坑直径应不小于最大粒径的 4 倍；过渡料试坑直径应不小于最大粒径的 3~4 倍；堆石料试坑直径为最大粒径的 2~3 倍；试坑直径最大不超过 2m。以上三种料的试坑深度均为

碾实层厚度。

三、钢筋混凝土面板的分块和浇筑

（一）钢筋混凝土面板的分块

混凝土防渗面板包括面板和趾板（面板底座）两部分。面板应满足强度、抗渗、抗侵蚀、抗冻等要求。趾板设伸缩缝；面板设垂直伸缩缝、周边伸缩缝等永久缝和临时水平施工缝。

垂直伸缩缝从底到顶通缝布置，中部受压区，分缝间距一般为 12~18m；两侧受拉区按 6~9m 布置。受拉区设两道止水，受压区在底侧设一道止水，水平施工缝不设止水，但竖向钢筋必须相连。

（二）防渗面板混凝土浇筑

1. 趾板施工

趾板施工应在趾基开挖处理完毕，经验收合格后进行，按设计要求进行绑扎钢筋、设置锚筋、预埋灌浆导管、安装止水片及浇筑上游铺盖。混凝土浇筑中，应及时振实，注意止水片与混凝土的接合质量，接合面不平整度小于 5mm。混凝土浇后 28d 以内，20m 之内不得进行爆破；20m 之外的爆破要严格控制装药量。

2. 面板施工

面板施工在趾板施工完毕后进行。当坝高不大于 70m 时，面板在堆石体填筑全部结束后施工，这主要考虑避免堆石体沉陷和位移对面板产生的不利影响。高于 70m 的堆石坝，若考虑须拦洪度汛，提前蓄水，面板可分二期或三期浇筑，分期接缝应按施工缝处理。面板混凝土浇筑宜采用无轨滑模，起始三角块宜与主面板块一起浇筑。面板混凝土宜采用跳仓浇筑。滑模应具有安全措施，固定卷扬机的地锚应可靠，滑模应有制动装置。面板钢筋采用现场绑扎或焊接，也可用预制网片现场拼接。混凝土浇筑中，布料要均匀，每层铺料厚 250~300cm。止水片周围须人工布料，防止分离。振捣混凝土时，要垂直插入，至下层混凝土内 5cm，止水片周围用小振捣器仔细振捣。振捣过程中，防止振捣器触及滑模、钢筋、止水片。脱模后的混凝土，要及时修整和压面。

滑模滑升时，要保持两侧同步，每次滑升距离不大于 30cm，滑升间隔时间不应超过 30min。面板浇筑的平均速度为 1.5~2.5m/h。

检查数量要求如下。

趾板浇筑：每浇一块或每 50~100m³ 至少有一组抗压强度试件；每 200m³ 成型一组抗

冻、抗渗检验试件。

面板浇筑：每班取一组抗压强度试件，抗渗检验试件每 500~1 000m³ 成型一组，抗冻检验试件每 1 000~3 000m² 成型一组，不足以上数量者，也应取一组试件。

四、沥青混凝土面板施工

沥青混凝土由于抗渗性好，适应变形能力强，工程量小，施工速度快，目前广泛用于土石坝的防渗体。

（一）沥青混凝土施工方法分类

沥青混凝土的施工方法有碾压法、浇筑法、预制装配法和填石振压法四种。碾压法是将热拌沥青混合料摊铺后碾压成型的施工方法，用于土石坝的心墙和斜墙施工；浇筑法是将高温流动性热拌沥青混合材料灌注到防渗部位，一般用于土石坝心墙；预制装配法是把沥青混合料预制成板或块，在现场装配，目前使用尚少；填石振压法是先将热拌的细粒沥青混合材料摊铺好，填放块石，然后用巨型振动器将块石振入沥青混合料中。在我国应用较为普遍的是碾压施工法，下面以碾压式沥青混凝土施工做简要介绍。

（二）沥青混凝土防渗体的施工特点

1. 防渗体较薄，工程量小，机械化程度高，施工速度快。施工须专用施工设备和经过施工培训的专业人员完成。

2. 高温施工，施工顺序和相互协调要求严格。

3. 防渗体不须分缝分块，但与基础、岸坡及刚性建筑物的连接须谨慎施工。

4. 相对土防渗体而言，沥青混凝土防渗体，不因开采土料而破坏植被，利于环保，须外购沥青。

（三）沥青混凝土的原材料

沥青是主要材料，品种和标号应根据设计要求而定，一般选用道路石油沥青 60 甲和 100 甲。粗骨料是指粒径大于 2.5mm 的骨料，以碱性碎石为宜，其最大粒径一般为 15~25mm，且最大粒径小于铺筑层厚度的 1/3，一般要求分成 10~20mm、5~10mm 和小于 5mm 三级；小于 5mm 是否再分级取决于该级级配是否满足设计级配曲线要求和具体工程的要求。细骨料是指粒径小于 2.5mm 且大于 0.075mm 的骨料，细骨料可以是碱性岩石加工的人工砂或小于 2.5mm 的天然砂，也可以是两者的混合。填料是指粒径小于 0.075mm 的用碱性岩石（石灰岩、白云岩等）磨细得到的岩粉，一般可从水泥厂直接购买。

（四）沥青混凝土面板施工过程

1. 沥青混凝土面板施工的准备工作

（1）趾墩和岸墩是保证面板与坝基间可靠连接的重要部位，一定要按设计要求施工。岸墩与基岩连接，一般设有锚筋，并用作基础帷幕及固结灌浆的压盖。其周线应平顺，拐角处应曲线过渡，避免倒坡，以便和沥青混凝土面板的连接。

（2）与沥青混凝土面板相连接的水泥混凝土趾墩、岸墩及刚性建筑物的表面在沥青混凝土面板铺筑之前必须进行处理。表面上的浮皮、浮碴必须清除，潮湿部位应用燃气或喷灯烤干，使混凝土表面保持清洁、干燥。然后在表面喷涂一层稀释沥青或乳化沥青，用量为 $0.15 \sim 0.20 kg/m^2$。待稀释沥青或乳化沥青完全干燥后，再在其上面敷设沥青胶或橡胶沥青胶。沥青胶涂层要平整均匀，不得流淌。如涂层较厚，可分层涂抹。

（3）与齿墙相连接的沥青砂浆或细粒沥青混凝土楔形体，一般可采用全断面一次浇筑施工，当楔形体尺寸较大时，也可分层浇筑施工，每层厚 $30 \sim 50 cm$。与岸墩相连接的楔形体必须采用模板，从下向上施工。模板每次安装长度以 $1m$ 为宜。楔形体浇筑温度应控制在 $140 ℃ \sim 160 ℃$，边浇筑边用钢钎插捣。拆模时间视楔形体内部温度的降低程度而定，一般要求温度下降到沥青软化点以下方可拆模。

（4）对于土坝，在整修好的填筑土体或土基表面应先喷洒除草剂，然后铺设垫层。堆石坝体表面可直接铺设垫层。垫层料应分层填筑压实，并对坡面进行修整，使坡度、平整度和密实度等符合设计要求。垫层表面须用乳化沥青、稀释沥青或热沥青喷洒，乳化沥青喷洒量一般为 $2.0 \sim 4.0 kg/m^2$，热沥青一般为 $1.0 \sim 2.0 kg/m^2$。

2. 沥青混合料运输

（1）热拌沥青混合料应采用自卸汽车或保温料罐运输。自卸汽车运输时应防止沥青与车厢黏结。车厢应清扫干净，车厢侧板和底板可涂一薄层油水混合液（柴油与水的比例可为 $1:3$）。从拌和机向自卸汽车上装料时，应防止粗细骨料离析，每卸一斗混合料应挪动一下汽车位置。保温料罐运输时，底部卸料口应根据混合料的配合比和温度设计得略大一些，以保证出料顺畅。

（2）运料车应采取覆盖篷布等保温、防雨、防污染的措施，夏季运输时间较短时，也可不加覆盖。

（3）沥青混合料运输车或料罐运输的运量，应比拌和能力或摊铺速度有所富余。保温料罐可装混合料 $1 \sim 2 m^3$。

（4）位于坝面上的垂直起吊设备，应配备专用接料斗或吊运料罐设施，并将接料斗或料罐中的混合料直接卸入摊铺机料斗或喂料车料斗。若用喂料车接料时，再由喂料车将混合料运输到摊铺机。

（5）沥青混合料运至摊铺地点后应检查拌和质量。不符合规定或已经结成团块、已被雨淋湿的混合料不得用于铺筑。

3. 沥青混合料摊铺

沥青混合料的铺筑方向多采用沿最大坡度方向分成若干条幅，自下而上依次铺筑。当坝体轴线较长时，也有沿水平方向铺筑的，但多用于蓄水池和渠道衬砌工程。

碾压式沥青混凝土面板多采用一级铺筑。当坝坡较长或因拦洪度汛需要设置临时断面时，可采用二级或二级以上铺筑。一级斜坡铺筑长度通常不超过 120~150m。当采用多级铺筑时，临时断面顶宽应根据牵引设备的布置及运输车辆交通的要求确定，一般不小于10~15m。

4. 沥青混合料压实

（1）沥青混合料应采用振动碾碾压，待摊铺机从摊铺条幅上移出后，用 2.5~8t 振动碾进行碾压。条幅之间接缝，铺设沥青混合料后应立即进行碾实以获得最佳的压实效果。

（2）振动碾碾压时，应在上行时振动、下行时不振动。

（3）振动碾在碾压过程中有沥青混合料沾轮现象时，可向碾压轮洒少量水或加洗衣粉的水，严禁涂洒柴油。

（4）振动碾重量和碾压工艺的选择，应根据现场环境温度、风力、摊铺条幅的宽度和厚度、摊铺机的摊铺速度经现场试验确定。

（5）碾压的初始温度和终止温度及碾压遍数应根据现场试验确定。

5. 沥青混凝土面板接缝处理

（1）为提高整体性，接缝边缘通常由摊铺机铺筑成 45°。

（2）当接缝处沥青混合料温度较低时（<60℃），对接缝处的松散料应予清除，并用红外线或燃气加热器，将接缝处 20~30cm 范围加热到 100℃~110℃后，再铺筑新的条幅进行碾压。有时在接缝处涂刷热沥青以增强防渗效果。

（3）对于防渗层铺筑后发现的薄弱接缝处，仍须用加热器加热并用小型夯实器压实。

6. 沥青混凝土面板封闭层施工

（1）封闭层一般由热沥青玛碲脂（30%沥青、70%矿粉）或冷沥青乳剂涂刷而成。

（2）热沥青玛碲脂封闭层厚约 2mm，用带有橡胶刮板的涂刷机分两遍涂刷，涂刷第一遍的热沥青玛蹄脂会使防渗层表面潮气气化产生气泡，涂刷第二遍沥青玛碲脂封堵气泡产生的针孔。

（3）热沥青玛碲脂一般在气温 10℃ 以上施工，温度控制在 170℃~200℃。

（4）为防止流淌，有时在沥青玛蹄脂中掺入一些如纤维素等掺料做稳定剂。

第四节 土工膜防渗体施工

一、土工织物基础

土工织物是指透水性的平面土工合成材料，我国俗称土工布。土工膜是指在岩土工程中主要用作防渗和隔离的一种不透水高聚物薄膜。

用于防渗的土工合成材料主要有土工膜和复合土工膜，最早应用于渠道防渗，以后逐渐推广在堤坝防渗上的应用。我国自 20 世纪 80 年代以后相继在许多坝体中使用土工膜作为防渗体，取得了较好的效果，并于 20 世纪 90 年代开始用于 50m 高的坝体中。

土工膜按组成的基本材料可分为塑料类、沥青类、橡胶类三种，制造塑料类土工膜所用聚合物有聚氯乙烯（PVC）、高密度聚乙烯（HDPE）、氯化聚乙烯（CPE）等。由于塑料类土工膜具有优良的物理力学性能，价格便宜，施工方便迅速，适应变形能力强，有良好的不透水性，因而应用于许多水利工程。

为改善土工膜的性能，充分利用土工膜与土工织物各自的长处，常用各种成型方法将土工膜与土工织物组成复合土工膜，前者提供了不透水性，后者提供了强度，使其具有土工织物平面排水的功效及土工膜法向防渗的功能，同时又改善了单一土工膜的工程性能，提高了其抗拉、顶破和穿刺强度及摩擦系数，还可避免或减少在运输、铺设过程中机械损伤防渗膜。因而，复合土工膜是一种比较理想的防渗材料，其结构常有"一布一膜、二布一膜、一布二膜、二布二膜"等，工程应用很广（如本节无特别说明，土工膜均指复合土工膜）。

根据土工膜在坝体中的部位，土工膜防渗体分为心墙式和斜墙式（或称面板式）。

二、一般规定

1. 所用土工膜的性能指标应满足《水利水电工程土工合成材料应用技术规范》要求和工程实际需要，主膜无裂口、针眼，主膜和土工织物接合较好，无脱离或起皱。

2. 土工膜的厚度根据具体基层条件、环境条件及所用土工膜材料性能确定。根据国内坝工实践经验，土石坝防渗土工膜主膜厚度不小于 0.5mm，承受高应力的防渗结构，采用加筋土工膜。

3. 土石坝防渗土工膜应在其上设置防护层、上垫层，在其下设置下垫层和支持层。

4. 土工膜防渗系统的计算，应进行稳定性验算及膜后排渗能力校核。

（1）稳定性验算仅针对防护层、上垫层与土工膜之间的抗滑稳定。验算的最危险工况为库水位骤降。

（2）膜后排渗能力核算是针对膜后无纺土工织物平面排水或砂垫层导水能力。上游水位骤降时，坝体中部分水量将流向上游，沿土工织物流至坡底，经坝后排水管或导水沟导向下游排走。应先估算来水量，校核自上而下各段土工织物的导水率，并考虑一定的安全系数。

三、土工膜防渗斜墙施工

（一）斜墙土工膜施工技术要求

1. 土工膜应尽量用宽幅，减少拼接量。

2. 土工膜铺设前，基础垫层要碾压密实、平整，不得有突出尖角块石露出。做好排渗设施，挖好固定沟。

3. 防渗土工膜顶部应埋入坝顶锚固沟内。其底部必须嵌入坝底。如为透水地基，土工膜与上游防渗铺盖或截水槽，岸坡和一切其他防渗体紧密连接，构成完全封闭体系。土工膜封闭体系的具体结构，可根据地基土质条件和结构物类型分别采用以下类型：

（1）与土质地基连接。土工膜直接埋入锚固槽，填土应予夯实，槽深2m，宽4m。

（2）与砂卵石地基连接。应清除砂卵石，直达不透水层。浇混凝土底座，埋入土工膜。对新鲜和微风化基岩，底座宽为水头的1/20～1/10。对半风化和全风化岩，底座宽为水头的1/10～1/5，所有裂缝要填实。当砂卵石太厚，不能开挖至不透水层，可将土工膜向上游延伸一段，形成水平铺盖，长度通过计算确定；如用混凝土防渗墙处理，则将土工膜埋入防渗墙中。土工膜下设排水、排气措施。

（3）与结构物连接。如与输水管、溢洪道边墙、廊道等连接，相邻材料的弹性模量不能差别过大，要平顺过渡，并充分考虑结构物可能产生的位移。

4. 土工膜坡面铺设时，将土工膜卷材装在卷扬机上，自坡顶徐徐展开放至坡底，人工拖拉平顺，松紧适度，使布膜同时受力。土工膜铺设做到以下各点。

（1）在干燥和暖天气进行铺设。

（2）铺设不应过紧，留足够余幅（3%～5%），以便拼接和适应气温变化。

（3）接缝与最大拉力方向平行。

（4）坡面弯折处注意剪裁尺寸，务使妥帖。

（5）随铺随压，以防风吹。

（6）施工中发现损伤，及时修补。

（7）施工人员穿无钉鞋或胶底鞋。

（8）施工中注意防火，禁止工作人员吸烟。

5. 土工膜的搭接。土工膜各条幅间现场搭接宽度不小于 10cm，搭接方法有焊接法、黏结法、折叠法、重叠法，最常用的是焊接法和黏结法。搭接方法应根据施工现场的实际情况和复合土工膜的材质、有无甩边来确定。

（1）焊接法是借助热焊机等加热设备，将塑料膜加热软化、机械滚压或人工加压贴合在一起的方法。PVC 膜和 PE 膜均可用焊接法搭接。焊接工具有自动爬行热合机和电熨斗。热合焊机由两块电烙铁供热，胶带轮通过耐热胶带施压、滚压塑料膜，焊成两条粗为 10mm 的焊线，两线净距 16mm，焊接效果比较好。电熨斗也是焊接工具之一，在特殊场合也是适宜的，但焊接时人工加压，劳动强度大，膜厚时不可使用。

焊缝抗拉强度较高，应根据膜材种类、厚度和现有工具等优先采用焊接法。

（2）黏结法是将塑料膜搭接处擦干净，一次或两次以上均匀刷涂胶黏剂，滚压贴合的方法。胶黏剂有固体热熔胶和溶剂型胶。PVC 膜都可采用，而 PE 膜可以使用热熔固体胶搭接，不能使用溶剂性胶搭接。要根据气温情况确定刷涂长度，一般不超过 4m，晾燥 2～4min 即可迅速黏合，黏合后用手压铁棍滚压数次或用木锤打压数次即可。

塑膜搭接好后，再进行土工布的搭接。土工布的搭接多采用手提缝纫机缝合，也可采用土工布胶黏合。若采用土工布胶（如氯丁橡胶、乳化沥青等）黏结，可先黏结下层土工布，再黏结 PVC 主膜，最后再黏结上层土工布。

黏结法应在无雨情况下施工。

6. 接缝检测方法有目测法、现场检漏法和抽样测试法。

（1）目测法：观察有无漏接，接缝是否无烫损、无褶皱，是否拼接均匀等。

（2）现场检漏法：应对全部焊缝进行检测，常用的有真空法和充气法。

真空法：利用包括吸盘、真空泵和真空机的一套设备。检测时将待检部位刷净，涂肥皂水，放上吸盘，压紧，抽真空至负压 0.02～0.03mPa，关闭气泵。静观约 30s，看吸盘顶部透明罩内有无肥皂水泡产生，真空度有无下降。如有下降，表示漏气，应予补救。

充气法：焊缝为双条，两条之间留有约 10mm 的空腔。将待测段两端封死，插入气针，充气至 0.02～0.05mPa（视膜厚选择），静观 0.5min，观察压力表，如气压不下降，表明接缝合格。

（3）抽样测试法：约 1 000m² 取一试样，做拉伸强度试验，要求强度不低于母材的 80%，且试样断裂不得在接缝处，否则接缝质量不合格。

7. 上垫层的上料铺填、夯实一般用人工，避免用机械运输及碾压。保护层常采用推土机自上而下填筑，一次达到设计厚度并压实。

（二）斜墙土工膜铺设方法

以"两布一膜"铺设为例，其顺序为：铺设→对正→搭齐→缝底层布→擦拭主膜尘土→主膜焊接或黏结→检测→修补→缝上层布→验收。

1. 铺膜

斜墙土工膜自上而下铺设，底部将脱布后的主膜与趾板中所夹的高强塑料布焊接，铺设时注意张弛适度，避免人为损伤。为防止土工膜拉裂，铺设时每增高 5m 打一个 "Z" 形折。

2. 焊膜

焊接前清除膜面沙子、泥土等脏物，膜与膜接头处铺设平整后用自动爬行热合机施焊。焊接施工时须 3~4 人配合，1 人持机，1 人清理待焊面，1 人持电源并观察焊缝质量，对有问题的做出记号，1 人在后面修补。一般焊膜温度调到 250℃~300℃，速度 1~2m/min。

土工膜若为黏结，按黏结的施工技术要求进行。

3. 接缝检查

用目测法和现场检漏法进行质量检测。

4. 缝布

布的缝合采用手提封包机，用高强纤维涤纶丝线。缝合施工需 3 人。缝合时针距在 6mm 左右，连接面要求松紧适度，自然平顺，确保膜布联合受力。

四、土工膜防渗心墙施工

（一）土工膜心墙结构

心墙式土工膜置于坝体中部，下接地基防渗设施，上与防浪墙连接，两侧与岸坡连接，在膜两侧各设一定厚度的细砂过渡保护层，随坝体填筑上升铺设连接。

（二）心墙土工膜施工技术要求

1. 心墙土工膜宜采用 "之" 字形布置，折皱角度根据过渡料边坡稳定休止角确定。因土工膜在施工和运行中可能产生拉应力和剪应力，铺设时应使其保持松弛状态，并在水平和垂直方向每隔一定距离留一定折皱量，折皱高度应与两侧垫层料填筑厚度相同。土工膜施工速度应与坝体填筑进度相适应。

2. 土工膜防渗心墙两侧回填的过渡保护料的粒径、级配、密实度及与土工膜接触面上孔隙尺寸应符合设计要求。

3. 土工膜铺设前，过渡保护层料的边坡应人工配合机械修整，并用平板振动器振平，不得有尖角块石与其接触。

4. 土工膜与地基、岩坡的连接及伸缩节的结构类型，必须符合设计要求。在开挖后的设计岩面上开凿梯形锚固槽，在槽中浇筑混凝土的同时，将主膜呈"S"状分层埋入混凝土中。

5. 土工膜施工时，现场应清除尖角杂物，做好排渗措施并注意防火；土工膜铺设时不应过紧，应留足够富余，铺设时随铺随压，并加以回填保护；寒冷季节施工时，膜铺好后应及时加以覆盖。

6. 土工膜铺设过程中应注意防止块石和施工机械损坏土工膜，特别是自卸汽车穿越土工膜心墙时，通过铺设钢板等措施对土工膜加以保护。

7. 加强施工过程的检验，防止搭接宽度不够、脱空、收缩起皱、扭曲鼓包，如发现土工膜损坏、穿孔、撕裂等，必须及时补修。

（三）心墙土工膜铺设方法

1. 土工膜沿竖直方向"之"字形布置，折皱高度为 50~75cm，与坝体分层碾压厚度 1.0~1.5m 相适应。

2. 为防止膜料被拉裂，土工膜与周边结构物连接处要设置折皱伸缩节，伸缩节展开长度约 1m。

3. 心墙复合土工膜铺设中的搭接、检测要求与斜墙土工膜相同。

第十一章　渠系建筑物

渠系建筑物是为了安全输水，合理配水，精确量水，以达到灌溉、排水及其他用水目的而在渠道上修建的水工建筑物。在农田水利工程建设中，蓄水、引水等枢纽工程，只有与渠系工程配套使用，才能达到兴利的目的。

第一节　渠道与渡槽

一、渠系建筑物基础

输配水渠道一般路线长，沿线地形起伏变化大，地质情况复杂，为了准确调节水位、控制流量、分配水量、穿越各种障碍，满足灌溉、水力发电、工业及生活用水的需要，在渠道上兴建的水工建筑物统称为渠系建筑物。

（一）渠系建筑物的种类和作用

渠系建筑物的种类较多，按其主要作用可分为以下八种。

1. 控制建筑物

主要作用是调节各级渠道的水位和流量，以满足各级渠道的输水、配水和灌水要求，如进水闸、节制闸、分水闸等。

2. 泄水建筑物

主要作用是保护渠道及建筑物安全，用以排放渠中余水、入渠的洪水或发生事故时的渠水，如退水闸、溢流堰、泄水闸等。

3. 交叉建筑物

渠道经过河谷、洼地、道路、山丘等障碍时所修建的建筑物，主要作用是跨越障碍、输送水流，如渡槽、倒虹吸管、桥梁、涵洞、隧洞等。常根据建筑物运用要求、交叉处的相对高程，以及地形、地质、水文等条件，经比较后合理选用。

4. 落差建筑物

渠道通过地面坡度较大的地段时，为使渠底纵坡符合设计要求，避免深挖高填，调整渠底比降，将渠道落差集中所修建的建筑物，如跌水、陡坡等。

5. 量水建筑物

为了测定渠道流量，达到计划用水、科学用水而修建的专门设施，如量水堰、量水槽、量水喷嘴等。工程中，常利用符合水力计算要求的渠道断面或渠系建筑物进行量水，如水闸、渡槽、陡坡、跌水、倒虹吸等。

6. 防沙建筑物

为了防止和减少渠道的淤积，在渠首或渠系中设置冲沙和沉沙设施，如冲沙闸、沉沙池等。

7. 专门建筑物

方便船只通航的船闸、利用落差发电的水电站和水力加工站等。

8. 利民建筑物

根据群众需要，结合渠系布局，修建方便群众出行、生产的建筑物，如行人桥、踏步、码头、船坞等。

（二）渠系建筑物的布置原则

在渠系建筑物的布置工作中，一般应当遵循以下原则。

1. 布局合理，效益最佳

渠系建筑物的位置和形式，应根据渠系平面布置图、渠道纵横断面图及当地的具体情况，合理布局，使建筑物的位置和数量恰当，水流条件好，工程效益最大。

2. 运行安全，保证需求

满足渠道输水、配水、量水、泄水和防洪等要求，保证渠道安全运行，提高灌溉效率和灌水质量，最大限度地满足作物需水要求。

3. 联合修建，形成枢纽

渠系建筑物尽可能集中布置，联合修建，形成枢纽，降低造价，便于管理。

4. 独立取水，便于管理

结合用水要求，最好做到各用水单位有独立的取水口，减少取水矛盾，便于用水管理。

5. 方便交通，便于生产

在满足灌溉要求的同时，应考虑交通、航运和群众生产、生活的需要，为提高劳动效率和建设新农村创造条件。

（三）渠系建筑物的特点

在灌区工程中，渠系建筑物是重要组成部分，其主要特点如下。

1. 量大面广，总投资多

渠系建筑物的分布面广，数量较大，总工程量和投资往往很大。所以，应对渠系建筑物的布局、选型和构造设计进行深入研究与决策，降低工程总造价。

2. 同类建筑物较为相似

渠系建筑物一般规模较小、数量较多，同一类型的建筑物工作条件、结构形式、构造尺寸较为相近。因此，在同一个灌区，应尽量利用同类建筑物的相似性，采用定型设计和预制装配式结构，简化设计和施工程序，从而确保工程质量，加快施工进度和便于维修运用。对于规模较大、技术复杂的建筑物，应进行专门的设计。

3. 受地形环境影响较大

渠系建筑物的布置，主要取决于地形条件，与群众的生产、生活环境密切相关。例如，渡槽的布置既要考虑长度最短，又要考虑与进出口渠道平顺连接，否则将会增加填方渠道与两岸连接的长度，多占用农田及多拆迁房屋，影响群众切身利益。所以，进行渠系建筑物布置时，必须深入实地进行调查研究。

（四）渠系建筑物的定型设计

渠系建筑物一般为小型建筑物，在其设计过程中，可以直接使用定型设计图集中的尺寸和结构，不再进行复杂的水力和结构计算。采用定型设计，不仅可以缩短设计时间，而且可以保证工程质量，加快施工进度，节省工程费用。

实际工程中，建筑物轮廓和控制性尺寸的确定，常以简单的水力计算为主进行验算。对一般构件的构造和尺寸，可参考工程设计经验拟定。

为了总结灌区渠系建筑物的建设经验，提高工程设计质量，促进水利建设，更好地发挥工程效益，我国已经出版了多种渠系建筑物设计图册。这些图册中的设计图件，都经过实践的检验，它们技术先进，经济合理，运行安全可靠，在同类建筑物中具有一定典型性和代表性。在使用定型设计图件时，一定要根据各地区的具体条件，因地制宜，取其所长。

二、渠道

渠道是灌溉、发电、航运、给水、排水等水利工程中广为采用的输水建筑物。渠道遍布整个灌区，线长面广，其规划和设计是否合理，将直接关系到土方量的大小、渠系建筑物的多少、施工和管理的难易及工程效益的大小。因此，一定要搞好渠道的规划布置和设计工作。灌溉渠系一般分为干、支、斗、农、毛五级渠道，共同构成灌溉系统。其中，前四级为固定渠道，最后一级多为临时性渠道。一般干、支渠主要起输水作用，称为输水渠道；斗、农渠主要起配水作用，称为配水渠道。

渠道设计的任务是在完成渠系布置之后，推算各级渠道的设计流量，确定渠道的纵横断面形状、尺寸、结构和空间位置等。

（一）渠道的选线

渠道的路线选择，关系到灌区合理开发、渠道安全输水及降低工程造价等关键问题，应综合考虑地形、地质、施工条件及挖填平衡、便于管理养护等各因素。

1. 地形条件

渠道顺直，尽量应与道路、河流正交，减少工程量。在平原地区，渠道路线最好选为直线，并力求选在挖方与填方相差不大的地方。如不能满足这一条件，应尽量避免深挖方和高填方地带。转弯也不应过急，对于有衬砌的渠道，转弯半径应不小于 2.5 B（B 为渠道水面宽度）；对于不衬砌的渠道，转弯半径应不小于 5 B。在山坡地区，渠道路线应尽量沿等高线方向布置，以免过大的挖填方量。当渠道通过山谷、山脊时，应对高填、深挖、绕线、渡槽、穿洞等方案进行比较，从中选出最优方案。

2. 地质条件

渠道路线应尽量避开渗漏严重、流沙、泥泽、滑坡及开挖困难的岩层地带，必须通过时，应进行比较后再确定。如采取防渗措施以减少渗漏，采用外绕回填或内移深挖以避开滑坡地段，采用混凝土或钢筋混凝土衬砌以保证渠道安全运行等方案。

3. 施工条件

应全面考虑施工时的交通运输、水和动力供应、机械施工场地、取土和弃土的位置等条件，改善施工条件，确保施工质量。

4. 管理要求

渠道的路线选择要和行政区划与土地利用规划相结合，确保每个用水单位均有独立的用水渠道，以便运用和管理维护。

渠道的路线选择必须重视野外踏勘工作，从技术、经济等方面仔细分析和比较。

（二）渠道的纵、横断面设计

渠道的断面设计包括横断面设计和纵断面设计，二者是互相联系、互为条件的。在实际设计中，纵、横断面设计应交替，并且反复进行，最后经过分析比较确定。

合理的渠道断面设计，应满足以下几个方面的具体要求：有足够的输水能力，以满足灌区用水需要；有足够的水位，以满足自流灌溉的要求；有适宜的流速，以满足渠道不冲、不淤或周期性冲淤平衡；有稳定的边坡，以保证渠道不坍塌、不滑坡，以满足纵向稳定要求；有合理的断面结构形式，以减少渗透损失，提高灌溉水利用系数；尽可能在满足输水的前提下，兼顾蓄水、养殖、通航、发电等综合利用要求；尽量做到工程量最小，以有效地降低工程总投资；施工容易，管理方便。

1. 渠道横断面设计

（1）渠道横断面的形状

渠道横断面形状常见的有梯形、矩形、U形等。一般采用梯形，它便于施工，并能保持渠道边坡的稳定；在坚固的岩石中开挖渠道时，宜采用矩形断面；当渠道通过城镇工矿区或斜坡地段，渠宽受到限制时，可采用混凝土等材料砌护。

为了提高渠道的稳定性、提高水的利用率、减少渗漏损失、缩小渠道断面，一般采取各种防渗措施，防渗渠道断面形式有梯形断面、矩形断面、复合形断面、弧形底梯形断面、弧形坡脚梯形断面、U形断面、城门洞形暗渠、箱形暗渠、正反拱形暗渠、圈形暗渠。

（2）渠道横断面结构

渠道横断面结构有挖方断面、填方断面和半挖半填断面三种形式，主要是渠道过水断面和渠道沿线地面的相对位置不同造成的。规划设计中，常采用半挖半填的结构形式，或尽量做到挖填平衡，避免深挖、高填，以减少工程量，降低工程费用。

（3）渠道横断面设计的内容

渠道横断面设计的主要内容是确定渠道设计参数，通过水力计算确定横断面尺寸。对于梯形渠道，横断面设计参数主要包括渠道流量、边坡系数、糙率、渠底比降、断面宽深比及渠道的不冲、不淤流速等。当渠道的设计参数已确定时，即可根据明渠均匀流公式确定渠道横断面尺寸。

2. 渠道纵断面设计

灌溉渠道不仅要满足输送设计流量的要求，而且要满足水位控制的要求。渠道纵断面设计的任务是根据灌溉水位要求确定渠道的空间位置。一般纵断面设计主要内容包括确定渠道纵坡比降、设计水位线、最低水位线、最高水位线、渠底高程线、渠道沿程地面高程线和堤顶高程线，绘制渠道纵断面图。

渠底纵坡比降是指单位渠长的渠底降落值。渠底比降不仅决定着渠道输水能力的大小、控制灌溉面积的多少和工程量的大小，而且关系着渠道的冲淤、稳定和安全，必须慎重选择确定。在规划设计中，渠底比降应根据渠道沿线地面坡度、下级渠道分水口要求水位、渠床土质、渠道流量、渠水含沙量等情况，参照相似灌区的经验数值，初选一个渠底比降，进行水力计算和流速校核，若满足水位和不冲不淤要求，便可采用。否则，应重新选择比降，再计算校核，直到满足要求。

渠道纵坡选择时应注意以下五项原则：①地面坡度。渠道纵坡应尽量接近地面坡度，以避免深挖高填。②地质情况。易冲刷的渠道，纵坡宜缓，地质条件较好的渠道，纵坡可适当陡一些。③流量大小。流量大时纵坡宜缓，流量小时可陡些。④含沙量。水流含沙量小时，应注意防冲，纵坡宜缓；含沙量大时，应注意防淤，纵坡宜陡。⑤水头大小。提水灌区水头宝贵，纵坡宜缓；自流灌区水头较富裕，纵坡可以陡些。

干渠及较大支渠，上下游渠段流量变化较大时，可分段选择比降，而且下游段的比降应大些。支渠以下的渠道一般一条渠道只采用一个比降。

三、渡槽

（一）渡槽的作用及组成

渡槽是渠道跨越山谷、河流、道路等的架空输水建筑物，其主要作用是输送水流。根据水利工程的不同需要，渡槽还可以用于排洪、排沙、导流和通航等。

渡槽主要由槽身、支承结构、基础及进出口建筑物等部分组成。渠道通过进出口建筑物与槽身相连接，槽身置于支承结构上，槽中水重及槽身重通过支承结构传给基础，再传至地基。为确保运行安全，渡槽进口处可设置闸门，在上游一侧配置泄水闸；为方便群众生产生活，可以在有拉杆渡槽的顶端设置栏杆、铺设人行道板，方便群众出行。

渡槽一般适用于跨越河谷（断面宽深、流量大、水位低）、宽阔滩地或洼地等情况。它与倒虹吸管相比具有水头损失小、便于管理运用及可通航等优点，是交叉建筑物中采用最多的一种形式。与桥梁相比，渡槽以恒载为主，不承受桥梁那样复杂的活载，故结构设计相对简单，但对防渗和止水构造要求较高，以免影响运行管理和结构安全。

（二）渡槽的类型

人类应用渡槽距今有 2700 多年的历史，公元前 700 多年亚美尼亚人就运用石块砌造渡槽。随着水泥的不断应用，高强度、抗渗漏的钢筋混凝土渡槽便应运而生。随着混凝土渡槽形式的不断演变，渡槽从单一的梁式、拱式（板拱、肋拱、双曲拱、箱形拱、桁架拱、折线拱）、斜拉式、悬吊式，发展到组合式（拱梁和斜撑梁组合式等）。

渡槽按槽身断面形式分类，有 U 形、矩形、梯形、椭圆形和圆形等；按支承结构分类，有梁式、拱式、桁架式、悬吊式、斜拉式等；按所用材料分类，有木制渡槽、砖石渡槽、混凝土渡槽、钢筋混凝土渡槽、钢丝网水泥渡槽等；按施工方法不同，有现浇整体式、预制装配式及预应力渡槽。

（三）渡槽的总体布置

渡槽的总体布置，主要包括槽址选择、渡槽选型、进出口布置等内容。一般是根据规划确定的任务和要求，进行勘探调查，取得较为全面的地形、地质、水文、建材、交通、施工和管理等方面的基本资料，通过经济技术分析，选出最优的布置方案。

渡槽总体布置的基本要求是：流量、水位满足灌区规划需要；槽身长度短，基础、岸坡稳定，结构选型合理；进出口与渠道连接顺直通畅，避免填方接头；少占农田，交通方便，就地取材等。

1. 基本资料

基本资料是渡槽设计的依据和基础，主要包括以下九个方面的内容。

（1）灌区规划要求

在灌区规划阶段，渠道的纵横断面及建筑物的位置已基本确定，可据此得到渡槽上下游渠道的各级流量和相应水位、断面尺寸、渠底高程及预留的渠道水流通过渡槽的允许水头损失值等。

（2）设计标准

根据渡槽所属工程等别及其在工程中的作用和重要性确定。对于跨越铁路、重要公路及墩架很高或跨度很大的渡槽，应采用较高的级别。对于跨越河道、山溪的渡槽，应根据其级别、地区的经验，并参考有关规定选择洪水标准计算决定相应的槽址洪水位、流量及流速等。

（3）地形资料

应有 1/200～1/2 000 的地形图。测绘范围应满足渡槽轴线的修正和施工场地布置需要，在渡槽进出口及有关附属建筑物布置范围外，至少应有 50m 的富裕。对小型渡槽，也可只测绘渡槽轴线的纵剖面及若干横剖面图。跨越河道的渡槽，应加测槽址河床纵、横断面图。

（4）地质资料

通过挖探及钻探等方法，探明地基岩土的性质、厚度、有无软弱层及不良地质隐患，观察河道及沟谷两岸是否稳定，并绘制沿渡槽轴线的地质剖面图；通过必要的土工试验，测定基础处岩土的物理力学指标，确定地基承载力等。

（5）水文气象等资料

调查槽址区的最大风力等级及风向，最大风速及其发生频率；多年平均气温，月平均气温，冬夏季最高、最低气温，最大温差及冰冻情况等。渡槽跨越河流时，应收集河流的水文资料及漂浮物情况等。

（6）建筑材料

砂料、石料、混凝土骨料的储量、质量、位置与开采、运输条件，以及木材、水泥、钢材的供应情况等。

（7）交通要求

槽下为通航河道或铁路、公路时，应了解船只、车辆所要求的净宽、净空高度；槽上有行人及交通要求时，要了解荷载情况及今后的发展要求等。

（8）施工条件

施工设备、施工技术力量、水电供应条件及对外交通条件等。

（9）运用管理要求

运用中可能出现的问题及对整个渠系的影响等。

以上各项资料并非每一渡槽设计全须具备。每项资料调查、收集的深度和广度，随工程规模的大小、重要性及设计阶段的不同逐步深入。

2. 槽址选择

渡槽轴线及槽身起止点位置选择的基本要求是：渠线及渡槽长度较短，地质条件较好，工程量最省；槽身起止点尽可能选在挖方渠道上；进出口水流顺畅，运用管理方便；满足所选的槽跨结构和进出口建筑物的结构布置要求等。对地形、地质条件复杂，长度较大的渡槽，应通过方案比较，择优选用。

3. 渡槽选型

渡槽选型，应根据地形、地质、水流条件，建筑材料和施工技术等因素，综合研究决定。一般中小型渡槽，可采用一种类型的单跨渡槽或等跨渡槽。对于地形、地质条件复杂而长度较大的大中型渡槽，可选用一种或两种类型和不同跨度的布置方式，但变化不宜过多，以免影响槽墩受力状况和增加施工难度。具体选择时，应考虑以下三个方面。

（1）地形、地质条件

当地形平坦、槽高不高时，宜采用梁式渡槽；窄深的山谷地形，当两岸地质条件较好，且有足够强度与稳定性时，宜建大跨度单跨拱式渡槽；地形、地质条件比较复杂时，应进行具体分析。如跨越河道的渡槽，若河道水深流急、水下施工较难，而且滩地高大时，在河床部分可采用大跨度的拱式渡槽，在滩地则宜采用梁式或中小跨度的拱式渡槽。当地基承载能力较低时，可采用轻型结构或适当减小跨度。

（2）建筑材料

当槽址附近石料丰富且质量符合要求时，应就地取材，优先采用石拱渡槽。这种渡槽对地基条件要求高，需要较多的人力，因此应综合分析各种条件，采用经济合理的结构形式。

（3）施工条件

具备吊装设备和吊装技术，应尽可能采用预制构件装配的结构形式，以加快施工速度，节省劳力。同一渠系布置有多个渡槽时，应尽量采用同一种结构形式，以便利用同一套吊装设备，使设计和施工定型化。

4. 进出口段布置

为了减小渡槽过水断面，降低工程造价，一般槽身纵坡较渠底坡度陡。为使渠道水流平顺地进入渡槽，避免冲刷和减小水头损失，渡槽进出口段布置应注意以下两个方面。

（1）与渠道直线连接

渡槽进出口前后的渠道上应有一定长度的直线段，与槽身平顺连接，在平面布置上要避免急转弯，防止水流条件恶化，影响正常输水，造成冲刷现象。对于流量较大、坡度较陡的渡槽，尤其要注意这一问题。

（2）设置渐变段

为使水流平顺衔接，适应过水断面的变化，渡槽进出口均须设置渐变段。渐变段的形式，主要有扭曲面式、反翼墙式、八字墙式等。扭曲面式水流条件较好，应用也较多；八字墙式施工简单，小型渡槽使用较多。

第二节 倒虹吸管

一、倒虹吸管的特点和适用条件

倒虹吸管属于交叉建筑物，是指设置在渠道与河流、山沟、谷地、道路等相交叉处的压力输水管道。其管道的特点是两端与渠道相接，而中间向下弯曲。与渡槽相比，具有结构简单、造价较低、施工方便等优点，但具有水头损失较大、运行管理不便等缺点。

倒虹吸管的适用条件：①渠道跨越宽深河谷，修建渡槽、填方渠道或绕线方案困难或造价较高时；②渠道与原有渠、路相交，因高差较小不能修建渡槽、涵洞时；③修建填方渠道，影响原有河道泄流时；④修建渡槽，影响原有交通时等。

二、倒虹吸管的组成和类型

倒虹吸管的组成，一般分为进口段、管身段和出口段三大部分。

根据管路埋设情况及高差的大小，倒虹吸管通常可分为竖井式、斜管式、曲线式和桥式四种类型。

（一）竖井式

竖井式倒虹吸管由进出口竖井和中间平碉所组成。竖井式倒虹吸管构造简单，管路较短，占地较少，施工较容易，但水力条件较差。一般适用于流量不大、压力水头小于 3~5m 的穿越道路倒虹吸。

竖井断面为矩形或圆形，一般采用砖、石或混凝土砌筑，其尺寸稍大于平硐，竖井底部设置深约 0.5m 的集沙坑，以便清除泥沙及检修管路时排水。

平硐的断面一般为矩形、圆形或城门洞形。为了改善平硐的受力条件，管顶应埋设在路面以下 1.0m 左右。

（二）斜管式

斜管式倒虹吸管，进出口为斜卧段，中间为平直段。一般用于穿越渠道、河流而两者高差不大，且压力水头较小、两岸坡度较平缓的情况。

斜管式倒虹吸管，与竖井式相比，水流畅通，水头损失较小，构造简单，实际工程中采用较多。但是，斜管的施工较为不便。

（三）曲线式

曲线式倒虹吸管，一般是沿坡面的起伏爬行曲线铺设。其主要适用于跨越河谷或山沟，且两者高差较大的情况。为了保证管道的稳定性，减少施工的开挖量，铺设管道的岸坡应比较平缓，对于土坡 m≥1.5~2.0，岩石坡 m≥1.0。

管身的断面一般为圆形。管身的材料为混凝土或钢筋混凝土，可现浇也可预制安装。管身一般设置管座，当管径较小且土基很坚实时，也可直接设在土基上。在管道转弯处，应设置镇墩，并将圆管接头包在镇墩之内。

为了防止温度变化而引起管道产生过大的温度应力，管身顶部应埋置于地面以下 0.5~0.8m，为减小工程量，埋置深度也不宜过大。在寒冷地区，管道应埋置于冻土层以下 0.5m。通过河道水流冲刷部位的管道，管顶应埋设在冲刷线以下 0.5m。

（四）桥式

与曲线式倒虹吸相似，在沿坡面爬行铺设曲线形的基础上，在深槽部位建桥，管道铺设在桥面上或支承在桥墩等支承结构上。桥式多用于渠道与较深的复式断面或窄深河谷交叉的情况，主要特点是可以降低管道承受的压力水头，减小水头损失，缩短管身长度，并可避免在深槽中进行管道施工的困难。

桥下应有足够的净空高度，以满足泄洪要求，通航的河道，还应满足通航要求。

三、倒虹吸管的布置要求

倒虹吸管的总体布置应根据地形、地质、施工、水流条件，以及所通过的道路、河道洪水等具体情况经过综合分析比较确定。一般要求如下。

（一）管身长度最短

管路力争与河道、山谷和道路正交，以缩短倒虹吸管道的总长度，还应避免转弯过多，以减少水头损失和镇墩的数量。

（二）岸坡稳定性好

进、出口及管身应尽量布置在地质稳定的挖方地段，避免建在高填方地段，并且地形应平缓，以便施工。

（三）开挖工程量少

管身沿地形坡度布置，以减少开挖的工程量，降低工程造价。

（四）进、出口平顺

为了改善水流条件，虹吸管进、出口与渠道的连接应当平顺。

（五）管理运用方便

结构的布置应安全、合理，以便管理运用。

四、进口段布置和构造

（一）进口段的组成

进口段主要由渐变段、进水口、拦污栅、闸门、工作桥、沉沙池及退水闸等部分组成。

进口段的结构形式，应保证通过不同流量时管道进口处于淹没状态，以防水流在进口段发生跌落、产生水跃而使管身引起振动。

进口段的轮廓应当平顺，以减小水头损失，并应满足稳定、防冲和防渗等要求。

进口段应修建在地基较好、透水性小的地基上。当地基较差、透水性大时应做防渗处理。通常做 30~50cm 厚的浆砌石或做 15~20cm 厚的混凝土铺盖，其长度为渠道设计水深的 3~5 倍。

（二）进口段的布置和构造

1. 进口渐变段

倒虹吸管的进口，一般设有渐变段，主要作用是使其进口与渠道平顺连接，以减少水头损失。渐变段长度一般采用 3~5 倍的渠道设计水深。

2. 进水口

倒虹吸的进水口是通过挡水墙与管身相连接而成的。挡水墙可常用混凝土浇筑或圬工材料砌筑，砌筑时应与管身妥善衔接好。

3. 闸门

对于单管倒虹吸，其进口一般可不设置闸门，有时仅在侧墙留闸门槽，以便在检修和清淤时使用，需要时可临时安装插板挡水。双管或多管倒虹吸，在其进口应设置闸门。当过流量较小时，可用一管或几根管道输水，以防进口水位跌落，同时可增加管内流速，防止管道淤积。闸门的形式，可用平板闸门或叠梁闸门。

4. 拦污栅

为了防止漂浮物或人畜落入渠内被吸入倒虹吸管道内，在闸门前须设置拦污栅。栅条可用扁钢做成，其间距一般为 20~25cm。

5. 工作桥

为了启闭闸门或进行清污，在有条件的情况下，可设置工作桥或启闭台。为了便于运用和检修，工作桥或启闭台面应高出闸墩顶足够的高度，通常为闸门高加 1.0~1.5m。

6. 沉沙池

对于多泥沙的渠道，在进水口之前，一般应设置沉沙池。主要作用是拦截渠道水流挟带的粗颗粒泥沙和杂物进入倒虹吸管内，以防造成管壁磨损、淤积堵塞，甚至影响倒虹吸管道的输水能力。对于以悬移质为主的平原区渠道，也可不设沉沙池。

7. 进口退水闸

大型或较为重要的倒虹吸管，应在进口设置退水闸。当倒虹吸管发生事故时，为确保工程的安全，可关闭倒虹吸管前的闸门，将渠水从退水闸安全泄出。

五、出口段的布置和构造

出口段包括出水口、闸门、消力池、渐变段等。

（一）闸门

为了便于管理，双管或多管倒虹吸的出口应设置闸门或预留检修门槽。

（二）消力池

一般设置在渐变段的底部，主要用于调整出口流速分布，以使水流平稳地进入下游渠道，防止造成下游渠道的冲刷。

（三）渐变段

出口一般设有渐变段，以使出口与下游渠道平顺连接，其长度一般为 4~6 倍的渠道设计水深。为了防止水流对下游渠道的冲刷现象，应在渐变段下游 3~5m 内进行渠道的护砌保护。

六、管路布置和构造

管路的布置和构造，主要内容包括管身断面、材料选择，管壁厚度、管段长度确定，分缝止水，泄水冲沙孔，进人孔及支承结构等。应根据流量大小、水头高低、运用要求、管路埋设情况、高差的大小及经济效益等因素，综合进行考虑。

（一）管身断面

倒虹吸的管身断面，一般为圆形，因其水力条件和受力条件较好。对于低水头的管道，也可使用矩形或城门洞形断面。

（二）管身材料

倒虹吸管的材料应根据压力大小及流量的多少，采取就地取材、施工方便、经久耐用等原则综合分析选择。常用的材料主要有混凝土、钢筋混凝土、预应力钢筋混凝土、铸铁和钢材等。对于水头小于 3m 的矩形或城门洞形小型管道，也可采用砖、石等材料砌筑。

（三）管段长度和分缝止水

为防止管道因地基不均匀沉陷、温度变化及混凝土的干缩而产生过大的纵向应力，使管身发生横向裂缝，应将管身进行分段，设置沉陷缝或伸缩缝，并在缝内设置止水。

1. 缝的间距

管段长度，即为横缝的间距，应根据地基、管材、施工、气温等条件确定。现浇钢筋混凝土管缝的间距，土基上一般为 15~20m；岩基上一般为 10~15m。预制钢筋混凝土管及预应力钢筋混凝土管，管节长度可达 5~8m。

2. 伸缩缝的形式

主要有平接、套接、企口接及预制管的承插式接头等。缝的宽度一般为 1~2cm，缝中堵塞沥青麻绒、沥青麻绳、柏油杉板或胶泥等。

（四）泄水冲沙孔、进人孔

为了泄空管内积水、清除管内淤积泥沙及便于检查维护，一般要在管身设置泄水冲沙孔，其底部标高应与河道枯水位齐平。对于桥式倒虹吸管道，泄水冲沙孔可设在管道的最低部位。对于大型倒虹吸管，为了便于观察检修，应设置进人孔。通常进人孔与泄水冲沙孔结合布置，并尽可能布置在镇墩上，进人孔的孔径不应小于60cm。

（五）支承结构

倒虹吸管的支承结构，按其构造和受力特征，分为管床、管座、支墩及镇墩等形式。

1. 管床和管座

对于小型钢筋混凝土倒虹吸管，若地基条件较好，可采用弧形土基管床、三合土管床或分层夯实的碎石管床。对于大中型的倒虹吸管，应采用砌石或混凝土刚性管座，以增加管身的抗滑稳定性，并改善地基的受力条件。在岩石地基上修建倒虹吸管时，可以在岩石中直接开槽，将管身直接浇筑在岩基上，也可在槽内浇混凝土垫层，然后敷设管道。

2. 支墩

在承载力较大的地基上敷设中小型倒虹吸管道时，可以不设连续式的管座，而采用设置中间支墩的形式。支墩的构造，应保证管道轴向位移的可能性，一般采用摆动或滑动的形式，管径小于100cm时，也可采用鞍形支墩。支墩的间距，可根据地基、管径大小、管节的长度等情况而定，一般采用2~8m。包角2φ一般为90°~135°，管身与支墩间铺沥青油毛毡。支墩的建造材料，一般采用浆砌石、混凝土等。

3. 镇墩

镇墩是为了连接和固定管道而专门设置的支承结构。设置镇墩的位置，一般在倒虹吸管的变坡处、转弯处，不同管壁厚度的连接处，管身分段分缝处或管坡较陡长度较大的斜管中部。设置个数应结合地形、地质条件而定。

镇墩的结构形式，一般为重力式。镇墩所承受的荷载，主要包括管身传来的荷载、水流产生的动荷载、填土压力及自身重力等。镇墩的材料，主要为砌石、混凝土或钢筋混凝土。对于砌石镇墩，可在管道周围包一层混凝土，多用于小型倒虹吸管。在岩基上的镇墩，为了提高管身的稳定性，也可以加设锚杆与岩基相连接。

第三节　其他渠系建筑物

一、涵洞

（一）涵洞的作用与组成

涵洞是指渠道与道路、沟谷等交叉时，为输送渠道、排泄沟溪水流，在道路、填方渠道下面所修建的交叉建筑物。当涵洞进口（出口）设置闸门用以控制流量、调节水位时，称为涵洞式水闸（简称涵闸或涵管）。

涵洞由进口段、洞身段和出口段三部分组成。进出口段是洞身与填土边坡相连接的部分，主要作用是保证水流平顺、减少水头损失、防止水流冲刷；洞身段是输送水流，其顶部往往有一定厚度的填土。

（二）涵洞的类型

1. 涵洞按水流形态可分为无压涵洞、半压力涵洞和有压涵洞。无压涵洞入口处水深小于洞口高度，洞内水流均具有自由水面；半压力涵洞入口处水深大于洞口高度，水流仅在进水口处充满洞口，而在涵洞的其他部分均具有自由水面；压力涵洞入口处水深大于洞口高度，在涵洞全长的范围内都充满水流，无自由水面。无压明流涵洞水头损失较少，一般适用于平原渠道；高填方土堤下的涵洞可用压力流；半有压流的状态不稳定，周期性作用对洞壁产生不利影响，一般情况下设计时应避免这种流态。

2. 按涵洞断面形式可分为圆管涵、盖板涵、拱涵、箱涵。圆形适用于顶部垂直荷载大的情况，可以是无压，也可以是有压。方形适用于洞顶垂直荷载小，跨径小于 1m 的无压明流涵洞。拱形适用于洞顶垂直荷载较大，跨径大于 1.57m 的无压涵洞。

3. 涵洞按建筑材料可分为砖涵、石涵、混凝土涵和钢筋混凝土涵等。

4. 按涵顶填土情况可分为明涵（涵顶无填土）和暗涵（涵顶填土大于 50cm）。

选择上述涵洞类型时要考虑净空断面的大小、地基的状况、施工条件及工程造价等。

（三）涵洞的布置

涵洞进、出口段形式多样。洞身段根据洞内水流净空要求、洞顶填土厚度、伸缩缝设置和洞体防渗等要求进行布置。涵洞的走向一般应与渠堤或道路正交，以缩短洞身的长度，并尽量与原沟溪渠道水流方向一致，以保证水流顺畅，为防止冲刷或淤积，洞底高程应等于或接近于原渠道水底高程，坡度稍大于原水道坡度。

（四）涵洞的水力计算及结构计算

涵洞的水力计算的主要目的是确定横截面尺寸、上游水位及洞身纵坡。计算时先要判别涵洞内的水流流态，然后再进行水力计算。

涵洞的结构计算的荷载有填土压力、自重、外水压力、洞内外水压力、洞内水重、填土上的车辆行人荷载。涵洞的进出口结构计算与其形式有关，一般按挡土墙设计。

二、桥梁

桥梁指的是为道路跨越天然或人工障碍物而修建的建筑物，是灌区百姓生产、生活的重要建筑物，随着农村经济的发展，桥梁的设计标准应适当提高。

灌区各级渠道上配套的桥梁具有量大面广、结构形式相似的特点，采取定型设计和装配式结构较为适宜。

（一）桥梁的组成

桥梁一般来说由五大部件和五小部件组成。

五大部件是指桥梁承受汽车或其他车辆运输荷载的桥跨上部结构与下部结构，是桥梁结构安全的保证。其包括桥跨结构（或称桥孔结构、上部结构）、支座系统、桥墩、桥台、墩台基础，与渡槽有很多相似之处。五小部件是指直接与桥梁服务功能有关的部件，过去称为桥面构造，包括桥面铺装、防排水系统、栏杆、伸缩缝、灯光照明。

（二）桥梁的分类

桥梁按用途，分为公路桥、公铁两用桥、人行桥、机耕桥、过水桥。

桥梁按跨径大小和多跨总长，分为特大桥、大桥、中桥、小桥。

桥梁按结构，分为梁式桥、拱桥、钢架桥、缆索承重桥（斜拉桥和悬索桥）四种基本体系，此外还有组合体系桥。

桥梁按行车道位置，分为上承式桥、中承式桥、下承式桥。

桥梁按使用年限，可分为永久性桥、半永久性桥、临时桥。

桥梁按材料类型，分为木桥、圬工桥、钢筋混凝土桥、预应力桥、钢桥。

（三）各类桥梁的基本特点

1. 梁式桥

梁式桥包括简支板梁桥、悬臂梁桥、连续梁桥，其中简支板梁桥跨越能力最小，一般一跨在 8~20m。

2. 拱桥

拱桥在竖向荷载作用下，两端支承处产生竖向反力和水平推力，正是水平推力大大减小了跨中弯矩，使跨越能力增大。按理论推算，混凝土拱极限跨度在 500m 左右，钢拱可达 1 200m。也正是这个推力，修建拱桥时需要良好的地质条件。

3. 刚架桥

刚架桥有 T 形刚架桥和连续刚构桥，T 形刚架桥主要缺点是桥面伸缩缝较多，不利于高速行车。连续刚构主梁连续无缝，行车平顺，施工时无体系转换。

4. 缆索承重桥（斜拉桥和悬索桥）

缆索承重桥是建造跨度非常大的桥梁最好的设计。道路或铁路桥面靠钢缆吊在半空，缆索悬挂在桥塔之间。

5. 组合体系桥

组合体系桥有梁拱组合体系，如系杆拱、桁架拱、多跨拱梁结构等。梁刚架组合体系，如 T 形刚构桥等。

6. 桁梁式桥

桁梁式桥有坚固的横梁，横梁的每一端都有支撑。最早的桥梁就是根据这种构想建成的。它们不过是横跨在河流两岸之间的树干或石块。现代的桁梁式桥，通常是以钢铁或混凝土制成的长型中空桁架为横梁。这使桥梁轻而坚固。利用这种方法建造的桥梁叫作箱式梁桥。

7. 拉索桥

拉索桥有系到桥柱的钢缆，钢缆支撑桥面的重量，并将重量转移到桥柱上，使桥柱承受巨大的压力。

8. 廊桥

加建亭廊的桥，称为亭桥或廊桥，可供游人遮阳避雨，又增加了桥的形体变化。

三、跌水

当渠线通过陡坎或坡度较陡的地段时，为防止渠道受冲，在陡坎处或适宜地点将渠道底突然降低，利用消力池来消除水流的多余能量，这种建筑物称为跌水。

（一）作用与类型

跌水的作用是将上游渠道或水域的水安全地自由跌落入下游渠道或水域，将天然地形的落差适当集中修筑，从而调整引水渠道的底坡，克服过大的地面高差引起的大量挖方或填方。跌水多设置于落差集中处，用于渠道的泄洪、排水和退水。

跌水可分为单级跌水和多级跌水。

（二）组成与布置

跌水应根据工程需要进行布置，既可以单独设置，也可以与其他建筑物结合布置。一般情况下，跌水应尽量与节制闸、分水闸或泄水闸布置在一起，方便运行管理。

在跌差较小处选用单级跌水，在跌差较大处（跌差大于5m）选用多级跌水。

跌水常用的建筑材料多为砖、砌石、混凝土和钢筋混凝土。

跌水主要由进口、跌水口、跌水墙、消力池、海漫、出口等部分组成。

1. 进、出口

出口连接段须以渐变段连接，以保持良好的水力条件，如扭曲面、八字墙、圆锥形等。连接段常用片石和混凝土组砌。

2. 跌水口

由底板和边墙组成，构造与闸室相似，一般不设闸门，是一个自由泄流的堰。跌水口是设计跌水的关键，形式有矩形、梯形和底部抬堰式。

3. 跌水墙

是跌水口和消力池间的连接。属挡土墙形式，但断面比一般挡土墙小。有直立式和倾斜式，一般多采用重力式挡土墙。侧墙间常设沉降缝，并设排水设施。

4. 消力池

通常宽度比跌水口宽一些，但不宜宽太多。以免引起回流，降低消能效果。横断面一般为矩形、梯形和折线形，底板厚可取0.4~0.8m。

5. 海漫

起着消除消力池出口余能和使断面流速分布均匀的作用，一般用干砌石做成，其护砌长度不小于3倍下游水深。

6. 分缝与排水

为避免跌水各部分不均匀沉降而产生裂缝，在各部分之间应设沉陷缝，缝内填塞沥青、油毡或沥青麻丝止水。当跌水下游水位高于消力池底板时，应在侧墙背面设排水措施。如埋管、反滤层等。

7. 多级跌水的组成和构造与单级跌水相同

只是将消力池做成若干个阶梯，多级落差和消力池长度均相同。池长不大于20m，可设消力槛或不设。多级跌水的分级数目和多级落差大小，应根据地形、地质、工程量等具体情况综合分析确定。

四、陡坡

陡坡是建在地形过陡的地段，用于连接上下游渠道的倾斜渠槽，由于该渠槽的坡度一般陡于临界坡度而得名。

（一）作用与类型

陡坡的作用与跌水相同，主要是调整渠底比降，满足渠道流速要求，避免深挖高填，减小挖填方工程量，减少工程投资。

根据地形条件和落差的大小，陡坡的形式分为单级陡坡和多级陡坡两种。对于多级陡坡，往往建在落差较大且有变坡或有台阶地形的渠段上。

（二）组成与布置

陡坡由进口连接段、控制堰口、陡坡段、消力池和出口连接段五部分组成。陡坡的构造与跌水类似，所不同的是以陡坡段代替跌水墙，水流不是自由跌落而是沿斜坡下泄。

陡坡的落差、比降，应根据地形、地质及沿渠调节分水需要等进行确定。一般陡坡的落差比跌水大，陡坡的比降不陡于1:1.5。

在陡坡段水流速度较高，因此应做好进口和陡坡段的布置，以使下泄水流平稳、对称且均匀地扩散，以利于下游的消能和防冲。

陡坡段的横断面形式主要有矩形和梯形两种，梯形断面的边墙可以做成护坡式。

在平面布置上，陡坡可做成等宽度、扩散形（变宽度）和菱形三种。

1. 等宽度陡坡

布置形式较为简单，水流集中，不利于下游的消能，所以对于小型渠道和跌差小的情况较为常用。

2. 扩散形陡坡

扩散形陡坡是指在陡坡段采用扩散形布置，这种形式可以使水流在陡坡上发生扩散，单宽流量逐渐减小，因此对下游消能防冲较为有利。陡坡的比降，应根据地形地质情况、跌差及流量的大小等条件进行确定。对于流量较小、跌差小且地质条件较好的情况，其比降可陡一些。在土基上陡坡比降一般可取1:2.5~1:5。对于土基上的陡坡，单宽流量不能太大，当落差不大时，多从进口后开始采用扩散形陡坡。陡坡平面扩散角，一般为5°~7°。

3. 菱形陡坡

菱形陡坡是指在平面布置上呈菱形，即上部扩散而下部收缩。这种布置一般用于跌差2.5~5.0m的情况。为了改变水流条件，一般在收缩段的边坡上设置导流肋，并使消力池段的边墙边坡向陡槽段延伸，使其成为陡坡边坡的一部分，确保水跃前后的水面宽度相同，两侧不产生平面回流漩涡，使消力池平面上的单宽流量和流速分布均匀，从而减轻对下游的冲刷。

4. 人工加糙陡坡

为了促使水流紊动扩散、降低流速、改善下游流态及利于防冲消能，可在陡坡段上进行人工加糙。常见的加糙形式有双人字形槛、单人字形槛、交错式矩形糙条、棋盘形方墩等。

人工加糙的糙条间距不宜过密，不然将使急流脱离底板而产生低压，影响陡坡的安全和消能效果。对于重要工程，其布置形式、条槛尺寸大小等应通过模型试验确定。

参考文献

[1] 朱卫东，刘晓芳，孙塘根. 工程建设理论与实践丛书：水利工程施工与管理 ［M］. 武汉：华中科技大学出版社，2022.

[2] 张晓涛，高国芳，陈道宇. 水利工程与施工管理应用实践 ［M］. 长春：吉林科学技术出版社，2022.

[3] 王增平. 水利水电设计与实践研究 ［M］. 北京：北京工业大学出版社，2022.

[4] 黄世涛，孟秀英. 水利工程施工技术 ［M］. 武汉：华中科技大学出版社，2013.

[5] 廖昌果. 水利工程建设与施工优化 ［M］. 长春：吉林科学技术出版社，2021.

[6] 黄世涛，吴凯，赵文飞. 我国生态系统服务与水土资源匹配的时空动态及耦合协调关系 ［J］. 水电能源科学，2023，41（04）：81-84+51.

[7] 赵静，盖海英，杨琳. 水利工程施工与生态环境 ［M］. 长春：吉林科学技术出版社，2021.

[8] 黄世涛，施工企业如何做好施工现场管理 ［J］. 长江工程职业技术学院学报，2010，27（02）：58-59.

[9] 丹建军. 水利工程水库治理料场优选研究与工程实践 ［M］. 郑州：黄河水利出版社，2021.

[10] 王君，陈敏，黄维华. 现代建筑施工与造价 ［M］. 长春：吉林科学技术出版社，2021.

[11] 许永平，周成洋. 水利工程建设项目法人安全生产标准化工作指南 ［M］. 南京：河海大学出版社，2021.

[12] 刘利文，梁川，顾功开. 大中型水电工程建设全过程绿色管理 ［M］. 成都：四川大学出版社，2021.

[13] 闫文涛，张海东. 水利水电工程施工与项目管理 ［M］. 长春：吉林科学技术出版社，2020.

[14] 赵永前. 水利工程施工质量控制与安全管理 ［M］. 郑州：黄河水利出版社，2020.

［15］刘勇，郑鹏，王庆. 水利工程与公路桥梁施工管理［M］. 长春：吉林科学技术出版社，2020.

［16］唐涛. 水利水电工程［M］. 北京：中国建材工业出版社，2020.

［17］张永昌，谢虹，焦刘霞. 基于生态环境的水利工程施工与创新管理［M］. 郑州：黄河水利出版社，2020.

［18］马志登. 水利工程隧洞开挖施工技术［M］. 北京：中国水利水电出版社，2020.

［19］刘志强，季耀波，孟健婷. 水利水电建设项目环境保护与水土保持管理［M］. 昆明：云南大学出版社，2020.

［20］李海凌，汤明松. 建设项目工程总承包发承包价格的构成与确定［M］. 北京：机械工业出版社，2020.

［21］高明强，曾政，王波. 水利水电工程施工技术研究［M］. 延吉：延边大学出版社，2019.

［22］姬志军，邓世顺. 水利工程与施工管理［M］. 哈尔滨：哈尔滨地图出版社，2019.

［23］牛广伟. 水利工程施工技术与管理实践［M］. 北京：现代出版社，2019.

［24］孙玉玥，姬志军，孙剑. 水利工程规划与设计［M］. 长春：吉林科学技术出版社，2019.

［25］史庆军，唐强，冯思远. 水利工程施工技术与管理［M］. 北京：现代出版社，2019.

［26］刘景才，赵晓光，李璇. 水资源开发与水利工程建设［M］. 长春：吉林科学技术出版社，2019.

［27］袁俊周，郭磊，王春艳. 水利水电工程与管理研究［M］. 郑州：黄河水利出版社，2019.

［28］孙祥鹏，廖华春. 大型水利工程建设项目管理系统研究与实践［M］. 郑州：黄河水利出版社，2019.

［29］袁云. 水利建设与项目管理研究［M］. 沈阳：辽宁大学出版社，2019.

［30］马乐，沈建平，冯成志. 水利经济与路桥项目投资研究［M］. 郑州：黄河水利出版社，2019.

［31］熊峰. 土木工程概论［M］. 武汉：武汉理工大学出版社，2019.

［32］王文斌. 水利水文过程与生态环境［M］. 长春：吉林科学技术出版社，2019.

［33］高占祥. 水利水电工程施工项目管理［M］. 南昌：江西科学技术出版社，2018.

［34］贾洪彪. 水利水电工程地质［M］. 武汉：中国地质大学出版社，2018.

［35］侯超普. 水利工程建设投资控制及合同管理实务［M］. 郑州：黄河水利出版社，2018.

［36］蔡松桃. 水利工程施工现场监理机构工作概要［M］. 郑州：黄河水利出版社，2018.

［37］邵勇，杭丹，恽文荣. 水利工程项目代建制度研究与实践［M］. 南京：河海大学出版社，2018.

［38］赵宇飞，祝云宪，姜龙. 水利工程建设管理信息化技术应用［M］. 北京：中国水利水电出版社，2018.

［39］鲍宏喆. 开发建设项目水利工程水土保持设施竣工验收方法与实务［M］. 郑州：黄河水利出版社，2018.

［40］黄世涛. 施工企业如何做好施工现场管理［J］. 长江工程职业技术学院学报，2010，27（02）：58-59. 2.

［41］黄世涛. 基于 ANSYS 的高面板坝分级加载仿真分析［J］. 人民黄河，2017，39（07）：123-128+134.